高职高专"十二五"规划教材

矿 山 地 质

（第 2 版）

主　编　包丽娜　　陈国山

副主编　刘兴科　　王雅丽　　王自南

U0352712

北　京

冶 金 工 业 出 版 社

2023

内 容 提 要

本书是在 2009 年出版的《矿山地质》的基础上修订而成的,系统地阐述了矿山地质的基本概念、基本理论和工作方法,对矿产普查、勘探,矿山地质工作与管理,以及矿山资源的综合利用和保护进行了详细介绍。

全书共分 7 章。主要内容包括地质学基础知识、矿床勘查地质工作、矿山建设地质工作、矿山生产勘探工作、矿山经常性地质工作、矿山生产地质与管理工作以及矿山保护与综合地质研究工作等内容。与第 1 版相比,本版增强了实用性。

本书可作为本科、高职高专各相关专业的教材,也可供从事矿山地质工作、矿山测量专业、矿山监督和管理的技术人员参考。

图书在版编目(CIP)数据

矿山地质/包丽娜,陈国山主编 . —2 版 . —北京:冶金工业出版社,2015.5 (2023.11 重印)

高职高专"十二五"规划教材

ISBN 978-7-5024-6881-1

Ⅰ.①矿… Ⅱ.①包… ②陈… Ⅲ.①矿山地质—高等职业教育—教材 Ⅳ.①TD1

中国版本图书馆 CIP 数据核字(2015)第 100150 号

矿山地质(第 2 版)

出版发行	冶金工业出版社	电　话	(010)64027926
地　址	北京市东城区嵩祝院北巷 39 号	邮　编	100009
网　址	www.mip1953.com	电子信箱	service@ mip1953.com

责任编辑　俞跃春　美术编辑　彭子赫　版式设计　葛新霞
责任校对　卿文春　责任印制　窦　唯
北京建宏印刷有限公司印刷
2009 年 8 月第 1 版,2015 年 5 月第 2 版,2023 年 11 月第 4 次印刷
787mm×1092mm 1/16;14 印张;336 千字;213 页
定价 39.00 元

投稿电话　(010)64027932　投稿信箱　tougao@cnmip.com.cn
营销中心电话　(010)64044283
冶金工业出版社天猫旗舰店　yjgycbs.tmall.com
(本书如有印装质量问题,本社营销中心负责退换)

第2版前言

《矿山地质》自2009年出版以来，受到了许多院校和矿山行业职业技能培训机构的欢迎，取得了良好的社会效益。为了适应新技术的发展，满足教学的要求，受冶金工业出版社的委托，我们对《矿山地质》进行了全面的修订。

本书修订的依据是高职高专院校现行矿山地质教学大纲，编者在总结多年教学经验的基础上，力求做到内容有所扩充，结构有所精简，体系更加完整，实用性有所加强。再版教材由原来的12章整合为7章。对原有的大部分章节包括插图、表格等内容进行适当的调整、充实和完善。

本书的讲解由浅入深，循序渐进。其内容包括地质学基础知识、矿床勘查地质工作、矿山建设地质工作、矿山生产勘探工作、矿山经常性地质工作、矿山生产地质与管理工作、矿山保护与综合地质研究工作等内容。与第1版相比，本书增加了矿山建设前期的地质工作内容；删减了部分地质学基础知识；删除了第1版中地质钻探工作的内容；根据从事矿山地质工作的程序，调整了部分内容的顺序。力求内容由简入繁，通俗易懂。

本书由吉林电子信息职业技术学院陈国山、包丽娜、刘兴科、张爱军、张凌子，安徽工业职业技术学院王自南，昆明冶金高等专科学校王雅丽，辽宁科技学院张永华、惠怀全修订。其中刘兴科修订第1章，陈国山修订第2章，张爱军、张凌子修订第3章，张永华、惠怀全修订第4章，王雅丽修订第5章，王自南修订第6章，包丽娜修订第7章。全书由包丽娜、陈国山担任主编，刘兴科、王雅丽、王自南担任副主编。

本书在修订过程中，得到了许多矿山技术管理人员的大力支持和帮助，在此一并感谢。由于编者水平所限，书中存在不足之处，诚请读者批评指正。

编　者
2014 年 12 月 12 日

第1版前言

随着采矿业的迅速发展，金属矿地下开采的技术水平提高很快，与之相关的矿山地质工作得到极大发展，先进的勘探手段和勘探设备也得到广泛应用。为了适应这一发展趋势，根据教育部高职高专矿业类教学指导委员会金属矿开采技术教研组、冶金教育学会高职高专矿业类课程组的要求，以冶金工业出版社"十一五"冶金行业教材规划为指导方针，我们编写了本书。

依据高职高专培养应用型人才的办学理念和高职高专人才培养目标，金属矿开采技术专业的学生应了解和掌握与矿山日常生产密切相关的地质学、构造地质学、矿床学等基础知识，以便更好地从事矿山生产和管理工作。本书在编写过程中，注重对基础知识和基础理论的阐述，特别加强对矿山基建和生产过程中的地质、勘探、环保和资源综合利用等生产实践知识的讲解，注重培养学生职业技能和动手能力，为学生日后从事矿山生产工作打下基础。

参加本书编写工作的有：吉林电子信息职业技术学院刘兴科（编写第 1～6 章）、陈国山（编写第 12～16 章）和王洪胜（编写第 17、18 章），安徽工业职业技术学院王自南（编写第 9 章），昆明冶金高等专科学校王雅丽（编写第 8 章），辽宁科技学院张永华（编写第 7 章）和惠怀全（编写第 10、11 章）。本书由刘兴科、陈国山担任主编，王自南、王雅丽、王洪胜担任副主编。

在编写过程中，得到许多同行、矿山工程技术人员的支持和帮助，在此表示衷心的感谢。

由于编者水平有限，书中不足之处，诚请读者指正。

编　者
2009 年 3 月

目　录

1 地质学基础知识

地质学研究的对象是地球。地壳中矿产的形成都和地球表面以及地球内部的地质作用有关，而地质学基础知识则着重说明地壳的物质组成、发展变化以及各种矿产资源的蕴藏规律。地球是人类居住的地方，人们开采的各种矿产赋存在地壳（地球表面的一层硬壳）之中，各种矿产的形成都是地壳物质运动和演变的产物。地球是太阳系中的一员。太阳系是由太阳和绕其旋转的九大行星及其卫星、小行星和流星群组成的。通常说的地球形状指的是地球固体外壳及其表面水体的轮廓。

地球围绕通过球心的地轴（连接地球南北极的理想直线）自转，自转轴对着北极星方向的一端称为北极，另外一端称为南极。地球表面上，垂直于地球自转轴的大圆称为赤道，连接南北两极的纵线称为经线，也称子午线。通过英国伦敦格林威治天文台原址的经线为零度经线，也称本初子午线。从本初子午线向东分成180°，称为东经；向西分成180°，称为西经。地球表面上，与赤道平行的小圆称为纬线，赤道为零度纬线。从赤道向南和向北各分成90°，赤道以北的纬线称北纬，以南的纬线称南纬。

图 1-1 地球构造示意图

（1）地壳。莫霍面以上由固体岩石组成的地球最外圈层称为地壳（见图 1-1）。地壳平均厚度约 33km。大洋地区与大陆地区的地壳结构明显不同，大洋地区地壳（洋壳）很薄，平均 7km，且较为均匀；大陆地区地壳（陆壳）厚度 20～80km，平均 33km。地壳上部岩石平均成分相当于花岗岩类岩石，其化学成分富含硅、铝，又称硅铝层；下部岩石平均成分相当于玄武岩类岩石，其化学成分除硅、铝外，铁、镁相对增多，又称硅镁层。洋壳主要由硅镁层组成，有的地方有很薄的硅铝层或完全缺失硅铝层（见图 1-2）。

图 1-2 地球构造断面图

（2）地幔。地幔是位于莫霍面以下古登堡面以上的圈层。根据波速在 400km 和 670km 深度上存在两个明显的不连续面，可将地幔分成由浅至深的三个部分，即上地幔、过渡层和下地幔。上地幔深度为 20～400km。目前研究认为上地幔的成分接近于超基性岩即二辉橄榄岩的组成。在 $60\sim150km$ 间，许多大洋区及晚期造山带内有一低速层，可能是由地幔物质部分熔融造成的，成为岩浆的发源地。过渡层深度为 $400\sim670km$。地震波速随深度加大的梯度大于其他两部分，是由橄榄石和辉石的矿物相转变吸热降温形成的。下地幔深度为 $670\sim2891km$，目前认为下地幔的成分比较均一，主要由铁、镍金属氧化物和硫化物组成。

（3）地核。古登堡面以下直至地心的部分称为地核。它又可分为外核、过渡层和内核。地核的物质，一般认为主要是铁，特别是内核，可能基本由纯铁组成。由于铁陨石中常含少量的镍，所以一些学者推测地核的成分中应含少量的镍。

1.1　地层、矿物与岩石

1.1.1　地质年代与地层

1.1.1.1　地质年代

地壳全部历史可划分成若干自然阶段或时期，称为地质年代。从地质年代表（见表1-1）可以看出，几个大的地质时代的划分与生物的演化阶段相吻合，在两个大的地质时代分界处往往有强烈的地壳运动（表现为大的不整合或假整合）把两者分开，上下两个时代的古地理变化也很明显，构成了不同的沉积环境，出现了不同的地层。

表1-1　地质年代表

地质年代、地层年代及符号				同位素年龄（百万年 Ma）		构造阶段		生物演化阶段	
宙/宇	代/界	纪/系	世/统	时间间距	距今年龄	阶段	阶段	动物	植物
显生宙（PH）	新生代（Kz）Cenozoic	第四纪（Q）Quaternary	全新世（Q_h）	0.01	0.01	联合古陆解体	喜马拉雅阶段	人类	被子植物
			更新世（Q_p）	1.59	1.6				
		新世纪（N）Neogene	上新世（N_2）	2.82	5.3			哺乳动物	
			中新世（N_1）	18	23				
		古近纪（E）Paleogene	渐新世（E_3）	13.2	36.5				
			始新世（E_2）	16.5	53				
			古新世（E_1）	12	65				
	中生代（Mz）Mesozoic	白垩纪（K）Cretaceous	晚白垩（K_2）	70	135		燕山期	无脊椎动物	
			早白垩（K_1）						
		侏罗纪（J）Jurassic	晚侏罗（J_3）	73	152			爬行动物	裸子植物
			中侏罗（J_2）		180				
			早侏罗（J_1）		205				
		三叠纪（T）Triassic	晚三叠（T_3）	42	230	联合古陆形成	印支期-华力西期	印支期	
			中三叠（T_2）		240				
			早三叠（T_1）		250				

地质年代、地层年代及符号				同位素年龄（百万年 Ma）		构造阶段		生物演化阶段	
宙/宇	代/界	纪/系	世/统	时间间距	距今年龄	阶段	阶段	动物	植物
显生宙（PH）	古生代（Pz）	二叠纪（P）Permian	晚二叠（P_3）	40	260	印支期-华力西期	华力西期	两栖动物	蕨类植物
			中二叠（P_2）		272				
			早二叠（P_1）		298			无脊椎动物	
		石炭纪（C）Carboniferous	晚石炭（C_2）	72	323				
			早石炭（C_1）		355				
		泥盆纪（D）Devonian	晚泥盆（D_3）	47	375			鱼类	裸类植物
			中泥盆（D_2）		380				
			早泥盆（D_1）		410				
		志留纪（S）Silurian	晚志留（S_3）	30	424	联合古陆形成	加里东运动	海生无脊椎动物繁盛，硬壳动物出现	藻类及菌类繁盛，真核生物出现
			中志留（S_2）		428				
			早志留（S_1）		438				
		奥陶纪（O）Ordovician	晚奥陶（O_3）	71	446				
			中奥陶（O_2）		455				
			早奥陶（O_1）		510				
		寒武纪（C）Cambrian	晚寒武（C_3）	60	523				
			中寒武（C_2）		525				
			早寒武（C_1）		570				
元古宙（PT）	元古代（Pt）	新元古代	震旦纪	230	800	地台形成	晋宁	裸露动物	绿藻
			青白口纪	200	1000				
		中元古代	蓟县纪	400	1400				
			长城纪	400	1800				
		古元古代		700	2500		吕梁		
太古宙（AR）	太古代（Ar）	新太古代		500	3000	陆核形成		原核生物出现	
		古太古代		800	3800				
冥古宙（HD）					4600			生命现象开始出现	

1.1.1.2 地层

在地质学上，把某一地质时代形成的一套岩层（不论是沉积岩、火山碎屑岩还是变质岩）称为那个时代的地层，地层指地壳表层成带状展布的层状岩石，是指在某一地质年代因岩浆活动形成的岩体及沉积作用形成的岩层的总称。

地层研究的主要范围包括地层层序的建立，及其相互间时间关系的确定，即地层系统的建立和地层的划分与对比。地层的相对年代主要是根据地层的上下层序、地层中的化石、岩性变化和地层之间的接触关系等来确定的。确定方法有以下几种：

（1）地层层序法。正常的地层是老的先沉积在下，而新的后沉积在上。

（2）古生物比较法。古生物化石是古代生物保存在地层中的遗体或遗迹，如动物的外壳、骨骼、角质层和足印，植物的枝、干、叶等。地球上自有生物出现以来，每一个地质时期都有相应的生物繁殖。

（3）标准地层对比法。该方法一般是利用已知相对年代的，具有某种特殊性质和特征的，易为人们辨认的"标志层"来进行对比。

（4）地层接触关系。该方法是根据不同地质年代的地层之间的接触关系，来确定其相对年代。地层之间的接触关系有接合接触、平行不整合（假整合）接触、角度（斜交）不整合接触几种。

1.1.2　矿物

矿物是在各种地质作用中形成的天然单质或化合物，具有一定的化学成分和内部结构，从而具有一定的形态、物理性质和化学性质。它们在一定的地质和物理化学条件下稳定，是组成岩石和矿石的基本单位。矿物种类繁多，其中有许多有用的矿物，它们是发展现代化工业、农业、国防事业、科学技术不可缺少的原料。

矿物是自然界中各种地质作用的产物。自然界的地质作用根据作用的性质和能量来源分为内生作用、外生作用和变质作用三种。内生作用的能量源自地球内部，如火山作用、岩浆作用；外生作用为太阳能、水、大气和生物所产生的作用（包括风化、沉积作用）；变质作用指使已形成的矿物在一定的温度、压力下发生改变的作用。

1.1.2.1　矿物的形态

在已知的 3000 余种矿物中，除个别以气态（如碳酸气体、硫化氢气体等）或液态（如水、自然汞等）出现外，绝大多数均呈固态。固态物质按其质点（原子、离子或分子）的有无规则排列，可分为晶质体和非晶质体。晶质体内部质点（原子、离子或分子）都是按规律排列的，非晶质体中内部质点的排列没有一定的规律，所以外表就不具有固定的几何形态。

矿物的形态是指矿物的单体及同种矿物集合体的形状。在自然界，矿物多数呈集合体出现，但是也会出现具有规则几何多面体形态的单晶体，所以矿物单体形态就是指矿物单晶体的形态。单晶体形态可分为两种，一种是由单一形状的晶面所组成的晶体，称为单形；另一种是由数种单形聚合而成的晶体，称为聚形，如图 1-3 所示。

实际上晶体在生长过程中，真正理想的晶体生长条件是不存在的，总会不同程度地受到复杂的外界条件的

(a)　　　　　　　　　　(b)

图 1-3　单形和聚形

（a）黄铁矿的单形；（b）石英的聚形

影响，而不能严格地按照理想状况发育。此外，晶体在形成之后，还可能受到溶蚀和破坏。因此，实际晶体与理想晶体相比较，就会有一定的差异。

在自然界中，晶质矿物很少以单体出现，而非晶质矿物则根本没有规则的单体形态，所以常按集合体的形态来识别矿物。自然界中矿物的集合体形态很多，常见的有如下8种：

（1）晶簇状。一种或多种矿物的晶体，其一端固定在共同的基底之上，另一端则自由发育成比较完好的晶形，显示它是在岩石的空洞内生成的。这种集合体的形态，称之为晶簇，如石英、方解石的晶簇。

（2）粒状。粒状是由各向均等发育的矿物晶粒集合而形成。

（3）鳞片状。鳞片状是由细小的薄片状矿物集合而形成，如辉钼矿、石墨。

（4）纤维状和放射状。这两种形态是由针状或柱状矿物集合而形成。如果晶体彼此平行排列，称为纤维状，如蛇纹石、石棉；如果晶体大致围绕一个中心向四周散射，则称为放射状，如电气石。

（5）结核状。集合体呈球状、透镜状或瘤状者，称为结核状。

（6）钟乳状。钟乳状是溶液或胶体因失去水分而逐渐凝聚所形成，因此它往往具有同心层状（即皮壳状）构造，如钟乳状方解石、孔雀石等。

（7）树枝状。树枝状有时是由于矿物晶体沿一定方向连生而形成的，如自然铜。

（8）土状。集合体疏松如土，是由岩石或矿石风化而形成的，如高岭石。

1.1.2.2 矿物的物理性质

每种矿物都以其固有的物理性质与其他矿物相区别，这些物理性质从本质上来说，是由矿物的化学成分和晶体构造所决定的。

（1）颜色。颜色是矿物对可见光波的吸收作用所引起的。根据矿物颜色产生的原因，可将颜色分为自色、他色、假色三种。

1）自色。自色是矿物本身固有的颜色，它取决于矿物的内部性质，特别是所含色素离子的类别。

2）他色。他色是矿物混入了某些杂质所引起的，与矿物的本身性质无关。他色不固定，随杂质的不同而异。

3）假色。假色是由于矿物内部的裂隙或表面的氧化薄膜对光的折射、散射所引起的。其中由裂隙所引起的假色，称为晕色。

（2）条痕。矿物粉末的颜色称为条痕，通常将矿物在素瓷条痕板上擦划得之。条痕可清除假色，减弱他色而显示自色，所以较为固定，具有重要的鉴定意义。

（3）光泽。矿物表面反射光线的能力，称为光泽。按反光的强弱，光泽可分为金属光泽、半金属光泽和非金属光泽。

1）金属光泽。金属光泽类似于金属磨光面上的反射光，闪耀夺目，如方铅矿、黄铜矿、黄铁矿等。

2）半金属光泽。半金属光泽类似于金属光泽，但较为暗淡，如铬铁矿。

3）非金属光泽。非金属光泽可再细分为金刚光泽，如金刚石、闪锌矿；玻璃光泽，如水晶、萤石；油脂光泽，如石英断面上的光泽；丝绢光泽，如石棉；珍珠光泽，如白云母；蜡状光泽，如蛇纹石；土状光泽，如高岭石。

（4）透明度。矿物透光的程度称为透明度。透明度取决于矿物对光线的吸收能力。但吸收能力除和矿物本身的化学性质与晶体构造有关以外，还明显地和厚度及其他因素有关。因此，某些看来是不透明的矿物，当其磨成薄片时，却仍然是透明的，所以透明度只能作为一种相对的鉴定依据。为了消除厚度的影响，一般以矿物的薄片（0.03mm）为准。据此，透明度可以分为透明、半透明、不透明三级。

1）透明。透明指绝大部分光线可以通过矿物，因而隔着矿物的薄片可清楚地看到对面的物体，如无色水晶、冰洲石（透明的方解石）等。

2）半透明。半透明指光线可以部分通过矿物，因而隔着矿物薄片可以模糊地看到对面的物体，如闪锌矿、辰砂等。

3）不透明。不透明指光线几乎不能透过矿物，如黄铁矿、磁铁矿、石墨等。

（5）硬度。矿物抵抗外来机械作用（刻划、压入、研磨）的能力，称为硬度。它和矿物的化学成分及晶体构造有关。

（6）解理。矿物在受打击后，常沿着一定方向裂开的特性称为解理。裂开的光滑面称为解理面。根据解理面的完善程度，可将解理分为极完全解理、完全解理、中等解理、不完全解理。

极完全解理指解理面非常平滑，矿物很容易裂成薄片，如云母；完全解理指解理面平滑，矿物易分裂成薄板状或小块，如方解石；中等解理指解理面不很平滑，如角闪石；不完全解理指解理面不易发现，如磷灰石。

（7）断口。矿物受打击后，沿任意方向发生不规则的断裂，其凹凸不平的断裂面称为断口。断口可分为贝壳状断口、参差状断口和锯齿状断口。

（8）密度。矿物的密度是指矿物单位体积的质量，矿物的相对密度与密度在数值上是相同的，但它更易于测定。矿物的相对密度是矿物在空气中的重量与4℃时同体积水的重量比。

（9）其他性质。其他物理性质还有：

1）脆性。矿物容易被击碎或压碎的性质称为脆性。

2）延展性。矿物在锤压或拉引下，容易形变成薄片或细丝的性质，称为延展性。

3）弹性。矿物受外力时变形，而在外力释放后又能恢复原状的性质，称为弹性。

4）挠性。矿物受外力时变形，而在外力释放后不能恢复原状的性质，称为挠性。

5）磁性。矿物的颗粒或粉末能被磁铁所吸引的性质，称为磁性。

6）导电性。矿物对电流的传导能力，称为导电性。

7）荷电性。矿物在受外界能量作用（如摩擦、加热、加压）的情况下，往往会产生带电现象，这种现象称为荷电性。

8）发光性。矿物在外来作用的激发下，如在加热、加压以及受紫外光、阴极射线和其他短波射线的照射时，产生发光的现象，称为发光性。

9）放射性。这是含放射性元素的矿物所特有的性质，特别是含铀、钍等的矿物。

1.1.2.3 矿物的化学成分

自然界的矿物除少数是单质外，绝大多数都是化合物。单质是由同一元素自相结合而成的矿物，如自然金（Au）、自然铜（Cu）、石墨（C）等；化合物则是由两种或两种以上元素化合而成的矿物，如石英（SiO_2）、萤石（CaF_2）、赤铁矿（Fe_2O_3）等。无论是单质或化合物，其化学成分都不是绝对固定不变的，通常都是在一定的范围内有所变化。

1.1.2.4 矿物的鉴别

矿物鉴定是借助于各种仪器，采用物理学和化学的方法，通过对矿物化学成分、晶体形态和构造及物理特性的测定，以达到鉴定矿物的目的。

矿物鉴定有许多方法，如根据矿物内部原子排列进行鉴定的 X 光分析法，根据电子射束在矿物上直接测定矿物化学成分来鉴定的电子探针法，以及鉴定矿物显微晶体光学特征的光学显微镜法等，但最常用的还是根据矿物外表特征进行鉴定的肉眼（或放大镜）鉴定法。

1.1.3 岩石

岩石是矿物的集合体，是各种地质作用的产物，是构成地壳的物质基础。地壳中绝大部分矿产都产于岩石中，它们之间存在着密切的成因联系。如煤产在沉积岩里；大部分金属矿则产在岩浆岩，或其形成与岩浆岩有直接或间接联系。研究岩石就是为了发现岩石与矿产的关系，从中找出规律，以便更多、更好地找寻和开发矿产资源。

1.1.3.1 岩石的结构构造

A 岩石的结构

岩石中矿物的结晶程度、颗粒大小和形状以及彼此间的组合方式称为岩石的结构。这主要决定于地质作用进行的环境，在同一大类岩石中，由于它们生成的环境不同，产生了种种不同的结构。

B 岩石的构造

岩石中矿物集合体之间或矿物集合体与岩石的其他组成部分之间的排列方式以及充填方式，称为岩石的构造，这反映着地质作用的性质。由岩浆作用生成的岩浆岩大多具有块状构造；由变质作用生成的变质岩，多数情况下它们的组成矿物一般都按照一定方向平行排列，具有片理状构造；由外力地质作用生成的沉积岩，是逐层沉积的，大多具有层状构造。

1.1.3.2 岩石的分类

组成地壳的岩石，按其成因可分为三大类，即岩浆岩、沉积岩和变质岩。

（1）岩浆岩。它是内力地质作用的产物，是地壳深处的岩浆沿地壳裂隙上升，冷凝而成。埋于地下深处或接近地表的为侵入岩；喷出地表的则为喷出岩。岩浆岩的特征是：一般较坚硬，绝大多数矿物均成结晶粒状紧密结合，常具有块状、流纹状及气孔状构造，原生节理较发育。

（2）沉积岩。它是先成岩石（包括沉积岩）经外力地质作用而形成的岩石。其特征是常具有碎屑状、鲕状等特殊结构及层状构造，并富含生物化石和结核。

（3）变质岩。它是岩浆岩或沉积岩经变质作用而形成的与原岩特征迥然不同的岩石。其特征是多具有明显的片理状构造。

1.1.3.3 岩石的鉴定

岩石的特征表现在颜色、矿物成分、结构和构造等方面，肉眼或借助于简单工具（放大镜、小刀和三角板等）只能对岩石进行宏观的鉴定，并借以观察和区别各种岩石。

（1）观察岩石的颜色。岩石的颜色在很大程度上反映了它们的化学成分和矿物成分。例如，颜色可以作为肉眼鉴定岩浆岩的特征之一。

（2）观察矿物成分。认识矿物时，可先借助颜色，若岩石颜色深，可先看深色矿物，如橄榄石、辉石、角闪石、黑云母等；若岩石颜色浅，可先看浅色矿物，如石英、长石等。在鉴定时，经常是先观察岩石中有无石英及其数量多少，其次是观察有无长石及属于正长石还是斜长石，再就是看有无橄榄石存在。这些矿物都是判别不同类别岩石的指示矿物。

在野外观察时，还应注意矿物的次生变化，如黑云母容易变为绿泥石或蛭石；长石容易变为高岭石等，这对已风化岩石的鉴别，非常重要。

（3）观察岩石的结构构造。岩石的结构构造是决定该类岩石属性的依据之一。

1.2 地质构造

1.2.1 水平岩层与倾斜岩层

1.2.1.1 水平岩层

沉积物在大区域内沉积时都是近于水平的层状分布。沉积物固结成为岩石之后，在没有遭受强烈的构造运动，而只受地壳升降运动的情况下，仍然保持其水平状态，这种岩层称水平岩层。但是，绝对水平的岩层几乎是不存在的。这一方面是由于岩层形成时，本身就不可能是绝对水平的；另一方面，即使是大规模的升降运动，也总会出现局部的差异性。习惯上，把倾角小于5°的岩层称为水平岩层。

1.2.1.2 倾斜岩层

除水平岩层呈水平状态产出外，一切倾斜岩层的产状均以其走向、倾向和倾角表示，这三者称为岩层产状三要素（见图1-4）。岩层面与水平面的交线或岩层面上的水平线即该岩层的走向线，其两端所指的方向为岩层的走向，可由两个相差180°的方位角来表示，如NE30°与SW210°。垂直走向线沿倾斜层面向下方所引直线为岩层倾斜线，倾斜线的水平投影线所指的层面倾斜方向就是岩层的倾向。走向与倾向相差90°。岩层的倾斜线与其水平投影线之间的夹角即岩层的（真）倾角。所以，岩层的倾角就是垂直岩层走向的剖面上层面（迹线）与水平面（迹线）之间的夹角。

图1-4 岩层三要素示意图
AOA'—走向;OB—倾斜线;OC—倾向线;α—倾角

岩层产状有两种表示方法：

（1）方位角表示法。一般记录倾向和倾角，如SW205°∠65°，即倾向为南西205°，倾角65°，其走向则为NW295°或SE115°。

（2）象限角表示法。一般测记走向、倾向和倾角，如 N65°W/25°SW，即走向为北偏西 65°，倾角为 25°，向南西倾斜。

1.2.2 褶皱构造

1.2.2.1 褶皱现象

层状的岩石经过变形后，形成弯弯曲曲的形态，但是岩石的连续完整性基本没有受到破坏，这种构造称为褶皱构造。

褶曲是褶皱中的一个弯曲，即褶皱的基本单位，褶皱由一系列的褶曲组成。褶曲有两种基本形态：背形和向形。背形是两翼岩层相背倾斜，形态上是岩层向上弯曲的褶曲；向形是两翼岩层相向倾斜，形态上是岩层向下弯曲的褶曲。

1.2.2.2 褶曲的要素

为了表示和描述褶曲的空间形态，习惯上把褶曲的各个组成部分称为褶曲要素，如图 1-5 所示。

（1）核部。核部是褶曲的中心部分，有时也称轴部。背斜的核部是较老的岩层，向斜的核部是较新的岩层。

（2）翼部。翼部是核部两侧的岩层，即一个褶曲两边的岩层。

（3）轴面。将褶曲平分为两部分的一个假想曲面称轴面。

（4）轴。轴面与水平面的交线称为轴。

（5）转折端。转折端指褶曲从一翼向另一翼过渡的弯曲部分。

（6）枢纽。枢纽是指轴面与岩层面的交线。

图 1-5　褶皱要素示意图
（图中 1、2、3、4、5 代表地层从老到新的关系）

1.2.3 断裂构造

岩石受力后发生形变并达到一定程度，使岩石的连续完整性受到破坏，产生各种大小不一的断裂面。岩石在破裂变形阶段产生的构造统称为断裂构造。断裂规模大者沿走向可达几千千米，如岩石圈板块的边界构造，最小的尺度要借助显微镜才能观察到。岩石发生断裂时，沿断裂面两侧的岩块没有显著位移的断裂构造称为节理；两侧岩块有明显位移的断裂构造称为断层。断层、节理等是地壳上常见的地质构造。

1.2.3.1 节理

节理是沿断裂面两侧的岩块没有显著位移的断裂构造。有时也称裂隙。此破裂面为节理面，它和岩层面一样具有不同的产状。节理面可以是平坦的，也可以是不平坦的，甚至是弯曲的；节理的规模大小不一，一般延长几十厘米至几十米，有时会有特别小的，需要在显微镜下观察，有时会有特别长的，沿走向可达几百米。

　　根据节理的成因，节理可分为原生节理、风化节理、构造节理三类。

1.2.3.2　断层

　　断层是一种有明显相对位移的断裂构造。断层在地壳中分布很广泛，种类很多，规模大小不一。小的断层延长只有几米，相对位移只有几厘米，大的断层可延长几百至上千千米，相对位移可达几十千米。因此，断层是地壳中最重要的一种地质构造。

　　（1）断层要素。习惯上把断层的各个组成部分称为断层要素，包括断层面、断层线、断盘、位移。

　　（2）断层类型。断层分类方案很多，常用的有以下三种：

　　1）按两盘岩块相对位移的方向可分为正断层、逆断层、平移断层和旋转断层，如图1-6、图1-7所示。

图 1-6　断层类型

（a）正断层；（b）逆断层；（c）平移断层

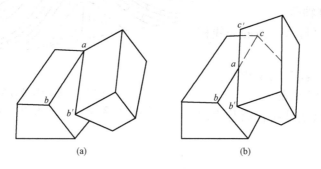

图 1-7　旋转断层

（a）小旋转；（b）大旋转

　　2）按断层走向和岩层产状的关系，分为走向断层、倾向断层、斜向断层。

　　3）按断层走向和褶皱轴向或区域构造线方向的关系，分为纵断层、横断层、斜断层。

　　自然界的断层往往不是单个出现，有一定的组合规律。其组合形态类型有地垒、地堑、阶梯状构造和叠瓦式构造等，如图1-8所示。

　　（3）断层的识别。在现场如果能直接见到断层面，就可以肯定有断层。但是断层面往往不易直接观察到，需寻找一些其他的标志来证实断层是否存在。这些标志有：地质体的

图 1-8 断层组合形态的类型

（a）地堑；（b）地垒；（c）阶梯状构造；（d）叠瓦式构造

不连续、地层的重复和缺失、地貌上的标志、水文上的标志、断层泥和断层角砾、断层擦痕和断层擦光面、掭引现象、硅化和矿化现象、顶板压力增大等。

1.3 矿床类型与矿体地质

1.3.1 矿床的基本概念

矿床是由地壳中的地质作用形成，所含有用矿物资源的质量在一定的经济技术条件下能被开采利用的地质体。因此，矿床概念包含地质的和经济技术的双重意义。

矿床的空间范围包括矿体和围岩。矿体是矿床的基本组成单位，既是达到工业要求的含矿地质体，又是开采的直接对象。它具有一定的大小、形状和产状。一个矿床可以由一个或数个矿体组成。围岩是矿体周围暂无经济价值的岩石。提供矿体中成矿物质来源的岩石，称为母岩。

矿体和围岩两者界线有的清楚，有的为渐变，无明显界线。当矿体和围岩的界线不明显时，就需要通过取样、化验，用国家规定的工业指标来圈定。没有达到所要求的边界品位的部分当做围岩，而达到这个品位的部分为矿体。然而，围岩和矿体，特别是在母岩作为围岩的情况下，在概念上并不是一成不变的，而是随着工艺技术的提高，所要求的边界品位的指标是可以降低的，矿体的范围是可以扩大的。

矿石指在现有技术和经济条件下，能够从中提取有用组分（元素、化合物或矿物）的天然矿物集合体，由矿石组成的地质体即为矿体。矿石中通常包括矿石矿物和脉石矿物两部分。矿石矿物指矿石中能提供有用元素（或组分）或本身可以被直接利用的矿物，因此也就是矿石中的有用矿物。脉石矿物指矿石中没有用处的那些矿物，例如铜矿石中的石英等。

1.3.2 矿床类型

1.3.2.1 矿床成因类型

地壳中的矿床种类繁多，要对它们进行分类以便于研究。按照矿床的形成作用和成因划分的矿床类型，称为矿床成因类型。如岩浆矿床、伟晶岩矿床、气成-热液矿床、风化矿床、沉积矿床、变质矿床等。按矿床成因进行矿床分类是最基本的分类方法。按成因类型逐一研究每类矿床的成因、特征、形成条件和分布规律，是矿床学研究的基本内容。

矿床的成因分类反映人类对矿床成因和成矿过程的认识程度，也是人类对矿床研究成果的高度概括。正确的制定矿床成因分类对了解成矿作用的本质、指导生产实践都具有重要的意义。

在矿床成因分类中，一级划分是与三大类地质作用相对应的，即分为内生矿床、外生矿床、变质矿床和叠生矿床四大类。二级划分是按照在一定的地质环境下的主要成矿作用系类来划分的，如岩浆矿床、伟晶岩矿床、接触交代矿床、热液矿床等。三级划分则由于各类矿床的形成环境的复杂性和成矿方式的多样性，很难采用一种统一的标志。因此，根据各类矿床的主要特征和标志，或按成矿方式、或按含矿建造、或按成矿环境来加以区分，有一定的灵活性。如岩浆分结矿床、岩浆熔离矿床、岩浆爆发矿床等。四级划分一般均按矿石建造。矿床分类见表1-2。

表1-2　矿床分类

内 生 矿 床		外 生 矿 床		变 质 矿 床	
岩浆矿床	早期岩浆矿床	风化矿床	残积、坡积矿床	接触变质矿床	受变质矿床
	晚期岩浆矿床		残余矿床		变成矿床
	熔离矿床		淋积矿床		
伟晶岩矿床		沉积矿床	机械沉积矿床	区域变质矿床	受变质矿床
气液矿床	矽卡岩矿床		真溶液沉积矿床		变成矿床
	热液矿床		胶体化学沉积矿床		
火山成因矿床	火山岩浆矿床		生物-生物化学沉积矿床		
	火山-次火山气液矿床				
		火山-沉积矿床			

1.3.2.2　矿床工业类型

矿床工业类型是在矿床成因类型的基础上，从工业利用的角度来进行矿床分类。对多数矿床来说，其成因类型是多种多样的，但在工业上具有重要意义、作为主要找矿对象的，常常是其中的某些类型。以铁矿为例，它的矿床成因类型多达十几种，但就世界范围来讲，工业价值较大的有火山喷发沉积变质型（占世界铁矿储量的60%，我国为48.7%）、海相沉积型（占世界铁矿储量的30%，我国为15%），以及岩浆型、矽卡岩型和热液型等。一般把这些作为某种矿产的主要来源，在工业上起重要作用的矿床类型，称为矿床工业类型。

划分矿床工业类型的目的，在于突出有重要意义的矿床类型，作为找矿勘探和研究工作的重点，以便深入研究它们的地质特点、形成作用、分布规律以及工业利用条件等，为多快好省地开发矿产资源服务。

由于各种矿产的产出条件和工业要求不同，矿床工业类型一般是按矿种来分别研究的，如铁矿床的工业类型、铜矿床工业类型、磷矿床工业类型等。

1.3.3 矿体地质

矿体地质以矿体为研究对象，其基本任务是研究矿体的各种标志的变化性，目的在于阐明矿体各种标志的变化特征及变化规律，为选择合理的勘查方法及矿床的工业评价提供依据。矿体的形状和产状是由多种因素决定的，其中最主要的是矿床的成因，其次则是构造条件及围岩性质等。矿床的成因不同，其矿体形状往往也不同。如沉积矿床的矿体形状多为层状，而热液矿床的矿体则多呈脉状；层状和脉状矿体义各有不同的产状。

1.3.3.1 矿体的形状

自然界矿体的形状是多种多样的，每一个矿体都有三个可以量取的方向，根据这三个方向的发育情况，矿体的形状大致可分成等轴状矿体、板状矿体、柱状矿体三种。若矿体受到成矿后的构造变动，从而发生断裂和褶皱，在形状上就更为复杂了。

1.3.3.2 矿体的产状

矿体的产状包括矿体的产状要素、矿体与围岩的关系、矿体与侵入岩体的空间位置关系、矿体埋藏情况、矿体与地质构造的关系 5 个方面。

（1）矿体的产状要素。其表示方法与一般岩层的表示方法相同，即用走向、倾向和倾角来表示。但对某些具有最大延伸和透镜状截面的矿体，如柱状矿体、透镜状矿体等，则除了用走向、倾向和倾角来表示外，还要测量它们的侧伏角和倾伏角，以确切控制其最大延伸方向，如图 1-9 所示。侧伏角是指矿体最大延伸方向（矿体的轴线）与矿体走向线之间的夹角；倾伏角是指矿体最大延伸方向与其水平投影线之间的夹角。

图 1-9 矿体产状要素示意图

矿体的产状、侧伏角、倾伏角等产状要素对开拓设计、采矿方法和矿石运输具有重要意义。

（2）矿体与围岩的关系。矿体与围岩的关系是指矿体的围岩是岩浆岩、变质岩还是沉积岩，矿体是平行于围岩的层理或片理产出的，还是截穿它们产出的。

（3）矿体与侵入岩体的空间位置关系。该关系是指矿体是产在岩体内部，还是产在围岩与侵入岩的接触带中，还是产在距接触带有一定距离的围岩中。

（4）矿体埋藏情况。矿体或出露于地表，或是隐伏地下（称为盲矿体）。矿体埋藏情况还包括矿体的埋藏深度等。盲矿体又分为隐伏矿体（未曾出露到地表）和埋藏矿体（曾出露到地表，后被掩埋）。

（5）矿体与地质构造的关系。矿体与地质构造的关系是指一系列有成因联系的矿体在褶皱、断裂构造内的排列方向和赋存规律。

1.3.4　成矿作用

各种矿床的形成是地壳中各种有用成分在成矿作用之下得到局部集中富集的结果。成矿作用，就是导致地壳和上地幔中有用组分（元素或化合物）被分离出来集中富集形成矿床的地质作用。

这个局部富集的过程是极为复杂的，因而成矿作用也是多种多样的。如果从成矿地质作用及成矿物质的来源来考虑，成矿作用可概括地归纳为三大类，即内生成矿作用、外生成矿作用和变质成矿作用。由内生成矿作用所形成的各种矿床，总称为内生矿床；同理，外生成矿作用形成的矿床总称为外生矿床；变质成矿作用形成的矿床总称为变质矿床。

1.3.4.1　内生成矿作用

由地球内部各种能量所导致矿床形成的所有地质作用，称为内生成矿作用。根据其所处物理化学条件及地质作用的不同，可分为"侵入岩浆"、"伟晶岩"、"气化-热液"和"火山"4种成矿作用类型，并分别形成相应的内生矿床。

除与火山活动有关的成矿作用外，其他内生成矿作用都发生于地壳内部，是在较高温度和压力条件下进行的。

1.3.4.2　外生成矿作用

外生成矿作用是指在外动力地质作用下，在地壳表面常温常压下所进行的各种成矿作用。其成矿物质主要来源于出露或接近地表的岩石、矿床、火山喷出物以及生物有机体等。外生成矿作用，就是这些物质在风化、剥蚀、搬运以及沉积等作用过程中，成矿物质富集成为矿床的作用。按其形成时作用的不同，进一步分为风化成矿作用和沉积成矿作用。

1.3.4.3　变质成矿作用

这种成矿作用也发生在地壳内部，主要是由于岩浆侵入和区域变质作用所引起的。所形成的矿床是由原岩或原矿床在高温高压下得到改造、加工而成。变质矿床虽然也是内动力地质作用下的产物，但成矿作用的方式以及矿床的次生性质，显然和内生矿床有所不同，所以划归为另一类型的矿床。变质成矿作用和变质作用一样，可进一步划分为接触变质、区域变质、混合岩化等三种类型，并各形成相应的变质矿床。

矿床的成因分类就是以上述各种成矿作用为依据所进行的分类。因为无论成矿物质来源如何，它们都要经过一定方式的成矿作用，然后形成各式各样的矿床。上述三大类型成矿作用和矿床并不是截然分开的，有很多矿床并非单一成矿作用的产物。

复习思考题

1-1　简述地球的圈层结构组成特征。

1-2 论述矿物的主要物理鉴定特征及方法。

1-3 简述岩石的组成和分类。

1-4 综合矿物特征论述岩石的鉴定方法。

1-5 简述地质年代的概念及确定方法。

1-6 岩层产状三要素有哪些？

1-7 断层的基本要素有哪些？

1-8 如何判定有断层或者褶皱构造的存在？

1-9 简述矿床的类型及成矿作用的类型。

1-10 论述矿物、岩石、矿床、矿体、围岩、矿石等区别和联系。

矿床勘查地质工作

我国矿山地质工作的过程大致分为区域地质调查、普查找矿、地质勘探、矿山地质工作四个阶段。

（1）区域地质调查。区域地质调查是在选定地区的范围内进行全面系统的综合性地质调查研究。它既是地质工作的先行又是基础研究工作，主要任务是通过详细的地质填图为经济和国防建设、科学研究和进一步普查找矿提供基础地质数据，其工作详细程度一般为小比例尺（1∶100 万 ~ 1∶50 万）、中比例尺（1∶20 万 ~ 1∶10 万）和大比例尺（1∶5 万 ~ 1∶2.5 万）。

（2）普查找矿。普查找矿又称矿产普查，与区域地质调查不同，普查找矿的目的较明确，它是为寻找和评价矿产而进行的地质调查工作。其任务包括：查明工作区与矿产有关的地质构造、地层、岩石等条件；预测可能存在矿产的有利地段；通过各种有效的方法，如地质学方法、地球化学方法、地球物理方法、航空测量及少量的探矿工程，在有利的成矿地带内找矿，并对发现的矿化点或矿床进行初步评价。

（3）地质勘探。地质勘探是在普查找矿基础上，为查明一个矿床的工业价值而进行的地质调查研究工作，通常将地质勘探和矿山地质工作的开发勘探统称为矿床勘查。

（4）矿山地质工作。矿山地质工作是矿山基建和生产过程中对矿床继续进行勘探、研究和生产管理的地质工作。其基本任务是为矿山的生产和建设服务。矿山地质工作内容包括两部分：开发勘探和矿山地质管理。其中，开发勘探从时间上又分为两个阶段，即基建勘探和生产勘探。习惯上，矿山地质工作主要包括生产勘探和矿山地质管理工作。

2.1 地质普查找矿

2.1.1 普查找矿的任务

运用地质理论和综合找矿技术在一定地区寻找矿产，称为普查找矿。其任务是在找矿地区广泛研究地层、岩性、岩石沉积条件和特征、地质构造、岩浆活动、变质作用、各类矿化现象与标志、区域成矿条件和特征、成矿规律等；对区域成矿地质条件、经济条件及区域发展前景做出正确分析；对找到的矿产进行矿点检查和研究，做出远景评价，为地质勘探提供工作基地。

普查找矿一般分为区域性普查找矿和专门性普查找矿两种。

（1）区域性普查找矿。区域性普查找矿是以规定图幅为单元，在全国范围内进行，实行填地质图与找矿相结合，也称区域地质测量。区域性普查找矿一般由专业区测队进行。按区测的比例尺比率大小，又可分为小比例尺（1∶100 万 ~ 1∶50 万）、中比例尺（1∶20 万 ~ 1∶10 万）及大比例尺（1∶5 万 ~ 1∶2.5 万）三类。

（2）专门性普查找矿。专门性普查找矿局限于有利矿化的地区，由专业普查队进行。

按工作的详略程度，又可分为概略普查及详细普查，矿点检查常属于详细普查范围。生产矿山矿床深部找矿、边部找矿，即所谓"探边、摸底、找盲"和矿区外围找矿，均属于专门性普查找矿的范围。

2.1.2 普查找矿的地质条件

矿床的形成和分布受到一定地质因素的控制，研究这些地质因素、了解找矿地区的成矿地质条件和背景，可以帮助确定找矿方向、选择找矿方法。

（1）侵入岩条件。各类侵入岩具有一定的成矿专属性，具有不同岩性的岩体可产出不同的矿产。同时，侵入体存在的空间、侵入时代、岩相划分、岩体的形态和大小、形成深度、被剥蚀的深度等，均与一定矿产的类型及其形成、分布有关系。

（2）火山岩条件。火山岩产出的层位、岩体的岩性、岩石化学特征、岩石的结构和构造、喷发及沉积条件、喷出岩相等因素，对成矿起到控制作用，研究这些条件可以指导找矿。

（3）地质构造条件。地质构造对矿产形成和分布有一定的控制作用，对内生矿床的成矿作用尤为明显。研究成矿的地质构造条件时，一般要注意构造等级、构造体系的控矿作用、构造与成矿的空间关系（导矿、散矿、容矿构造）、构造与成矿的时间关系（成矿前、成矿时、成矿后构造）等因素，以指导找矿。

（4）围岩岩性条件。内生矿床或具有交代、充填成因的其他矿床，其形成要求有一定的容矿、覆矿围岩。研究围岩的物质成分、物理化学性质及产出特征等，可帮助确定矿化的可能存在部位。

（5）地层、沉积岩相及古地理条件。层状矿床常产于一定的地层层位，与沉积岩相和古地理环境有关，研究这些成矿条件，可以确定找矿远景和产出部位。

（6）变质作用条件。一定的变质矿床决定了一定的变质作用类型、变质岩性、变质相系及变质带，充分研究这些条件，对于寻找变质矿床或与变质岩系有关的矿床具有指导意义。

（7）风化和地貌条件。砂矿和风化矿床形成一定的地貌单元和风化剥蚀条件，某些矿床的氧化露头与风化条件、地貌条件有关，研究这些条件对于寻找砂矿和风化矿床具有指导意义。

2.1.3 普查找矿标示

凡是直接或间接指示矿产可能存在的现象和线索，均称为找矿标示。

（1）矿产露头。矿产露头分原生露头及次生露头两类。次生露头大多是由矿石在地表或近地表处经外力地质作用氧化而形成。金属矿床露头多已受氧化次生作用，形成铁帽、锰帽、含矿岩石的风化壳。研究铁帽对寻找金属硫化物矿床及铁矿床有重要意义，找矿时应研究铁帽的颜色、物质成分、结构和构造、产状、分布面积等，推断它们原来的物质成分、原生矿产种类、矿床类型、矿体产状和形态特征、可能的规模和埋藏深度，以指导揭露工程的布置。

（2）围岩蚀变。围岩蚀变必须与成矿有空间及成因关系，通常围绕矿体分布，范围大于矿体，比矿体更容易发现；具有垂直或水平分布的围岩蚀变，更有利于指示矿体赋存部位和深度。围岩蚀变的种类与岩浆活动类型、矿化类型有关，能帮助确定矿产种类及矿床类型。

（3）近矿围岩的颜色。热液矿化或矿床遭受表生作用可使近矿围岩产生特殊的颜色，因其与矿化有关且易于识别而成为找矿标示。常见的近矿围岩，如金属硫化物矿床的围岩呈褚色、褐色、砖红色、黄褐色；含铜砂岩的围岩呈浅色。

（4）矿产的分散晕。在矿床形成过程中或成矿以后，一定的地质作用将与成矿有关的元素分散到矿体周围岩石或疏松沉积物中、地表及地下水中、植物体内、土壤中或近地表大气中，在矿体周围的一定范围内，形成某些成矿元素的含量较其他地段高的高含量地段，称为矿产的分散晕。矿产分散晕是使用地球化学找矿法的理论基础。

按成因可将矿产的分散晕分为两大类，即原生分散晕和次生分散晕。原生分散晕是成矿元素在成矿过程中由于本身的活动性，通过渗透、扩散、气相运移等方式分散到围岩中而形成的。它的产状、形态和分散范围与矿化强度、元素活动性和成矿控制因素有关。一般原生分散晕围绕矿体分布，分散距离为几米到几百米不等。能形成分散晕的元素称为指示元素，它可以是主要成矿元素或其他伴生元素。次生分散晕是由于风化剥蚀作用，使成矿物质遭受破坏而分散所形成的。各种次生分散晕是寻找掩盖型、埋藏型盲矿体的找矿标示。

（5）物探异常。具有特定物理性质，如导电性、磁性、密度、弹性、放射性的成矿物质所组成的矿体，其占据的空间所显示的某些物理性质必然不同于周围空间。按异常的性质，物探异常可分为电性、磁力、重力、放射性异常等几类。物探异常是寻找各种隐伏矿床和盲矿体的重要标志。

（6）标志矿物。能指示某类矿床存在并具有一定特殊性质的矿物，称为标志矿物。这些特殊性质可能是矿物的晶形、颜色、成分、物理性质或产状等。

（7）指示植物。适于生长在某种元素含量高的土壤中的某种特殊植物，可指示与该种元素有关的矿体存在情况。

（8）古采矿遗迹和古地名。古采矿遗迹包括古矿山、古废石堆和古炉渣，是直接的找矿标示。

2.1.4 普查找矿方法

下面介绍几种较常用的普查找矿方法。

（1）地质测量法。地质测量法是充分研究找矿地区的成矿地质条件，观察与寻找找矿标示，以求找到矿产。地质测量法是找矿工作的基础。

（2）碎屑找矿法。当矿体露头经风化、剥蚀作用后，矿石将以碎屑形式沿山坡、河谷、冰川向低处迁移，形成矿石碎屑的分散范围。采用碎屑找矿法找矿时，沿河谷、冲沟、山坡自下而上追索，观察碎屑成分、粒度、形态、分布特征，发现矿石碎屑，圈定其分散范围，配合工程揭露以找到矿体。

（3）重砂法。矿体出露地表，矿石内密度较大、物理化学性质比较稳定的矿物，如自然金、自然铂、锡石、磁铁矿、黑钨矿、白钨矿、锆英石、独居石、金刚石、刚玉、磷灰石、石榴石等，经外力作用形成单矿物砂粒，称为重砂。重砂沿山坡、山沟、河谷向低处迁移，形成机械分散晕。找矿时通过鉴定重砂种类、圈定重砂分散范围，可帮助寻找与重砂有关的原生矿床、砂矿床及风化矿床。

（4）地球化学法。地球化学法，也称分散晕法，是根据原生分散晕和次生分散晕异常来寻找矿床的方法。

各种普查找矿方法都是从一个方面研究找矿地质条件和找矿标示，进而找到矿产的。每一种方法均有自己的特点、适用范围和局限性。要想提高找矿效率，必须综合运用多种方法。

2.2 矿床地质勘探

2.2.1 矿床地质勘探的任务

矿床地质勘探的任务有：

（1）深入研究矿床地质构造和特征、矿体分布及矿化富集规律、成矿地质条件及成矿控制因素，总结矿床成矿规律，确定矿床成因。

（2）探明矿产地质储量，确定矿床规模。对储量可靠程度的控制以及储量级别、比例、分布，要达到矿山设计建设的要求。

（3）查明矿产质量。包括确定主要有用组分、伴生有益或有害组分的含量和分布变化规律；矿石矿物成分，共生组合；矿石工业品级、自然类型和它们的分布规律。

（4）查明矿体的分布、产状、形态、空间赋存条件以及这些因素的变化规律。

（5）查明矿床水文地质条件，开采技术条件，矿石选、冶的加工技术条件。

（6）调查了解矿区开发的自然条件和经济条件。

2.2.2 矿床地质勘探的步骤

矿床地质勘探基本上按以下三个步骤进行：

（1）矿床的揭露工作。利用各种勘探工程手段（包括钻探和坑探），布置一定的勘探工程，揭露矿体、近矿围岩和有关的地质构造，以便地质人员进行现场地质调查。

（2）现场地质调查工作。对已被揭露的矿床进行现场地质调查，以获取各种原始资料。包括对坑道和钻孔岩芯进行原始地质编录（观测、记录各种地质现象并绘制原始地质图件）以及通过矿产取样化验了解矿石质量。

（3）地质调查资料的综合分析、整理及研究工作。对原始地质编录和由矿产取样获得的原始资料进行综合分析、整理和研究，其主要内容包括综合地质编录（编制综合地质图件数据等）、矿产储量计算和综合地质研究等，最终为矿山开发提供必要的图表及文字数据。

2.2.3 矿床地质勘探的类型

根据矿床的地质特点，尤其按矿体主要地质特征及其变化的复杂程度对勘探工作难易程度的影响，将具有相似特点的矿床加以归并而划分的类型，称为矿床地质勘探的类型。矿床地质勘探的类型是在大量探采资料对比基础上，对已勘探矿床勘探经验的总结。

影响矿床矿体类型的因素有：

（1）矿体规模的大小。矿体规模大小是划分勘探类型的依据之一，它直接影响勘探和开采方法。

（2）矿体形态。勘探与开采的实践证明，对矿体形态变化控制的准确程度，是影响勘探结果精度的主要因素。根据形态的复杂程度，可分为简单矿体（层状、似层状、透镜状、脉状等矿体）和复杂矿体（矿囊、矿瘤、矿巢、矿条等）。

（3）矿石中有用组分分布的均匀程度。

（4）矿体的连续性。

（5）矿床构造的复杂程度。矿床构造的复杂程度直接影响矿床勘探和开采的难易程度，也是划分矿床地质勘探类型的重要因素。根据矿床构造的复杂程度，一般将矿床分为简单、较简单、复杂、较复杂四级。

一般将勘探类型划分为三级：

（1）第Ⅰ勘探类型。该类型为简单型，主矿体规模大—巨大，形态简单—较简单，厚度稳定—较稳定，主要有用组分分布均匀—较均匀，构造对矿体影响小或不明显。

（2）第Ⅱ勘探类型。该类型为中等型，主矿体规模中等—大，形态复杂—较复杂，厚度不稳定，主要有用组分分布较均匀—不均匀，构造对矿体形态有明显影响、小或无影响。

（3）第Ⅲ勘探类型。该类型为复杂型，主矿体规模小—中等，形态复杂，厚度不稳定，主要有用组分较均匀—不均匀，构造对矿体影响严重、明显或影响很小。

根据矿体勘探难易程度，也可以将勘探类型划分为四级甚至五级。

2.2.4　矿床地质勘探的手段

埋藏在地下的矿床，必须采用一定的探矿工程手段来揭露它，以便进行现场地质调查研究。目前常用的揭露矿体的勘探工程手段有槽井探（地表坑探工程）、坑探（地下坑探工程）和钻探。此外，还有地球物理勘探（简称物探）和地球化学勘探（简称化探）等勘探技术手段，物探与化探可用来寻找、追索盲矿体。

2.2.4.1　槽井探

槽井探也称地表坑探工程，包括探槽、浅井、小圆井等，常用在勘探的初期，借以揭露、追索和圈定地表矿体、被覆盖的地质界线以及查清地质构造等。

（1）探槽。探槽是一种比较重要的轻型山地工程，广泛用来揭露 2~2.5m浮土下的岩石或矿体。探槽的宽度一般为 0.7~1.0m，深度一般不超过 3m，长度决定于用途，可由数米到数百米不等。探槽的布置方向一般是垂直于矿体或岩层的走向，如图 2-1 所示。

图 2-1　垂直于矿体走向布置的探槽平面图
1—矿体；2—探槽

（2）浅井。浅井是指断面为长方形或正方形的地表垂直坑道，一般用于勘探风化壳或浮土掩盖不深的层状、似层状矿体或砂矿床，如图 2-2 所示。在浅井下端常连接一条穿脉坑道，用来横切矿体，取得矿体沿厚度方向变化的资料，如图 2-3 所示。

（3）小圆井。小圆井是指断面为圆形的浅井，用于浮土稳定、不需支护的地段，其断面一般小于浅井，深度小于 20m。

2.2.4.2　坑探

坑探包括平巷、石门、沿脉、穿脉、竖井和斜井等。它们常用在勘探后期，用来追索圈定的深部矿体，了解矿床深部地质构造等。常用的坑探工程有水平坑探工程、垂直坑探工程和倾斜坑探工程三种。

A　水平的坑探工程

（1）平巷。平巷是地表有出口的水平坑道，只在地形有起伏的条件下才能应用。它可

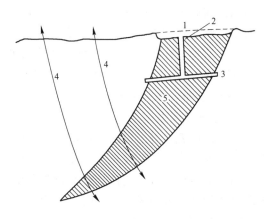

图 2-2　用以揭露浮土掩盖的矿体的浅井　　　图 2-3　用以揭露矿体浅部的浅井

1—浅井；2—穿脉；3—钻孔；4—浮土；5—矿体　　　　1—探槽；2—浅井；3—穿脉；4—钻孔；5—矿体

以沿矿体走向或垂直矿体走向掘进。若矿体沿倾斜方向延伸很深时，可用数个平窿进行勘探，一般上下平窿间的垂直距离应不小于 40m，最短不可小于 30m，如图 2-4 所示。

（2）石门。石门是在地表没有出口、在围岩中掘进，而且大致与矿体走向垂直的水平坑道。主要用来连接竖井与沿脉和寻找被断层错失的矿体，如图 2-5 所示。

图 2-4　矿床的平窿勘探剖面图　　　　　图 2-5　用石门寻找矿脉错失部分的平面图

1—矿体；2—平窿；3—探槽　　　　　　　　1—矿体；2—沿脉；3—断层；4—石门

（3）沿脉。沿脉是指在地表无直接出口、在矿体内沿矿体走向掘进的水平坑道，如图 2-6所示。用来了解矿体沿走向方向的变化情况，当矿体厚度较小时（一般小于 2m），直

图 2-6　沿脉、穿脉勘探矿体的平面图

1—围岩；2—矿体；3—沿脉；4—穿脉

接用以揭露矿体；当矿体厚度较大时，则用以连接各个穿脉坑道。若沿脉掘进在脉外下盘岩石中，此时就称为脉外平巷或石巷。

（4）穿脉。穿脉是指大致垂直于矿体走向、横穿矿体厚度、地面没有直接出口的水平坑道。可以用来了解矿体在厚度方向上的变化情况，其长度以能揭露矿体全厚度为准，如图2-6所示。

B　垂直的坑探工程

竖井是地表设有出口的垂直坑道。与浅井不同之处在于，其断面大、深度大，并有较正规的提升、通风等设备；竖井的下部用石门与矿体相连接，勘探竖井常布置在矿体的下盘，以便将来采矿时作为副井或通风井，如图2-7所示。

C　倾斜的坑探工程

（1）斜井。斜井是一种地表有出口的倾斜坑道，用来勘探产状稳定和倾角较小（小于45°）的矿体，其优点在于可节省石门。

（2）天井。天井是地表没有直接出口的垂直坑道或急倾斜坑道。天井用于贯通上下两层水平坑道或揭露矿体沿倾斜方向的变化。

图2-7　矿体下盘布置的
竖井勘探示意图
1—竖井；2—矿体；3—矿体
上盘；4—矿体下盘

（3）上山与下山。上山与下山是地表没有直接出口的缓倾斜坑道。根据沿脉顺矿体倾斜方向，向上开掘的倾斜坑道称为上山，向下开掘的倾斜坑道称为下山。主要用来了解矿体沿倾斜方向的变化情况。

2.2.4.3　钻探

钻探是矿床地质勘探工作中的重要手段。它是利用钻机按一定的设计方位和倾角向地下钻孔，通过取出孔内不同深度的岩芯、岩屑和岩粉或在孔内放入测试的仪器，以了解地下岩层和矿石的质量、围岩及其蚀变等情况，也可以了解地质构造、水文地质、工程地质等情况。

目前我国常用的地表岩芯钻机的规格有150m、300m、600m、1000m（最小孔径为59mm，合金钻头）；300m、600m、1000m和1500m（最小孔径为46mm，金刚石钻头）。

岩芯（或矿芯）长度与进尺（实际钻进距离）的比值称为岩芯采取率（或矿芯采取率）。一般情况下，若岩芯采取率小于60%，矿芯采取率小于70%，就被认为不符合钻探质量的要求。

岩芯钻探不受地形条件的影响，而且可打任何方向、任何倾斜角度的钻孔；不仅适用于地表，也适用于在坑道中进行钻探，既可垂直探矿，也可倾斜或水平探矿；探矿成本也比坑探低，故目前在地质勘探工作中得到广泛应用。当矿体倾角较小时，多采用直钻；当矿体倾角较大（大于45°）时，多采用斜钻。目前，各勘探队开始普遍使用人造金刚石钻头进行钻探，其速度快、岩芯采取率高。

2.2.5　矿床地质勘探的准备工作

2.2.5.1　勘探工程布置

（1）勘探线。勘探线是指勘探工程从地表到地下按一定间距，布置在一定方向彼此平行的垂直面上。由于在地表上看，好像各工程都分布在许多平行的直线上，所以称为勘探线。在同一走向勘探线上（实际为垂直面上）可以有不同类型的勘探工程（见图2-8），勘探线的方向应与矿体走向或平均走向垂直。这种布置方式多适用于矿体沿两个方向延长（走向及倾向），产状为较陡的层状、似层状、透镜状和脉状矿体。

图2-8 沿勘探线勘探矿脉立体图

（2）勘探网。勘探网是指勘探工程有规律地布置在两组互相交叉的勘探线交点上，组成网状系统。其网形有正方形、长方形、菱形等（见图2-9），最常用的是正方形和长方形勘探网。

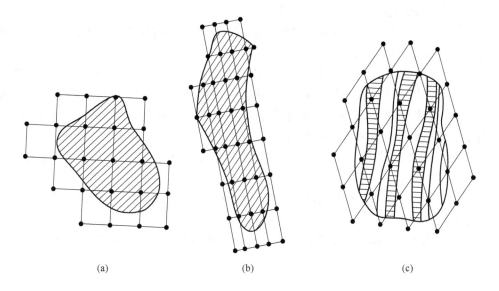

(a)　　　　　　　　(b)　　　　　　　　(c)

图2-9 勘探网的形状
(a) 正方形；(b) 长方形；(c) 菱形

此种布置要求各工程都要垂直穿过矿体，所以，一般采用钻探或浅井探时才能这样布置。这种布置方式多用于勘探缓倾斜而分布面积较大、产状稳定的层状、似层状矿体，也可用于勘探平面上呈等轴状的矿体。

（3）水平勘探工程布置。水平勘探工程布置是指勘探工程布置在不同标高的水平面上（见图2-10）。这种布置方式中，主要采用穿脉及沿脉进行探矿，有时也用于坑内水平钻。多用于急倾斜筒状矿体或急倾斜、走向延长短、延深大的复杂厚矿体，也可用于地形陡峻的山区。

2.2.5.2 地质图例制定

（1）地质图例表示方法。图例要求简明、易绘、通用、能说明问题。

1）着色方式。其特点是使用简便迅速，鲜明易辨，但难于复制。着色方式多用于平面及剖面地质图，用来表示地层、岩性、矿体。常用红色或黑色表示矿体。

2）符号方式。符号方式使用简便迅速，常用以表示地层、岩性、构造、矿石及脉石、各类探采工程、储量级别。

3）线条花纹方式。能反映某些岩性及地质构造特征，常用来表示岩性、矿石及脉石、各种地质构造。线条花纹方式的构成比较复杂，使用较费工时，多用于地质剖面及素描图。

图 2-10　水平勘探布置方式
（a）垂直断面图；（b）水平断面图
1—竖井；2—石门；3—穿脉；4—沿脉；5—探槽

（2）地质图例种类。主要分为以下四种：

1）普通地质图例。普通地质图例包括地层、岩性及一般构造的图例，用于总体性地质图件，大多属于通用图例。

2）矿产专用图例。矿产专用图例包括矿石及脉石矿物图例，矿石工业品级、自然类型图例，矿石结构和构造图例以及矿区特殊岩性图例。矿山地质工作对岩性划分甚为精细，需在通用岩性图例的基础上划分亚种，某些矿山仅石灰岩就可能区别出几十种。此外，内生矿床围岩蚀变也需有专用图例。

3）矿区特殊构造图例。矿区特殊构造图例是指主要表示与成矿有关的构造图例或小型构造图例。

4）探采工程图例。探采工程图例要求用图例区分地质勘探、生产勘探及生产工程，区分实际及设计工程。

除通用图例可采用国家规定图例外，大部分特殊图例要依据矿山具体情况拟定。

2.2.5.3　工程与资料编号

工程与资料编号要求简明、通用、不允许重复，有以下三种编号系统：

（1）顺序编号系统。按编号对象出现时间或位置上的先后顺序编号，是使用最广泛的编号系统。多种编号对象同时出现时，可用不同的字码或附加尾数加以区别。

（2）预备数编号系统。同类编号对象需要分几组按同一编号系统顺序编号时，需事先预计各组编号的最大数值，将编号号码相应的分为几组，每组占用一定预备数的号码。

（3）特定数字或符号编号系统。利用编号对象所处的特定条件，如中段及平台标高、资料出现的年份等作为编号的基数，再按顺序编号。此种系统适用于处理大量编号对象，使用广泛。如中段、平台及中段、平台内的矿块、坑道编号，勘探线上的工程编号，常年进行的取样资料编号等。

2.2.5.4　地质常用图例

地质常用图例有主要矿物图例、岩石图例、地质构造图例和矿山工程图例等，分别如图 2-11 ~ 图 2-14 所示。

图 2-11　主要矿物图例

砂质灰岩	一般矽卡岩	赤铁矿化
角砾状灰岩	透辉石矽卡岩	碳酸盐化
藻礁灰岩	石榴石矽卡岩	角岩化
含燧石灰岩	硅化	叶蜡石化
鲕状灰岩	绿泥石化	高岭土化
大理岩(化)	绢云母化	蛇纹岩化
白云岩(化)	黄铁矿化	钠长石化
含矿砂岩	金云母化	钾长石化
含矿页岩	磁铁矿化	云英岩化

图 2-12　岩石图例

图 2-13　地质构造图例

图 2-14　矿山工程图例

复习思考题

2-1 矿山地质工作的过程大致分为几个阶段?

2-2 普查找矿的成矿条件有哪些?

2-3 哪些特征能够指示矿产可能存在?

2-4 矿床地质勘探的工程布置与矿山生产的关系是什么?

2-5 矿山地质勘探的手段有哪些?

3 矿山建设地质工作

3.1 矿山建设地质工作概述

3.1.1 基建地质的定义

从矿山建设开始到移交矿山生产前，由基建部门按矿山企业设计要求，在原有地质勘探成果的基础上，结合施工而必须进行的全部地质工作。

矿山在建设之前，地质工作由于主、客观条件的限制，往往遗留一些问题，需要在基建的设计地质工作和基建地质工作中加以解决。这一阶段地质工作质量的好坏，关系到矿山建设和矿山能否正常进行，而且其中不少工作的原则、方法、要求等均受未来矿山生产的需求所制约，或大体与矿山生产过程中的地质工作相一致。所以基建地质工作属于矿山地质工作范畴，是矿山地质工作的一个重要组成部分。

3.1.2 基建地质工作的主要任务与特点

3.1.2.1 基建地质工作的主要任务

（1）进行新矿区或生产矿山新阶段（或外围）的资源调查。了解矿区（段）基本地质特征、资源状况及其远景、地质工作的部署与计划，为矿山建设规划提供地质信息。

（2）参加矿山规划，分析矿区地质条件和矿化特征，进行资源评价。对于生产矿山，还应了解老采区的储量保有情况和资源远景。

（3）在编制项目建议书、进行可行性研究工作中，参加矿区经济评价工作，为配合矿山重大方案的比较论证，进行地质图件的加工制作和储量的核算工作。

（4）进行地质设计工作。包括进行基建勘探设计、确定生产勘探设计原则和方法，以及矿山地质测量专业定员、装备和相应设施的设计。

（5）为使地质勘探资料能尽量满足建设需要，应与地质勘探部门密切协作，如进行勘探部署设计与矿山设计建设的协调，工业指标的论证，参加矿区水文地质、工程地质工作的试验或成果的评价，参加选矿试料采样设计的编制与施工服务，参加对地质勘探总结报告的评议与审查等。

（6）基建探矿和矿山建设中的现场服务工作。包括施工或试生产过程中的设计修改与地质问题的处理、参加研究基建探矿报告书编写、进行专业设计总结及矿山投产后的回访工作，此外，还有有关设计地质方面的技术咨询工作。

3.1.2.2 基建地质工作的特点

基建地质工作是由地质勘探阶段过渡到生产阶段中的一个重要环节。它与地质勘探阶段的地质工作相比，具有如下特点：

（1）针对性。本阶段的地质工作大多是针对原地质工作遗留的，而矿山建设又必须解决的问题而开展的工作。如为了合理确定露天矿境界或井下通风井位置，需对某些地段矿体的边界进行进一步的追索和圈定；又如当所确定的首采地段控制程度不够或"三带"界线不清时，需补加勘探工程，以提高其控制程度和地质研究程度等。

（2）继承性。基建地质工作是在地质勘探工作基础上进行的，不可能脱离已有的历史事实，基建探矿是地质勘探工作的继续和局部补充，其探矿方法和工程布置，必须受原探矿工程体系的制约。在基建探矿的布置上，要结合原地质工程体系，充分利用已有的勘探工程，以减少基建探矿工程量；地质资料的使用与加工，必须以原地质勘探总结报告为依据；一切有价值的地质资料均需继承，并且进一步验证、补充、修改，使之更加客观和完善。

（3）生产性。在基建地质过程中，由于进行了可行性研究或设计工作，对矿山规模、产品方案、开采方式、采矿方法、开拓运输、矿井通风方式、厂址、选矿流程等重大方案，已有了一个初步设想或已经确定，所以地质工作的目的更加明确和具体。此阶段地质工作的深度和要求是，以能否满足矿山建设和生产需求为准则，如高级储量的数量和分布，是根据矿山规模、矿山投产时对"三级矿量"的需要和首采地段的位置而确定的。同时，本阶段有条件使探矿工程与矿山基建、生产井巷工程相结合，充分利用已确定的各类矿山巷道，使其起到探矿作用；此外，所设计的各类探矿工程又要尽量为矿山生产所利用，在总体上形成统一系统。

3.2 矿山建设前期的地质工作

3.2.1 地质调查期的地质工作

资源调查以反映客观情况为主，矿山规划是在资源调查的基础上提出矿山建设的轮廓设想，分为全国性规划、区域性规划、行业规划或矿区规划。

资源调查的对象通常是已经完成详查或勘探的矿区，其工作一般要经过资料收集、现场调查和资料整理三个步骤。主要调查内容为：矿区交通位置与自然经济地理概况，矿区水、电、燃料、建筑材料供应及区域协作条件、区域矿产与开发现状，矿区基本地质概况，矿床地质特征，矿石的物质成分、特性及加工技术性能，矿区水文地质和开采技术条件，矿区地质工作任务、方法及成果、下一步工作计划，地质储量与矿床远景评价。最后，进行矿区资源条件与建设条件的分析与评价，提出对矿山建设的建议。

矿山建设规划中的地质工作，除应包括地质资源调查的各项内容外，还必须包括下列内容：为工艺专业提供经审定后的地质资料，包括矿体规模、形态、产状、矿石成分、矿床储量、水文地质条件；根据地质资源条件、矿床水文地质条件、开采技术条件，对不同矿区（或矿段）进行分类排队；配合采矿人员进行开采对象和范围的选择；根据矿山建设规划方案，对地质勘探工作及勘探程度要求提出建议。此外，对重点矿区，必须进行实地踏勘、资料收集及其核实评价工作。

3.2.2 矿山可行性研究阶段的地质工作

矿山建设可行性研究是在矿产地质详查的基础上进行的，此阶段地质工作程度较低、资料较少、选矿试验研究深度不够。因此，初步可行性研究的任务只是对矿山建设的重大方案进行比较，提出矿山建设的概略蓝图，主要阐明项目建设的根据和必要性，以及在技术、经济方面的可行性。

可行性研究工作，主要对项目在技术、经济和外部协作条件等方面进行全面调查研究，对拟建工程项目做多方案比较和全面论证，推荐最佳方案，其研究成果可作为矿山建设项目决策的依据。可行性研究中，地质工作的主要内容如下：进行地质勘探报告的评审和矿产资源条件的分析；绘制中段（台阶）地质平面图和垂直剖面图及其他辅助图件；进行中段（台阶）储量计算或建立矿体的矿块模型；根据需要进行探矿设计；进行矿床水文地质条件和工程地质条件的分析与评价、矿坑涌水量计算、矿区地表水和地下水防治方案的论证，并估算其工程量；拟定矿山地质测量仪器设备、定员及其他设施；对地质资料存在的问题，提出处理意见或建议。

3.2.3　矿山设计与地质勘探的结合

设计人员应深入勘探现场，同地质勘探部门相结合，对矿区地质勘探工作提出意见和建议，以便按照地质勘探规范要求，将影响矿山建设的重大问题解决在地质勘探过程中，为矿山设计提供可靠的地质资料依据。

应优先选择品位高、规模大、开采技术条件和加工技术条件简单、建设条件好、市场需要的矿区转入勘探。对矿区内勘探对象和勘探范围、勘探分段分期及勘探顺序等的确定，应与开采范围、开采顺序、首采地段相一致。埋藏浅的矿床，应满足露天开采境界圈定的需要。在主要井巷工程或露天境界和工业场地附近，要布置重点工程，对矿体和地质构造以及开采技术条件做出工程地质评价。

合理确定勘探深度是勘探设计的重要内容。一般要求是，对延深很大的矿床，其勘探深度一般在 $400 \sim 600\text{m}$ 范围内。勘探工程布置应与矿山开拓工程紧密结合。对于水文地质条件复杂的矿山，抽水试验应与矿床超前疏干工程相结合。

3.2.4　对地质勘探总结报告的评审

地质勘探总结报告的质量直接影响矿山设计的质量。因此，必须在设计之前对所依据的地质资料进行严格审查，详细研究和熟悉地质资料，对矿区有重大地质意义的地表露头和坑道进行现场观察。

（1）矿床地质研究方面。包括成矿地质条件和矿体控制因素及其赋存规律是否查清；矿石的矿物组成及含量，主要有益、有害组分和伴生组分的种类、含量、赋存状态及富集规律是否查明；矿床次生氧化作用发育程度和规律，氧化带、混合带和原生带划分的依据是否充分；主要矿石类型的加工技术试验有无代表性，试验深度能否满足评价要求。

（2）矿床水文地质、工程地质研究方面。包括矿区水文地质条件和矿坑充水因素是否查清；水文地质试验的代表性、深度和质量是否满足规范要求；矿坑涌水量的预测是否正确；对开采有重大影响的断层、破碎带、滑坡、泥石流等工程地质条件是否查清；对矿体及其顶、底板围岩和露天边坡的稳定性是否作出确切的评价。

（3）矿床控制程度方面。包括主要含矿层位和矿化带的分布范围是否查清；勘探类型划分依据是否充分；勘探手段的选择、网度确定是否合理；主矿体的形态、产状和规模是否控制；边界是否圈定；破坏矿体较大的脉岩、构造是否查明；矿石中的伴生组分和矿区内的共生矿产是否进行了综合勘探或综合评价。

（4）储量计算方面。包括储量计算工业指标是否合理；矿体圈定、连接是否有地质依据，推断是否合理；储量计算方法是否符合矿床地质特征和勘探工程的布置；参数计算是否正确；储量级别划分是否符合规范确定的分级条件。

（5）勘探工作质量方面。包括矿区测量平面控制和高程控制的等级和精度是否符合规范要求；高程和坐标系统是否全国统一标准系统；地形图的比例尺、图幅内容和精度是否符合测量规范要求；水文地质工作、钻探工程、原始编录和综合地质编录是否符合要求。

3.3 矿山设计阶段的地质工作

矿山设计是矿山建设的一个重要环节。其主要任务是在地质勘探成果的基础上，合理确定矿山规模、工艺流程、产品方案、建设投资等，以及对矿山设备、经济效益等进行计算和论证，并据此绘制施工图纸，指导矿山建设施工。

3.3.1 初步设计前的地质准备工作

初步设计是矿山企业设计的主要工作阶段，当影响工业指标的因素在矿山设计时期与勘探时期相比发生明显变化时，在设计之前必须进行核实与修改。

首采地段的选择，即矿山首先开采地段的合理选择，对整个矿床的开采顺序、基建投资、投产初期经济效果影响极大。首采地段的选择应遵循如下原则：符合矿床合理开采顺序；选择品位高、埋藏浅、高级的储量地段，有利于投产初期的经济效益和缩短投资偿还年限，保证矿山基建合理可靠；有利于总体开拓系统、矿山工业场地运输线路的合理布置；有利于减少井巷工程量和露天开采的基建剥离量。

3.3.2 设计地质图件的编制

设计地质图件是矿山企业设计必不可少的直接依据。不仅中段（台阶）储量计算、基建勘探工程的布置等需要直接依据设计地质图件进行，而且开采设计方案的确定、井巷工程的布置、开采进度计划安排以及基建工程量的计算等，也必须借助于设计地质图件才能进行。

设计中使用的综合图件，其来源有两个方面：一是沿用地质勘探报告中所附的图件，如矿区地形地质图、储量计算剖面图、储量计算平面图、矿体纵投影图、矿体顶（底）板等高线图等；二是重新编制的地质图件，这种图件是设计地质人员根据矿山开采设计的实际需要，充分利用地质勘探阶段的综合地质图件和基础资料重新编制的。其中，最主要的是阶段（中段）地质平面图。

3.3.3 设计储量计算工作

审查地质勘探报告时，应有选择性地列表核算储量计算的准确性。由于下述原因可能重新计算储量：（1）修改工业指标，重新圈定矿体；（2）按生产设计要求重新划分块段计算储量；（3）因矿石工业品级及自然类型调整或合并重新计算储量。

地质勘探阶段储量计算的范围和内容，由于无法考虑矿床开采因素，所以在设计过程中，设计人员还需将地质勘探阶段的储量计算成果，按矿山采选设计的实际需要进行阶段或中段储量计算。储量计算应包括阶段（台阶）和中段储量计算及保安矿柱的计算。

阶段（台阶）储量计算，是确定露天开采矿山生产能力、安排采掘进度计划和进行剥采比、技术经济计算的主要依据。中段储量计算，是为确定地下开采矿山生产能力、安排采掘进度计划和进行技术经济计算提供依据。保安矿柱的计算，是为了保障开采安全，对于处于河床、含水破碎带、老窿区附近或特殊需要保护的建筑物、古文物附近的矿体，需保留部分矿量不予以开采而留作保安矿柱，从而计算其矿石量和金属量，以作为论证留设保安矿柱在技术经济上的合理性的重要依据。

设计中的储量计算，应充分利用地质勘探阶段的储量计算资料，必须使设计中计算的分层储量的总和与地质勘探报告提交的储量基本吻合，这是设计储量计算的基本原则。设计储量计算有多种方法，其中，以在设计实践中产生的分配法应用较多；有时也采用常用的储量计算方法，如水平断面法、开采块段法等；随着计算机的发展，计算机在设计中发挥了重大作用。

除了以上的工作外，设计储量计算工作还包括基建探矿设计，基建探矿是在矿山基建阶段，为保证基建开拓、剥离和基建范围内采、切工作的顺利进行以及为满足矿山投产初期对生产矿量的需要，在地质勘探工作的基础上，在基建地段内所进行的探矿工作；初步设计地质专业说明书的编写；设计地质工作中的施工图设计，主要包括基建探矿工程施工图设计和矿山地质专用施工图设计两个内容。

3.4 矿山基建施工阶段的地质工作

3.4.1 基建探矿施工阶段的地质工作

（1）施工单位的地质工作。包括基建探矿的施工组织与管理，现场地质编录、综合地质研究、矿产取样和计算储量，以及编写基建探矿总结报告。

（2）设计部门的地质工作。包括向施工单位进行设计交底，介绍基建探矿的设计目的、原则、工程布置、施工技术要求和施工顺序与进度计划；深入施工现场，帮助解决施工中出现的问题；进行地质勘探与基建探矿之间的验证对比；参与基建探矿总结报告编写的研究；参加施工验收和编写专业工程总结。

3.4.2 矿山施工验收与工程总结中的地质工作

（1）矿山施工验收中的地质工作。首先是对基建探矿报告的审查与验收；其次是配合采矿专业进行有关工程的验收工作。

（2）矿山设计地质专业工程总结。在矿山投产后，为了总结经验教训，应对矿山设计工作的全过程进行回访。对地质专业来说，首要的是通过基建探矿对地质报告的验证，检验设计对地质勘探报告评价意见的正确性；其次是总结在设计准备阶段所提出问题的解决效果如何，检验基建探矿的类型、网度、手段、工程布置是否正确有效；此外，将验证后的储量与原设计储量计算成果进行对比，分析变化原因；最后，应提出地质专业总结报告。

复习思考题

3-1 简述矿山建设初期地质工作的特点及其与矿产勘查地质工作的区别。

3-2 矿山建设初期地质工作的主要任务是什么？

3-3 矿山设计对地质工作有哪些要求？

3-4 为什么要进行基建探矿？

矿山生产勘探工作

4.1 生产勘探工作的目的和任务

4.1.1 生产勘探工作的目的

生产勘探工作是在矿山生产期间，在前阶段地质工作的基础上，为满足开采和继续开拓延深的需要、提高矿产储量级别和深入研究矿床（矿体）地质特征所进行的探矿工作。其主要目的在于提高矿床勘探程度、达到矿产储量升级、直接为采矿生产服务。其成果是编制矿山生产计划，进行采矿生产设计、施工和管理的重要依据。

4.1.2 生产勘探工作的任务

生产勘探工作的任务有：

（1）采用一定的探矿手段或利用部分生产工程，正确圈定矿体边界线。

（2）进一步查明矿体的形态特征和影响矿床开采的地质构造特征，查明矿产质量、矿石品级和类型，准确圈定矿体的氧化带、混合带、原生带，必要时圈定出矿石类型和品级边界，为储量计算、矿石质量管理、矿产资源的合理开采提供地质依据。

（3）按生产要求重新计算矿产储量，提高储量的可靠程度，为制定生产作业计划和管理矿产储量提供依据。

（4）探清近期开采地段的矿床水文地质条件、开采技术条件，必要时还要进一步查明矿石技术加工条件及其他生产需要解决的地质问题，为安全生产作业和矿石的合理开发提供必要的资料。

（5）探明原矿床勘探时未控制的存在于主矿体上、下盘及边、深部的平行、分支再现等矿体和其他小盲矿体，不断增加矿山保有储量，延长矿山服务年限。

通过生产勘探，矿床的矿产储量级别不断提高。由于生产勘探多年持续进行，储量升级随采区发展而逐步扩展，为保证生产勘探资料及时服务于生产，储量升级必须相对于生产保持一定的超前关系，超前的范围和期限由矿山具体的地质、技术和经济条件决定。在一般情况下，生产勘探超前于采矿生产的范围，对露天采矿为一到几个台阶；对地下采矿为一到两个阶段。

4.2 生产勘探的技术手段

生产地质工作所采用的技术手段，与矿产地质勘查阶段所采用的技术手段大体相似，但是，在生产地质工作中所选用的各种工程的目的及其使用的比重，与矿床地质勘探相比具有其不同的特点。因为生产地质工作是直接为矿山生产服务的勘探工作，要求其研究程度高、提供的地质资料准确；而且，生产地质工作与采矿生产关系密切，所以探矿工程与采矿工程往往结合使用。

在目前的探矿技术水平条件下，生产地质工作的主要技术手段有探槽、浅井、钻探和地下坑探工程。

4.2.1　影响选择地质工作手段的因素

影响选择地质工作手段的因素有：

（1）矿体地质因素。特别是矿体外部形态变化特征，诸如矿体的形态、产状、空间分布及矿体底盘边界的形状和位置。

（2）能被矿山生产利用的可能性。特别是地下坑探工程的选择，必须考虑探采结合，尽可能使生产探矿工程能为以后矿床开拓、采准或备采工程所利用。

（3）矿床开采方式及采矿方法。对露天开采矿山，一般只采用地表的槽探、井探、浅钻或堑沟等技术手段；而对地下开采矿山，则主要采用地下坑探和各种地下钻探来进行。不同的采矿方法，对勘探技术手段的选择往往也有一定的影响。

（4）矿床开采技术条件、水文地质条件以及矿区的自然地理经济条件，在某种程度上也会影响勘查技术手段的选择。

4.2.2　露天开采矿山的勘探手段

在露天开采矿山的生产地质工作中，探槽、浅井、钻探（岩芯钻）、潜孔钻机或穿孔机等是常用的技术手段。

（1）探槽。探槽主要用于露天开采平台上，揭露矿体、进行生产取样和准确圈定矿体。对于地质条件简单，矿体形态、产状及有用组分含量稳定而又不要求选别开采的矿山，用探槽探矿更有利。平台探槽的布置，一般应垂直于矿体或矿化带走向，并尽可能与原勘探线方向一致。

（2）浅井。浅井常用于探查缓倾斜矿体或浮土掩盖不限的矿体，其作用是取样并准确圈定矿体、测定含矿率、检查浅孔钻机质量。

（3）钻探。岩芯钻是露天采场生产地质工作的主要技术手段，一般孔深取决于矿体厚度及产状，常选用中、浅型钻孔。如矿体厚度在中等以下，可以一次打穿；如矿体厚度大、倾角陡时，一般孔深为 $50\sim100\mathrm{m}$，只要求打穿 $2\sim3$ 个台阶，深部矿床可用分阶段接力法探矿。

（4）潜孔钻机或穿孔机。当矿体平缓时，可采用潜孔钻机或穿孔机，通过收集岩（矿）粉取样以代替探槽的作用。样品的收集应分段进行，可在现场缩分后送去化验。

4.2.3　地下开采矿山的勘探手段

在地下开采矿山的地质工作中，探矿的手段主要是各种地下坑道、坑内钻探以及凿岩机探矿。

4.2.3.1　地下坑道

各类坑道的探矿作用是：沿矿体走向追索时，主要使用脉内沿脉、脉外沿脉或穿脉的沿脉；沿矿体倾向追索时，主要使用天井（急倾斜）、上山（缓倾斜）、斜天井（中等倾斜）；沿厚度方向切穿矿体时，主要使用穿脉、小天井（暗井）或盲中段中的副穿。

坑探具有以下优点：

（1）坑探对矿体的了解更全面，特别是对矿化现象及地质构造现象的观察，均较钻探或深孔取样更为全面。

（2）坑探可以及时掌握地质情况的变化，便于采取相应的措施，如改变掘进方向等，以达到更准确地获得地质资料的目的。

（3）钻探或深孔取样的勘探成本虽然比坑探低，但若能利用开采坑道来探矿，则不存在成本高低的问题。

（4）假如使用坑内钻或深孔取样探矿，仍然要求有坑道接近矿体，这些坑道也是间接的坑探工程。

综上所述，坑探仍然是地下开采矿山生产勘探的重要手段之一，但在生产矿山使用坑探时，应尽可能实行探采结合。

4.2.3.2　钻探

钻探也是井下生产矿山常用的探矿技术手段。根据钻探揭露的部位不同，可分为地表岩芯钻和坑内岩芯钻两类。前者多用于探明浅部矿体；后者多用于追索和圈定矿体的深部延深情况，寻找深部和旁侧的盲矿体，也可以多方向准确控制矿体的形态和内部结构，以及探明影响开采的地质构造等。

近年来，为解决坑道探矿周期长、经济效益差的问题，坑内钻已在许多地下矿山得到使用。目前，采用以钻探代替部分坑探、坑钻组合的方式进行生产探矿，提高了生产探矿的效果，缩短了探矿周期，降低了成本，满足了生产的需要，对加速矿山生产具有重要意义。坑内钻具有以下优点：

（1）地质效果好。坑内钻岩芯采取率高，坑内钻大部分都是利用金刚石钻头钻进，其岩芯采取率一般都超过80%以上；钻孔方位和倾角的偏差小，钻孔方位和倾角的偏差一般为2°~4°，可达到规定的要求；取得的地质资料可靠，通过对比某些矿床对应地段的坑内钻和坑道所取得的主要地质成果，证明坑内钻的地质效果好。

（2）机动灵活、操作简单。坑内金刚石钻机体积小、质量轻、搬迁方便、操作简单，可以进行任何方位、任何角度的钻进，可以最适合的角度穿过矿体或构造线，从而获得更好的地质效果。

图 4-1　勘探延伸矿体
1—新勘探边界；2—原边界

（3）钻探效率高、成本低。这种坑内钻的钻进速度快、探矿周期短、资料供给及时。以钻探代替坑探，可以减少坑道的掘进量，同时也可以减少坑道的维护量，大大降低了生产成本，提高了生产效率。

（4）有利于安全生产。以钻探代替坑探，减少了坑探的掘进量，既可降低粉尘、减少出渣量、减轻工人劳动强度，又可使矿岩稳固性少遭破坏，有利于安全生产。

坑内钻在生产地质工作中的主要用途有：

（1）探明矿体深部延伸，为深部开拓工程的布置提供依据（见图4-1）。

（2）用坑内钻指导脉外坑道掘进时，为了控制矿体走向和赋存位置，应先打超前孔，以指导脉外沿脉坑道施工（见图4-2）。

（3）用坑内钻代替天井及副穿，控制两中段间的矿体形态与厚度的变化（见图4-3）。

图4-2　根据钻探布置巷道　　　　　　　图4-3　利用钻探控制矿体边界

（4）用水平坑内钻代替副穿，圈定矿体工业品级界线（见图4-4）。

图4-4　利用钻探控制矿体工业品级界线

（5）用坑内钻代替穿脉加密工程，可提高储量级别（见图4-5）。

（a）　　　　　　　　　　　　　　（b）

图4-5　利用坑内钻探代替穿脉

（a）钻孔与穿脉斜交；（b）钻孔与穿脉平行

（6）用坑内钻探矿体下垂及上延部分，圈定矿体边界（见图4-6）。

（7）利用钻探勘探构造错失矿体（见图 4-7）。

图 4-6　利用钻探勘探边角矿体

1—矿体；2—沿脉；3—穿脉；4—钻孔

图 4-7　利用钻探勘探错失矿体

1—矿体；2—断层；3—沿脉；4—钻孔

（8）利用钻探在矿体边部或空白区寻找盲矿体（见图 4-8）。

图 4-8　利用钻探寻找盲矿体

1—矿体；2—盲矿体；3—沿脉；4—钻孔；5—穿脉

（9）用扇形坑内钻控制形状复杂的矿体（见图 4-9）。

（10）利用钻孔勘探老硐残矿（见图 4-10）。

图 4-9　利用扇形钻孔控制不规则矿体

图 4-10　利用钻孔勘探老硐残矿

1—老硐；2—沿脉；3—矿体；4—钻孔

（11）利用钻探勘探含水层、地下暗河、溶洞等（见图4-11、图4-12）。

图4-11 利用钻探勘探老窿并疏干

用坑内钻不仅可探明分布在开采范围内的含水层、地下暗河、溶洞等岩溶构造，同时还可用钻孔作放水孔，为生产创造条件。如东薄有色金属矿横水岭500m中段大巷位于水库下面，该地段有暗河、溶洞发育，为探清地下水情况，当大巷施工到一定位置时，先施工一个200m深的超前探水孔，以避免地下水患、保证坑道施工安全。

图4-12 利用钻探勘探地下暗河
1—暗河；2—矿体；3—断层；4—沿脉；5—钻孔

4.2.3.3 凿岩机探矿

在配有中深孔或深孔凿岩机的矿山，凿岩机经常用来做探矿工作，并且收到良好的效果，并逐渐成为一个重要的探矿手段，尤其在探矿深度不大或已知矿体的平行脉时非常实用。

使用凿岩机进行探矿的作用是寻找附近的盲矿体，代替部分穿脉进行生产勘探，用于进一步加密探矿工程控制、探矿体尖灭端和回采前对矿体最后圈定等，如图4-13、图4-14所示。

图4-13 用深孔凿岩设备代替穿脉探矿平面示意图

凿岩机探矿的优点是：设备的装卸、搬运比坑内钻更为方便，而且要求的作业条件也更简单，特别是利用它在采场内进行生产探矿时，其优越性更显著；比一般坑内钻更适于打各种上向孔；与坑内钻探相比，具有更高的效率和更低的成本，其效率可比坑内钻高

图 4-14　用深孔凿岩设备加密探矿工程控制平面示意图

1~2倍，而成本却更低；许多情况下可以实行探采结合，往往通过爆破用的炮孔取样，这就可使此炮孔起探矿作用。

　　但是，用这种设备探矿有一定的局限性，因为此类设备一般不适于打下向孔；所取得的样品为矿（岩）泥，不易鉴定岩性、岩层产状及地质构造等；当地质体之间成过渡关系时，不易划准界线。

　　生产探矿时期所使用的各种工程的主要技术特征和基本作用等见表4-1。

表 4-1　生产勘探工程的主要技术特征

工程种类	工程名称		主要技术规格	工效	基本作用	常用设备型号
槽井探	探槽	山地探槽	底宽 0.5~1.0m，壁坡度 70°~80°，长度等于矿体或矿带宽度	0.5~1.0	揭露埋深小于5m的矿体露头	手掘或挖沟机械
		平盘探槽	断面 1.0m（宽）×0.5m（深），长度等于矿体或矿带宽度	5~10	剥离露天采场工作平盘上的人工堆积物	手掘或挖沟机械
	浅井		断面（0.6~1.0）m×（1.0~1.2）m，深度一般小于20m	0.5~1.0	揭露埋深大于5m的矿体，多用于砂矿及风化堆积矿床	手掘或吊杆机械
钻探	砂矿		孔径 130~335mm，深度 15~30m	10~15	探砂矿	SZ-130、SZC-150、SZC-219、SZC-325
	露天炮孔		孔径 150~320mm，深度 10~30m	15~20	取岩泥、岩粉、控制矿石品位	露天采矿潜孔、牙轮钻
	地表岩芯钻		孔径 91~150mm；深度一般 50~200m，最大 600m	3~5	探原生矿床，多用于露天采矿	DDP-100 型汽车钻、北京-100、XU-300、XU-600、YL-3、YL-6、XY-1

工程种类	工程名称		主要技术规格	工 效	基 本 作 用	常用设备型号
钻探	坑内钻	岩芯钻	孔径91～150mm；深度一般50～200m，最大600m	5～10	配合坑道探各类原生矿床	KD-100、钻石-100、钻石-300、钻石-600、YL-3
		爆破深孔	孔径45～100mm，深度15～50m	15～20	配合坑道探各类原生矿床	YG-40、YG-80、BBC-120F、YSP-45、YQ-100
坑探	平巷(穿脉、沿脉)		断面、坡度、弯道与生产坑道一致；纯勘探坑道断面(1.5～2.0)m(宽)×(1.8～2.0)m(高)，坡度可达5%	0.2～1.0	在阶段、分段平面上，沿脉控制矿床走向，穿脉控制矿体宽度	利用矿山坑道掘进设备
	上、下山		断面同平巷，坡度15°～40°	0.2～0.8	用于缓倾斜矿体，在阶段间控制矿体沿倾斜变化	利用矿山坑道掘进设备
	天 井		断面1.2m×2.2m，坡度40°～90°	0.2～1.0	用于急倾斜矿体，在阶段间控制矿体变化	利用矿山坑道掘进设备

注：探槽工效单位为 m³/工班，浅井工效单位为 m/工班，钻探及坑道工效单位为 m/台班。

4.3 生产勘探工程的总体布置

4.3.1 生产勘探工程总体布置应考虑的因素

生产勘探工程的总体布置应考虑以下几个因素：

（1）勘查工作阶段。尽可能与原矿床勘探阶段已形成的总体工程布置系统保持一致，即在原总体布置的基础上，进行进一步加密点、线，以便充分利用已有的勘探资料。

（2）地质条件与矿产特征。生产勘探剖面线的方向尽可能垂直采区矿体走向。如矿体的产状与由矿体组成的矿带产状不一致时，生产勘探剖面的布置应首先考虑矿体的产状，根据实际情况改变生产勘探剖面的布置方向，以利于节省探矿工程量，提高勘探剖面的质量和计算储量的可靠性。

（3）矿山可持续发展。生产勘探构成的系统应当尽可能与采掘工程系统相结合，以便为矿山生产服务。

4.3.2 生产勘探工程的总体布置形式

生产勘探工程的总体布置，不仅要考虑矿床、矿体的地质特点，更重要的是还要考虑矿床的开采因素，特别是开采方式及采矿方法等因素，在生产工作中有以下几种布置形式：

（1）垂直横剖面形式（勘探线形式）。该种布置形式是由具有不同倾角的工程构成，如探槽、浅井、直钻或斜钻以及某些坑道。工程沿一组平行或不平行的、垂直于矿体走向的垂直横剖面布置，利用该剖面控制和圈定矿体。此种布置形式多在原矿床勘探基础上加密，主要用于倾斜产出的各类原生矿床露天采矿以及某种情况下地下采矿的生产勘探。

（2）水平勘探剖面形式。即生产勘探工程的生产地质工作沿一系列水平勘探剖面布置，并从水平断面图上控制和圈定矿体。在地下开采矿山中，这种形式主要用于矿体产状较陡，而且在不同标高的水平面上矿体形态复杂、产状变化大的筒状、似层状及不规则状矿体。在该条件下，主要探矿手段为水平的坑道及坑内扇形钻，用于对矿体进行追索和二次圈定。露天开采的矿山使用平台探槽探矿时，也采用这种布置形式。

（3）纵横垂直勘探剖面形式（勘探网形式）。这种形式是由铅直性工程（如浅井、直钻）沿两组以上勘探剖面线排列形成。工程在平面上布置为正方形、长方形或菱形网格，可以从两个以上剖面方向控制和圈定矿体。该布置形式多利用原矿床勘探已形成的勘探网加密，适用于砂矿床、风化矿床及产出平缓的原生矿床露天开采时的生产勘探。

（4）垂直剖面与水平勘探剖面组合形式。这种布置形式要求探矿的工程既要分布在一定标高的平面上，同时又要在一定的垂直剖面上。即控制和圈定矿体的工程沿平面及剖面两个方向布置，组成格架状。当地下采矿时，在中段平面上的工程主要由脉状或脉内沿脉、穿脉及水平钻构成；在剖面上的工程主要由天井或上山、下山及剖面钻构成。露天采矿时，采用平台探槽与钻孔结合，也可组成此种格架系统。此种布置形式应用甚广，当矿体厚度较大时，生产探矿工程的布置最终大多能形成这样一种形式。

（5）开采块段（棋盘格形式）形式。该种工程布置形式是用坑道将薄矿体切割成一系列开采块段，矿块由坑道四面包围，上下两个中段布置有沿脉，两个中段间的矿块左右两侧沿倾斜设有天井或上、下山揭露矿体。这些工程把矿体切割成一系列长方形或方形的矿块。它主要适用于矿体厚度可被沿脉天井或上山全部揭露的薄矿体。对于急倾斜薄矿脉矿块，上下用沿脉，左右可用天井包围；而对于缓倾斜矿脉的矿块，上下用沿脉，左右两侧用上山包围，可以进行探采结合的生产勘探，矿体纵投影图是此种布置系统用以圈定矿体的主要图件之一，如图4-15所示。

4.3.3　地质勘探工程总体布置的原则

如前所述，目前用来追索与圈定矿体的勘探工程总体布置的方式有勘探线、勘探网、水平勘探三种。

为了揭露矿床、对矿床进行调查研究，以获得可靠的地质资料，必须面向全局慎重考虑勘探工程的总体布置方式。在考虑勘探工程的总体布置时，应遵循如下原则：全局性原则，即勘探工程应该能够控制矿床的全局，能均衡地分布到矿床的各个部分；系统性原则，勘探工程的布置应有利于绘制地质剖面图或平面图；代表性原则，勘探工程应尽可能垂直矿体走向，尽可能沿矿体厚度方向穿过整个矿体，控制矿体的边界和厚度。

生产勘探工程的总体布置，除了应考虑地质勘探工程总体布置的原则外，还必须考虑下列原则：

（1）连续性原则。生产勘探是地质勘探的继续和深化，其工程的总体布置应尽可能保持与地质勘探的连续性，便于充分利用原来已有的地质资料。生产勘探工程所形成的剖面系统应尽可能与原有系统在总的方向上保持一致，从而在此基础上加密工程，并根据新获得的资料修改原有资料，使之更准确地反映客观实际地质条件。

（2）生产性原则。生产勘探工作与整个矿山生产是紧密相连的，应该既能很好地与生产结合。又能很好地为生产服务。为此，它的工程布置应充分考虑采矿生产工程布置的特

图 4-15 各种生产勘探工程的总体布置形式布置示意图
(a)勘探网形式工程布置;(b)勘探线形式工程布置;(c)垂直与
水平剖面组合形式工程布置;(d) 开采块段形式工程布置
1—剖面图;2—平面图;3—纵投影图

点。例如,地下开采矿山各勘探水平面间的垂直间距应与各开拓中段的间距一致,或在此基础上加密;而且加密工程的标高应充分考虑各种采准工程的分布标高,以利于实行探采结合。又如,地下开采矿山各勘探剖面的水平间距应尽可能与采场划分长度一致,或在此基础上加密;各勘探水平的垂直间距就是开采平台(分层)的高度。

(3)灵活性原则。由于生产勘探要深入到矿体的各个部位,而其中某些部位矿体的形状、产状可能有较大的变化,因此,在局部地段生产勘探工程的布置应有较大的灵活性,这样能因地制宜地适应矿体的局部较大变化。在这些局部地段,不仅工程系统的方向或间距可以有所改变,甚至个别工程可以脱离总的布置系统而单独布置在某些必要的地点。

4.4 生产勘探工程间距的确定

勘探工程间距又称勘探工程网度,是指单个截穿矿体的勘探工程所控制的矿体面积,通常以工程沿矿体走向的距离与斜倾的距离来表示。为了提高矿床勘探程度，达到矿产储量升级的目的，生产地质工作必须在原矿床勘探的基础上加密工程。通常储量每提高一个级别，工程需加密一倍，有时还需要更密。但是进行生产勘探时，并不是对所有矿体、地段都毫无例外的同等加密工程。在确定合理的生产勘探工程间距时，必须综合考虑许多因素。

4.4.1　影响生产勘探工程间距确定的因素

（1）矿床地质因素。矿床地质构造复杂，矿体形状、产状变化大，取得同级矿产储量的工程间距应较密；反之，则可较稀。矿体边、端部，次要的小盲矿体及构造复杂部位的勘探难度较大，工程间距一般密于主矿体或矿体的主要部位。

（2）工作要求。合理的工程间距应保证工程及剖面间地质资料能够联系和对比，不应漏掉任何有开采价值的矿体。

（3）工程技术因素。坑道所获资料的可靠程度高于钻探，若在相似地质条件下达到同等勘探程度，坑道间距可以稀于钻探。

（4）生产因素。露天采矿的地质研究条件较好，在相似的地质条件下，取得同级矿产储量所需的工程间距可以稀于地下采矿。若所用采矿方法的采矿效率越高，采矿分段、盘区及块段的结构越复杂，构成参数要求越严格，对采矿贫化与损失的管理要求越高；或者在要求按矿石品级、类型选别开采，需要进行矿石质量均衡而应对矿石品级进行严格控制等情况下，对勘探程度要求越高，所需的工程间距也越密。此外，为了便于探采结合，地下采矿时生产勘探工程间距应与采矿阶段、分段的高度以及开拓、采准及切割工程的间距相适应。

（5）经济因素。生产勘探间距加密将增加探矿费用，但却可以减少采矿设计的经济风险，两者综合经济效果处于最佳状态时的网度应为最优工程间距。此外，生产勘探工程间距与矿产本身的经济价值大小也有一定关系，价值高的矿产与价值低的矿产比较，勘探程度可以较高，相应的工程间距允许较密。

4.4.2　确定生产勘探工程间距的方法

目前所使用的确定生产勘探工程间距的方法可以分为两类：验证法和分析法。

（1）验证法。为了确定合理的矿床生产勘探工程间距，最好的方法就是验证。只有通过正在进行生产勘探的矿床和已经勘探完毕或已经开采的矿床进行勘探工程间距的验证，检查原来所选择的工程间距是否正确，才能正确确定某一矿床生产勘探最合理的工程间距。常见的验证法有类比法、加密法、稀空法和探采资料对比法等。

1）类比法。该法也称经验法，先划分矿床的勘查类型，再将被勘查矿床（区段）与同类型矿床（或区段）的勘查工程间距对比，以选定合理的工程间距。

2）加密法。该法是在有代表性的地段进行加密工程，一般在对所确定的勘探工程间距的正确性有怀疑，或对新类型矿床进行勘探时才需要用加密法验证勘探工程间距。

3）稀空法。该法是将同地段不同工程间距的所获资料进行对比，以最密工程间距资料作为对比标准。选定逐次抽稀后不超出允许误差范围的最稀工程间距作为今后采用的生产勘探工程间距。

4）探采资料对比法。该法是将同地段开采前后所取得的资料进行对比，以开采后资料作为对比标准，验证不同间距合理性。此法在4.8节中有详述。

（2）分析法。分析法就是用数理统计分析方法计算合理工程数目和合理工程间距的方法。如同变化系数及给定精度确定合理工程间距，根据参数的方法及给定精度要求确定合理工程间距和应用地质统计学法计算探矿工程的合理间距。在此不做详细介绍。

4.5 生产勘探设计

生产勘探设计一般每年进行一次，是矿山年度生产计划的组成部分之一，必要时也进行较长或较短的设计。生产勘探设计的主要任务为：根据矿山地质、技术和经济条件、企业生产能力、任务以及三级矿量平衡和发展建设的要求，并按照开采工程发展顺序所安排的生产勘探对象、范围以及储量升级任务，来拟定生产勘探方案，确定工程量、人员、投资、预计勘探成果，并对生产勘探设计的合理性做出说明。

生产勘探设计按工作顺序，一般分为总体设计和工程单体设计两个步骤。

4.5.1 生产勘探总体设计

生产勘探总体设计主要解决生产的总体方案问题，如勘探地段的选择、技术手段的选择、工程网度的确定、工程总体布置形式、工程施工顺序方案等。设计完成后，应编写设计说明书。设计说明书由文字、设计图纸和表格组成。文字中应说明上年度生产勘探工程的完成情况，本年度生产勘探任务和依据；设计地段地质概况；生产勘探总体方案；勘探工作及工程量统计、预计矿量平衡统计、预计技术经济指标计算；工程施工顺序和方案等。主要设计图有露天采矿的采场综合地质平面图及勘探工程布置图、预计地质剖面图，地下采矿的预计阶段地质平面图及工程布置图，预计地质剖面图。必要时还需提交矿体顶、底板标高等高线图，矿体纵投影图和施工有关的网格图表。

4.5.2 生产勘探工程单体设计

生产勘探工程单体设计主要解决各工程的施工技术和要求等问题。

（1）探槽。探槽要求确定工程位置、方位、长度、断面规格，提出施工目的和要求。

（2）浅井。浅井要求确定井位坐标、断面规格、深度，提供工程通过地段的水文地质和工程地质条件，提出施工目的与任务要求。井深大于10m者，还应提出通风、排水、支护措施；进入原岩的浅井，应提出爆破、搬运措施。

（3）钻探。钻探要求编出钻孔预计地质剖面图及钻孔柱状图，并说明钻孔通过地段的地层、岩性、水文地质及工程地质条件；确定钻孔孔位坐标、方位、倾角，预计换层、见矿及终孔深度；提出对钻孔结构、测斜、验证孔深，岩（矿）芯采取率，水文地质观测及封孔等的要求，孔深小于50m者，上述要求可简化。

（4）坑探。坑探要求提供坑道通过地段的地层、岩性、构造、水文地质及工程地质条件；说明坑道开门点的位置和坐标，工程的方位、长度、坡度、断面形状和规格，弯道位置及参数；提出工程的施工目的和地质技术要求。探采结合坑道的技术规格要符合生产技术的要求，必要时由采矿人员设计；纯勘探坑道的技术要求可以适当降低。

4.6　生产勘探中的探采结合

所谓探采结合，是指在保证探矿效果的前提下，实行探矿工程与采掘工程的统筹规划、统一安排，利用采掘工程进行生产探矿，或者生产探矿工程能为采矿工作所利用。实行探采结合，是我国矿山地质工作实践中总结出来的一套行之有效的工作方法。

4.6.1　探采结合的意义与要求

生产探矿工作贯穿于矿山生产的全过程，它常与采矿工程交叉进行，许多工程之间互有联系，并往往可以互相利用。实行探采结合可以减少矿山坑道掘进量，降低采掘比，加快生产探矿进度，缩短生产探矿和生产准备周期，降低生产成本，提高探矿工作的质量与效果，有利于安全生产和加强生产管理，充分发挥矿山生产能力，并可使矿山坑道系统更趋于合理。

实施探采结合时，要求探采双方在工作上必须打破部门界限，实行统一设计、联合设计、统筹施工和综合利用成果，形成一体化工作法；探采结合必须是系统的、全面的，必须贯穿于采掘生产的全过程；应合理确定施工顺序，在保证"探矿超前"的前提下，探采之间力求做到平行交叉作业；探采结合必须以矿体的一定勘探程度为基础，特别是对于地下采矿，应已基本掌握块段内部矿体的连续性，不至于因矿体变化过大而导致在底部结构形成后，采准、回采方案的大幅修改以及工程的大量报废。在条件不具备的情况下，仍可先施工若干单纯的探矿工程。

4.6.2　露天开采矿山的探采结合

露天采矿在剥离前，一般均已进行一定工程密度的探矿工作，矿体总的边界已经控制。因此，露天采矿的探采结合主要存在于爆破回采阶段。此时能用于生产探矿的生产工程为采场平台、台阶边坡、爆破孔、爆破硐井和爆破矿堆。可利用平台与探槽的资料编制平台地质平面图，利用岩芯钻及爆破孔揭露的资料编制地质剖面图。

剥离和堑沟（新水平准备）是露天开采的重要采准工程，同时可起到生产探矿的作用。通过剥离，可重点查明矿体在平面上的四周边界和矿体的夹石分布。通过堑沟，可掌握矿体上、下盘的具体界线。

采矿平台和爆破孔是采矿过程中的直接生产工程，可以直接利用平台上部和侧面已暴露部分，进行素描、编录、取样等地质工作，确定在平台上的矿体边界、地质构造界线、夹石分布、矿山品位和类型等，并编制平台实测地质平面图。在平台实测地质平面图的基础上，可进行穿爆孔设计。根据穿爆孔岩粉取样的化验结果和爆破孔岩粉颜色的变化，可进一步圈定矿体的局部边界，指导采矿工作的进行；同时，根据爆破孔孔底取样资料，还可编制下一台阶预测平台地质平面图，作为平台开拓设计的依据。

4.6.3　地下开采矿山的探采结合

4.6.3.1　开拓阶段的探采结合

在生产勘探与开拓的结合中，一般先由矿山地质人员根据地质勘探队提供的上一中段的地质资料，提出新开拓地段的初步地质资料；然后根据开拓方案和探矿方案的要求，由采矿人员编制开拓设计；再由地质人员补加生产勘探设计，并共同选择可进行探采结合的工程，这些工程能为探采两方面所利用。同时，矿山地质和采矿人员还要共同研究确定合理的施工顺序，其原则是优先掘进探采结合工程和专门探矿工程，并使其适当超前于其他开拓工程，以便及早掌握该地段矿体的形态；等到基本掌握了该地段矿体的形态后，可适当修改开拓设计，再掘进其他开拓工程。这样才能防止由于矿体形态的变化，而使其他开拓工程的掘进方向发生过多的摆动。

在开拓工程的施工中，一般以地质人员为主，由采矿人员配合掌握施工方向。此时，为了适应矿体形态及位置的变化，有时需要适当改变坑道掘进方向，但是应注意不要使坑道拐弯过多或打得过于弯曲，以免不利于以后的生产运输及使用。当上述开拓和生产勘探工程全面施工结束后，对于矿体形态或地质构造复杂而控制不够的地段，还可采用坑下钻探或深孔取样加密工程密度，为转入采准时期的探采结合做好准备。

开拓阶段各种工程中能用于探采结合的工程有：

(1) 控制性工程。包括竖井、斜井、主平窿，无探矿作用。

(2) 联络工程。包括石门、井底车场等，也不能起到探矿作用。

(3) 探采结合工程。包括脉内沿脉、运输穿脉等，这些工程大部分切穿矿脉，能起到探矿作用。

(4) 脉外开拓工程。此类工程对矿体产状、形态、边界的空间位置依赖性较大，必要时在探矿后才能施工，不能实行探采结合。

(5) 纯生产探矿工程。包括探矿穿脉、天井、盲中段、坑内钻等，这类工程对生产无直接生产意义。

开拓工程与生产探矿结合的具体步骤和方法如下：

(1) 地质人员提供阶段开拓的预测地质平面图及矿石品位、储量资料。

(2) 在充分考虑阶段地质条件和探矿要求的基础上，采矿人员拟定阶段开拓方案。

(3) 进行探采联合设计，由采矿人员布置开拓工程，由地质人员布置探矿工程，双方共同选择探采结合工程，并进行工程的施工设计。

(4) 地采双方联合确定工程施工顺序并统筹施工，施工中，地质人员与测量人员配合掌握施工工程的方向、进度、目的，采矿人员控制技术措施。

(5) 阶段开拓工程施工结束后，地质人员视情况补充一定探矿工程，再整理开拓阶段生产勘探所获的资料，为转入采准阶段的探采结合创造条件。

4.6.3.2 采准阶段的探采结合

在生产勘探与采准的结合中，一般先由地质人员根据上、下中段水平生产勘探所获得的地质资料，提出将要进行采矿方法设计地段的初步地质资料，作为采矿方法方案选择和探采结合设计的依据。根据上述资料，由采矿人员初步确定采矿方法和采准方案，然后由地质和采矿人员联合研究提出探采结合方案，并联合进行采场的探采结合施工设计。

探采结合的采准工程应以采矿人员为主进行设计，补加的专门探矿工程应以地质人员为主进行设计。同时，矿山地质人员与采矿人员还要共同研究确定合理的施工顺序，以保证尽快摸清矿体为原则，为全面的采准施工设计及施工创造条件。

采准的探采结合工程和专门探矿工程竣工后，由地质人员整理出采场地质资料，再由采矿人员据此进行全面的采准施工设计。采准工程施工全部结束后，如果某些地段对矿体的控制程度尚不能满足回采设计的要求，还可以补加一些专门的简易探矿工程；或利用探采结合的深孔炮眼，对矿体做最后圈定，以作为回采的依据。

探采结合设计，必须尽可能使探矿工程系统与开采工程系统相协调，应做到：

（1）勘探剖面方向应尽可能与开采穿脉坑道方向一致。

（2）探矿工程间距应尽可能与开采工程间距一致，或成简单的比例关系等。

（3）设计的探采结合工程，其断面规格、弯道系数及坡度等都必须满足开采使用要求。

采准工程与生产探矿工程结合的具体步骤是：

（1）地质人员提供采矿块段地质平面图、剖面图和矿体纵投影图。

（2）采矿人员依据资料初步确定采矿方法及采准方案。

（3）地采双方共同商定采准阶段的探采结合方案。从采准工程中，选定能达到探矿目的而又允许优先施工的工程作为探采结合工程，有时可与分段等生产工程结合以实现探采结合。

（4）编制块段探采结合施工设计。利用采准工程进行生产探矿的工程，一般由采矿人员设计；纯生产探矿工程则由地质人员设计。

（5）确定工程施工顺序。首先，掘进离矿体较远或对矿体空间位置依赖性不大的工程，以接近矿体和构成通路；然后，选择某些能起探矿作用又符合探矿间距的采准工程，作为探采结合工程并优先施工；再配合部分纯生产探矿工程，对矿块内部的矿体边界、夹石、构造、矿石质量及品位变化情况进行控制。

（6）由地质人员整理块段探采结合工程施工所获的地质资料，以供采矿人员进行全面采准工程设计。

（7）采准工程全面施工。施工结束后，地质人员视情况补充必要的探矿工程，再整理采准阶段、生产勘探阶段所获得的地质资料，为转入块段矿石回采做好准备。

4.6.3.3 采准阶段的探采结合实例

采准阶段的探采结合方法，随矿体地质条件和采矿方法的不同而有所区别。

（1）壁式采矿方法的采场。此类采矿法适用于薄而缓倾斜的矿体，结构简单，采准工程多布置于矿体内，能用于探矿。此种采矿方法沿矿体走向布置，如图 4-16 所示。先从

图 4-16 某锡矿壁式采矿法采场探采结合工程示意图

1—矿体；2—断层；3—切割沿脉；4—脉外运输巷道；5—斜井；6—探矿小穿脉（探采）；7—钻孔

脉外大巷开溜井进入矿体下盘，再切割沿脉和倾斜井，为探采结合工程；斜井中的探矿小穿脉、短天井用于探矿体厚度，这些工程也为探采结合工程；如地质构造复杂时，还应补充纯生产勘探工程。

（2）留矿法采场。此类采矿方法适用于薄而陡倾斜的矿块，采场多为沿矿体走向布置。这类采矿方法分有底柱留矿法及无底柱留矿法，如图4-17所示。

图4-17　某铅锌矿无底柱留矿法采场探采结合工程示意图

1—矿体；2—沿脉（探采）；3—穿脉（探采）；4—脉外运输巷道；

5—出矿进路；6—探矿天井（探采）；7—分段副穿

（3）分段法（空场法）采场。此类采矿方法适用于中厚、陡倾斜矿体，电耙道沿矿体走向布置。采场可分两个或三个阶段，分段高10~15m，用中深孔凿岩。采场各天井为探采结合工程，它可以控制矿体下盘界线；用天井副穿或用天井里打钻孔代替副穿，来探矿体上盘界线；再于分段凿岩巷道里布置扇形坑内钻，进行矿体的重新圈定，如图4-18所示。

图4-18　空场法采场探采结合工程示意图

1—采区天井（探采）；2—分段凿岩坑道（探采）；3—阶段穿脉（探采）；4—电耙道；

5—阶段沿脉运输巷道；6—切割槽；7—天井副穿（探采）；8—钻孔

（4）沿矿体走向布置的有底柱分段崩落法采场。此法适用于中厚、缓倾斜矿体，即一个阶段分为两个或三个分段，分段高15~20m左右。利用电耙道出矿，电耙道位于脉外沿脉，沿矿体走向布置，电耙道长为30~40m（见图4-19）。

这类采场下盘脉外通风井或溜矿井，属于采矿工程，一般距矿体较远，对控制矿体边界位置的依赖性不大，可首先掘进。然后选出一个或两个电耙层作为探采结合层（中等倾斜的矿体可选择一个电耙层，其位置大致位于阶段高度的一半；缓倾斜的矿体至少要选择两个电耙层）并优先施工，待联络道掘进到矿体下盘位置后，从中打扇形钻控制矿体厚度，作为采场矿体的圈定资料，为全面采准施工提供依据。矿体形态复杂时，还需利用凿岩天井、各类联络道和切割工程来进行探矿。

图 4-19   中厚矿体有底柱分段崩落法
采场探采结合工程剖面图

1—采区通风井；2—联络道（探采）；3—钻孔；4—电耙道；
5—阶段穿脉巷道（探采）；6—切割巷道

（5）垂直矿体走向布置的有底柱分段崩落法采场。当矿体为厚矿体和极厚矿体时，电耙道垂直于矿体走向布置，一般间距为 15m 左右，如图 4-20 所示。作为采准工程，常要求这些穿脉耙道工程穿过矿体上、下盘界线，这样，这些坑道便完全能够起到加密工程的作用。

图 4-20   厚矿体有底柱分段崩落法采场探采结合工程剖面图

1—溜井；2—电耙道（探采）；3—凿岩巷道；4—拉槽工程；
5—阶段穿脉（探采）；6—切割巷道；7—切割井；8—钻孔

（6）无底柱分段崩落法采场。此法适用于厚矿体，进路工程多为垂直矿体走向布置，进路间距一般为 10m，分段高 10m，进路工程大部分位于矿体内部，如图 4-21 所示，各个进路和下盘切割井可作为探采结合工程。依据这些探采结合工程的地质资料进行矿体的重新圈定和储量计算，可供备采设计所用。

无底柱分段崩落法如果处于覆盖岩下放矿，必须严格控制矿体上、下盘界线，否则易造成矿石的贫化与损失。

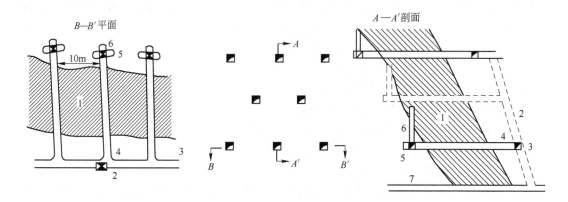

图 4-21 无底柱分段崩落法采场探采结合工程布置图

1—矿体；2—溜井；3—运输联络道；4—溜井联络道（探采）；5—切割巷道；
6—切割井（探采）；7—阶段穿脉运输巷道（探采）

4.6.3.4 回采阶段的探采结合

经过采准阶段的探采结合和重新圈定矿体，一般已经可以控制住矿体的形态和质量。对于形态变化复杂的矿体，为了更准确地掌握矿体的变化，应该充分利用回采阶段的切割层、回采分层、爆破中深孔等，进行最后一次生产探矿和矿体边界的再次圈定，以正确指导下一步的回采工作。

4.7 勘探程度的要求

矿床生产勘探程度，是指经过生产勘探工作之后，对生产勘探范围内矿床或矿体的地质特征的控制和研究程度。其最基本的内容与地质勘探阶段基本相同，所不同的是在地质勘探程度的基础上，进行更为深入、细致的勘探程度的要求。

4.7.1 生产勘探程度对矿山生产的影响

矿体的形状、产状、空间赋存特征和受构造影响或破坏的情况，是反映矿体外部形态特征的重要因素，也是确定矿山开采、开拓方案和选择开采方法的重要依据。

矿体外部形态控制和研究程度的高低，直接关系到露天采场的底界标高、最终境界线位置、分别扩建范围及期限、边坡角及平台高度、开沟位置、剥离方案、排土系统、运输线路、地面建筑物等生产要素的确定；对于地下开采矿山，则关系到井筒的位置、盘区及阶段划分、阶段高度、开拓方案、开拓运输系统、采矿方法块段构成、矿石回收工艺的确定，相应的还影响生产的各项技术经济指标，如采掘（采剥）比、贫化率及损失量、生产成本及效率。而对矿石质量和内部结构研究程度不足时，将会直接影响到矿山产品方案的质量、选矿加工的工艺流程及选矿效果。

4.7.2 生产勘探程度的具体要求

4.7.2.1 对矿体产状、形态、空间位置的控制程度的要求

（1）对矿体边界位移程度的要求。由于矿体的实际边界与生产探矿圈定的边界位置不

一致而发生边界位移，这将对采掘、采剥工程的正确布置有直接的影响。矿体边界位移程度是衡量生产探矿程度的重要参数。即使是储量误差不大而边界位移过大，也会严重影响矿山正常生产，导致工程报废、资金浪费。

矿体边界位移的误差允许范围决定于下列因素：

1）储量级别高低。级别越高，要求越严。

2）位移的方向。垂直位移比水平位移要求严。

3）矿体倾角。缓倾斜矿体比陡倾斜矿体要求严。

4）矿体下盘位移比上盘位移要求严。

5）地下开采比露天开采要求严。

6）当开拓、采准工程多数位于矿体内部时，生产工程对矿体边界的摆动适应性好，边界位移允许大些；但当工程位于脉外时，则对边界位移要求甚严，否则将引起开采矿石贫化与损失的增大，如误差过大时，将造成整个坑道的报废。

7）露采的一次基建与分期基建，对矿体位移的要求也不同。

（2）对矿体产状变化的要求。矿体倾角及倾向必须准确控制，才能使采掘工程合理布置，否则将严重影响生产进行。如某铜矿由于矿体产状变缓而无法放矿，造成多次更改矿体下盘脉外放矿运输巷道；而有的矿床则由于矿体变陡，使矿石储量大大减少。

4.7.2.2   对于主矿体周边小盲矿体的控制程度的要求

这部分小矿体在地质勘探时不可能控制清楚，但经生产探矿和矿床开拓后，这些小矿体的价值则显露出来，若不及时探明或开采，在主矿体开采后将造成多次永久损失。因此，要求在生产探矿阶段进行一定工程间距的控制与研究。

4.7.2.3   对矿体内部结构和矿石质量的控制程度的要求

在生产探矿期间，必须根据选矿的需要、采矿的可能，对矿体中矿石的自然类型、工业类型、工业品级的种类及其比例和分布规律，夹石性质与分布，矿石品位及其变化规律，进行必要的工程控制与深入地研究。为了进一步确定矿石的选冶性能和伴生矿产综合利用的可能性，必须认证研究矿石的物质成分、结构和构造及其变化情况。

4.7.2.4   对地质构造及矿床水文地质条件等控制和研究程度的要求

应针对地质勘探阶段中工作程度不够或尚未查清的问题，开展深入、细致的工作，以保证矿山生产工作的顺利进行。

4.7.3   生产探矿深度的基本要求

生产探矿深度应依据矿山服务年限、矿体延深及生产接替情况来决定。对于小矿体、薄矿体，一般一次探清；对于厚大而延伸较深的矿体，则应多年持续分段进行。

4.8   矿山探采资料的验证对比

4.8.1   验证对比的意义和作用

矿床探采资料的验证对比，是根据矿山开采所获得的有关资料，通过与开采前对应地段勘探资料的对比，来研究勘探方法、验证勘探网度和检查勘探程度的合理性，从而总结勘探经验，以提高以后的地质勘探水平，深化对矿床地质特征与成矿规律的认识，更好地为矿山生产建设服务。

其具体作用主要有以下几点：

（1）验证地质勘探对矿床地质认识及结论的正确与否。

（2）验证矿床地质勘探类型划分、勘探网度确定、勘探手段选择的合理性。

（3）验证矿床使用工业指标及地质储量的合理性与可靠性。

（4）为编制和修订地质勘探规程与有关的技术政策提供资料依据。

4.8.2 地段选择原则

地段选择的原则有：

（1）矿床中参加对比的矿体，在地质特征、矿石类型、矿石质量等方面应具有代表性。

（2）参与对比的对象，应是主矿体分布地段，其储量应占储量的大部分或至少在一半以上。

（3）矿体开采已结束或基本结束，以取得足够可供对比的生产地质资料。

4.8.3 验证对比的方法与标准

探采对比的基本要求是：

（1）根据矿山具体情况，探采对比一般可分为生产勘探与开采资料对比和地质勘探与开采资料对比，少数为地质勘探与生产勘探资料对比。

（2）根据矿山生产勘探地质资料，应进行不同勘探网度的试验对比，进一步研究矿体合理勘探网度。

（3）探采对比应以最终开采资料为对比的标准和基数。

（4）开采储量对比基数应包括采出矿量、损失矿量。

验证对比的内容是：

（1）矿体形态的对比分析。

（2）矿体产状和位移的对比分析。

（3）矿体品位、储量的对比分析。

（4）矿体地质条件的对比分析。

复习思考题

4-1 矿床勘探程度的基本概念及确定合理勘探程度的意义是什么？

4-2 矿床的勘探程度与矿产的储量级别有何区别与联系？

4-3 矿山建设设计的主要内容是什么？

4-4 矿床勘探程度的基本要求有哪些？

4-5 勘探深度的基本概念及影响勘探深度的因素是什么，怎样确定合理勘探深度？

4-6 确定合理勘探程度的基本经验有哪些，如何正确运用这些经验指导矿床勘探？

4-7 布置勘探工程应当遵循什么原则，在具体条件下应当怎样灵活运用这一原则？

4-8 物探和化探手段在深部勘探中的意义何在，它们的发展趋势是什么？

4-9 影响勘探手段选择的主要因素有哪些，一般怎样才能确定所选择的手段是最合理的？

4-10 什么叫勘探形式，矿体的形状与产状同勘探形式有何关系，不同勘探形式下勘探工程的间距都是怎样确定和表示的？

4-11 什么叫勘探工程间距，研究勘探工程间距的有效方法有几种，它们的适用条件是什么？

4-12 一般钻孔的设计是怎样进行的？

5 矿山经常性地质工作

5.1 地质采样工作

5.1.1 概述

5.1.1.1 采样定义

采样又称为取样，矿山地质取样是按照一定要求，从矿石、岩石或其他地质体以及矿产品中采取一定数量的代表性样品，并通过对所取样品的分析、测试、鉴定和研究，从而确定矿石及矿产品的组成、矿石质量（矿石中有益、有害组分的含量）、物理力学性质、矿石技术加工性能以及矿床开采技术条件的矿山地质工作。它的全过程包括从矿体（或某些近矿围岩）上采取原始样品、样品的加工、样品的化验、化验资料的整理与研究等阶段。矿产的取样工作也同原始地质编录一样，在矿床地质研究的各个阶段（找矿、地质勘探、矿山地质工作）都要进行。假若矿石的质量是完全均匀的，那么取样工作可以很简单，只需任意采取少量样品就可以了。但实际上，自然界中任何矿体的矿石质量都是不均匀的，它们总是在空间上（即沿着矿体的走向、倾向及厚度方向）有着不同程度的变化，所以在取样过程中，一定要注意样品的代表性、全面性和系统性。

5.1.1.2 采样目的

（1）在各种生产勘探工程中进行生产勘探取样的目的是，确定矿石质量及其变化，详细地圈定工业矿体，并按采矿和选矿的工业要求圈定矿体内部不同类型和工业品级的矿石界限，计算资源储量及生产准备储量。

（2）在矿山开采过程中进行生产地质取样的目的是，掌握生产矿石质量，均衡出矿品位，达到产品质量要求，控制并计算开采过程中的矿石贫化与损失，检查和监督矿产资源的利用程度，减少矿产资源的损失。

（3）进行矿石、岩石物理力学性质测试取样的目的是，掌握矿石、岩石物理力学性质，为计算资源储量和确定开采技术条件提供资料。

5.1.1.3 采样要求

（1）地质取样必须随生产勘探、巷道掘进及时进行，要确保地质取样的代表性、准确性和系统性。

（2）所有井下基建开拓工程、生产勘探线上的采准工程、坑探工程、钻探工程、脉外巷、回风巷、斜坡道、硐室等矿化段都要采样分析。不在生产勘探线上的采准工程，也应根据准确圈定矿体边界的需要，酌情进行采样分析。

（3）原始地质样品的质量应在理论质量的90%～110%之间，理论质量应符合切乔特公式的要求（见5.1.5.1节）。样品加工需按切乔特公式编制加工流程图，要及时清扫破碎机和样筛，并按正确的方法加工到化验所需的粒级。

（4）巷道地质素描与地质采样工作应尽可能同时进行，在素描图上应反映采样起止控制点位置及编号、样号及样长。采样时，样袋应放在采样位置上，按样号准确放入样袋，检查确认无误后，样袋才能堆放在一起。

（5）样品送化验时，要正确填写基本分析、组合分析、矿物相分析送样单、工程名称（采样地点）、采样起止点编号、样长、采样日期、采样人。

5.1.2　采样种类

矿产取样的种类很多，根据取样的目的，可分为化学取样、矿物取样、技术取样、技术加工取样四种。

（1）化学取样。化学取样的目的是，通过对采集的样品进行化学分析，确定其有用及有害组分的含量，据此可以圈定矿体的界线、划分矿石的类型和品级、了解开采矿石的贫化和损失。从而为研究矿石综合利用的可能性，确定合理的采矿、选矿方法，从而为做好采场矿石质量的管理等工作提供可靠的依据。化学取样的数量最多、应用最广，在矿床地质研究的全过程中，对绝大部分矿种以及各种探、采工程都要进行这类取样工作。

（2）矿物取样（或称岩矿取样）。在矿体中系统地或有选择性地采取部分矿石（有时也包括近矿围岩）的块状标本，进行矿物学、矿相学及岩石学方面的研究，从而达到如下两方面的目的：一是确定矿石或岩石的矿物组成与共生组合、矿物的生成顺序、矿石的结构与构造，用以解决与成矿作用有关的理论问题；二是鉴定矿石中有用矿物及脉石矿物的含量、矿物的外形和粒度、某些物理性质（如硬度、脆性、磁性、导电性等）以及有用组分和有害杂质的赋存状态，用以确定矿石的选矿和冶炼加工性能。

（3）技术取样（即物理取样）。技术取样的目的是研究矿石或近矿围岩的各种物理机械性质和技术性质。根据矿种的不同，又有两种情况：对于一般矿产来说，技术取样是为了确定矿石（有时也包括部分近矿围岩）的体重、湿度、松散系数、强度、块度等性质，为储量计算和采掘设计提供依据；对于某些非金属矿产来说，技术取样是确定矿产质量的主要方法。例如对云母矿来说，主要是确定云母片的大小、透明度、导电系数、耐热强度；对石棉矿，则是确定其纤维长度、韧性、耐火强度；对压电石英，则是确定其晶体的大小、颜色、压电性能等；对建筑石料，则要确定它的瞬时抗压强度、吸水性、导热系数、摩擦阻力等。技术取样的特点一般是以单矿物或矿物集合体为样品，采集时要特别注意其完整性，尽量避免损伤。

（4）技术加工取样。其目的是通过对相当重量的样品进行选矿、烧结、冶炼等性能的试验，了解矿石的加工工艺和可选性质，从而确定选矿、烧结、冶炼的生产流程和技术措施，对矿床做出正确的经济评价。

技术加工取样可分为实验室试验、半工业试验、工业试验三种。实验室试验所需样品质量较小，可初步确定矿石的提取方法、回收率以及试剂的消耗量，评定矿产被利用的可能性；半工业试验和工业试验则需采集大量样品，并尽可能在接近正式生产条件下进行试验，为选矿、冶炼设备的选择和工艺流程的确定提供可靠依据。技术加工取样虽在找矿、地质勘探、矿山地质工作等各阶段均可进行，但主要是在地质勘探阶段中，对于已经确立了工业价值并用足够工程控制了工业储量的矿床，进行该类取样工作。在生产矿山，只有当改变选、冶方法或发现新的矿石类型（如大冶铁矿深部发现菱铁矿）时，才要求重做技术加工试验。

5.1.3 采样方法

人们在长期的取样实践工作中，总结出了各种取样种类的不同取样方法，其中尤以技术取样（物理取样）的取样方法繁多，几乎每个矿种都有不同的取样方法，只有矿物取样的方法较简单。现仅对化学取样和技术加工取样中常用的几种方法进行简要介绍。

5.1.3.1 刻槽法

此法是在需要取样的矿体部位，开凿一定规格的槽子，将槽中凿取下来的全部矿石或岩石作为样品，它是取样中使用最广泛的方法之一。在使用此法的过程中，应注意以下几点：

（1）刻槽的基本原则。样槽应沿着矿体变化最大的方向布置，通常是垂直矿体走向而沿着矿体厚度方向，且样槽应从矿体的顶板刻到底板，并尽可能做到在刻槽前将矿（岩）表面弄平，槽子要直，断面规格要一致，从而避免造成系统误差。

（2）样槽的具体布置。在布置样槽的具体位置时，一方面要注意上述刻槽的基本原则，另一方面还要考虑施工的方便。在不同的探、采工程中，样槽布置的具体位置一般是：探槽中样槽多布置于槽底中心线上如图 5-1 所示（图中 1、3、5 表示采样位置及编号）；浅井中，多垂直布置于井壁上（见图 5-2）；沿脉坑道中，多布置于掌子面上；穿脉坑道中，多布置于坑道一帮的腰线附近。各种井巷刻槽位置如图 5-3 所示。

井口坐标　$x = 398200$
　　　　　$y = 325600$
　　　　　$z = 1020$

浅井倾角　　90°

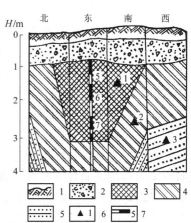

图 5-2　浅井素描图实例
1—腐殖土；2—山坡堆积；3—富矿体；
4—贫矿体；5—围岩；6—标本采集
位置与编号；7—样品采集位置与编号

图 5-1　探槽采样位置

（3）样槽的断面形状及规格。样槽断面的形状有矩形和三角形两种，一般多使用宽度大于深度的矩形。断面的大小主要取决于矿化的均匀程度和矿体厚度。表 5-1 是在取样实践工作中所积累的样槽断面规格经验数字。

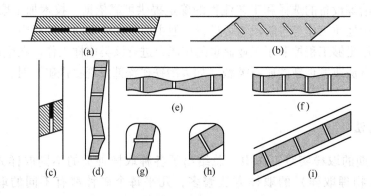

图 5-3　各种井巷刻槽位置

(a) 穿脉壁, 急倾斜矿体; (b) 穿脉壁, 缓倾斜矿体; (c) 天井壁, 缓倾斜矿体; (d) 天井壁, 急倾斜矿体;
(e) 沿脉顶板, 急倾斜矿体; (f) 沿脉壁, 缓倾斜矿体; (g) 掌子面, 急倾斜矿体;
(h) 掌子面, 缓倾斜矿体; (i) 上山壁

表 5-1　样槽断面规格

矿化均匀程度 ＼ 断面规格(宽×深)/cm×cm ＼ 矿体厚度/m	厚大矿体 2.5～2	中厚矿体 2～0.8	薄矿体 0.8～0.5
均　匀	5×2	6×2	10×2
不均匀	8×2.5	10×2.5	12×2.5
极不均匀	10×3	12×3	15×3

(4) 样品的长度。样槽的长度一般是以切穿整个矿体为准, 而单个样品的长度在多数情况下是以 1m 长为一个样品。当矿体厚度小于 1m 或在 1m 左右时, 样品的长度可与矿体的厚度相同; 当矿体厚度很大且矿化均匀或矿山采场取样时, 可放宽到 2～3m 或更长。

用此法取样时, 单个样品的质量变化范围很大, 可以在 0.5～50kg 范围内, 一般为 2～5kg。它的优点是代表性较强, 取样工具简单。其缺点是劳动强度大, 效率低, 矿尘大, 影响工人健康。为了克服其缺点, 有的矿山已采用机械化刻槽取样, 有的矿山采用了简易刻槽法 (又称为直线刻槽法), 即对于矿化均匀的矿床, 可沿一直线刻取 1.5～3cm深的小沟 (样槽断面规格没有严格要求), 将所刻出的全部矿石和夹石作为一个样品; 对于矿化不均匀的矿床, 则采用缩小样槽断面、加多样槽并列数目的办法, 从而克服了上述缺点, 并基本保证了样品的代表性。

5.1.3.2　拣块法

拣块法是用一定规格的绳网铺在所需采样的矿堆上, 在掌子面前爆破矿堆上布置取样网格, 单个网格的大小约为 10cm×10cm、15cm×15cm、20cm×15cm, 从每个网眼中间拣出大致相等的小块矿石合并在一起, 作为一个样品 (如图 5-4 所示)。每个样品的质量一般为 1～3kg。其优点是效率高, 操作简便, 并具有一定的代表性; 缺点是对不同类型的矿石不能分别取样。这种取样方法常用于矿点 (区) 检查、在矿体中掘进的坑道、采矿掌子面以及矿车中的取样。在矿车中取样时, 还常采用简化的五点梅花状或三点对角线的形式

图 5-4 拣块法网格布置

布置拣块取样点。

5.1.3.3 方格法 (即网格法)

方格法是在需要采集样品的矿体出露部位，布置一定形状的网格，如正方形、长方形、菱形等，在网格交点处凿取大致相等的小块矿石，合并为一个样品。每个样品可由 15 ~ 100 个小块矿石组成，总质量一般为 2 ~ 5kg。方格法的优点是效率高，比较简便，不同类型的矿石可分别取样；缺点是该方法不适用于薄矿体，只适用于厚度较大的矿体。

5.1.3.4 打眼法

打眼法是在坑道掘进或采场回采时，收集炮眼中所排出来的矿、岩泥 (粉)，作为化学分析样品。使用时虽有某些局限性，并对生产进度有一定的影响，但由于它具有效率高、成本低、样品不用加工、代表性较强、可实现取样机械化等突出优点，所以在生产矿山取样中使用比较广泛，而且目前正在改进与推广之中。

5.1.3.5 剥层法

剥层法是在需要取样的薄矿体出露面上，每隔一定距离剥取一定厚度 (5 ~ 10cm) 的矿体作为样品。每个样品的长度一般为 1m。其优点是代表性强；但因劳动强度大、效率低，故一般只用于检查上述几种取样方法的可靠性和矿化极不均匀的稀有或贵金属薄矿脉的取样。

5.1.3.6 全巷法

全巷法是把在矿体内掘进的某一段坑道中爆破下来的全部 (或在现场进行初步缩分后的部分) 矿石作为样品，每个样品长度一般为 1 ~ 2m，质量可达数吨至数十吨。其优点是代表性最强；但因其成本高、效率低、劳动强度大，所以一般只用于检查其他取样方法的可靠性、技术取样和技术加工取样等情况下。

5.1.3.7 钻探取样

岩芯钻机中的取样，是将钻机中提取出来矿芯用劈岩机劈成两半，取其一半作为样品，每个样品长度一般为 1 ~ 2m；而另一半保留下来，以备检查和地质研究使用。当矿芯采取率小于 70% 时，还要求补采矿泥 (粉) 作为样品。

5.1.4 采样距离

采样距离通常指沿矿体走向及倾斜方向采样时，相邻两个样品间的距离。在脉内沿脉、上山、天井中，即沿矿体走向或倾斜布置取样点时，取样点间应有一定间距。间距越小，取样结果的代表性越高，但工作量也增加，因此取样间距必须合理选择。决定取样间距的因素主要是矿石中有用组分矿化的均匀程度、矿体厚度及其变化程度，取样方法的可靠性也有一定影响。表5-2中的数据可供参考。

表5-2 采样间距

矿床类别	有用组分分布的均匀程度		取样间距/m	矿床举例
	特征	品位变化系数		
I	极均匀	20	50~15	最稳定的铁、锰沉积和沉积变质矿床，岩浆型钛磁铁矿矿床，铬铁矿矿床
II	均匀	20~40	15~4	铁、锰沉积变质矿床，风化铁矿床，铝土矿床，某些硅酸盐及硫化镍矿床
III	不均匀	40~100	4~2.5	矽卡岩型矿床，热液脉状矿床，硅酸盐及硫化镍矿床，金、砷、锡、钨、钼、铜的热液矿床
IV	很不均匀	100~150	2.5~1.5	不稳定的多金属、金、锡、钨、钼等矿床
V	极不均匀	>150	1.5~1.0	某些稀有金属矿床，铂原生矿床

5.1.5 样品加工

广义的样品加工包括矿产质量的鉴定、测试、化验分析等各种必需的加工，目前一般狭义理解为化学样品加工。所采集原始样品的质量是比较大的，常为0.5~50kg，一般为2~5kg；且样品的块度也是比较大的。而进行化学分析的样品，最终质量只需1~2g；颗粒直径也要求小于0.1mm。所以在进行样品的化学分析之前，必须对样品进行加工处理。

5.1.5.1 样品加工原理

样品加工并非是简单的破碎和缩减，它的基本原则是既要使缩减后的份样具有代表性，又要使加工过程简单、迅速和经济。

它的具体步骤是：破碎→筛分→拌匀→缩分。将这一过程反复进行数次，直至达到化学分析的要求为止。一般来说，原始样品的质量越大，则加工的过程也就越繁杂、越慢，成本也越高。为此，样品加工时必须遵守这样的原则，即过程要简单、速度要快、成本要低、缩减后样品的代表性要强。样品加工的主要问题是，使加工后的样品保持原始样品的代表性。实际工作中常采用切乔特公式来确定样品的最小可靠质量：

$$Q = Kd^2$$

式中 Q——缩减样品的最小可靠质量，kg；

d——样品中最大颗粒直径，mm；

K——由矿石矿化特性决定的样品加工常数，K值一般在0.05~0.5之间，个别达到0.8~1，矿产经验K值与矿产种类有关。

5.1.5.2 样品加工程序

样品加工一般分为几个加工阶段，每个阶段都要经过破碎→过筛→拌匀→缩减四个工序。

（1）破碎。一般采用小型破碎机械。粗碎破碎到 10～20mm，用颚式破碎机；中碎破碎到 2～6mm，用颚式破碎机、轧辊式破碎机；细碎破碎到 0.07～0.18mm，用盘磨机或球、棒磨机。

（2）过筛。采用金属筛或标准金属筛，筛孔以"网目"为单位。

（3）拌匀。粗粒采用铁铲搅拌拌匀法，细粒采用帆布搓动法。

（4）缩减。一般用四分法，如图 5-5 所示，将样品堆为截面圆锥形，用铁皮十字形板插入堆中，取其对角两象限样品，其余抛弃。如果用白铁皮制分样器，效率更高（见图 5-6）。

图 5-5　四分法缩分样品

图 5-6　用分样器缩分样品

5.1.5.3 样品的合并

在实际工作中，可以把相邻品级、相同类型的样品适当合并。实践证明，样品合并不影响平均品位值，又可减少样品加工、化验数量，有助于降低化验费用和简化储量计算手续。样品合并数量一般为 2～4 个，合并时要按每个样品原始重量的比例攫取样品。当样品质量大时，合并可在现场进行；样品质量不大时，则可于样品加工后在室内进行。

5.1.5.4 样品分析

样品分析的方法主要有以下四类：

（1）基本分析（又名单项分析或普通分析）。基本分析只要求分析矿石中主要有用组分的含量，它是用来评价矿石质量最常用的一种分析方法，其样品数目最多，差不多每个样品都要进行这类分析。例如，铅、锌矿床中分析 Pb、Zn、Cu；铁矿床中分析全铁和可熔铁，当掌握了全铁和可熔铁之间关系的规律后，也可只分析全铁。

（2）多元素分析及组合分析。多元素分析是检验矿石中伴生的有用及有害元素的情况，借以提供组合分析的项目。组合分析则是为系统地研究伴生有用元素提供资料，其样品是由相邻的 8～12 个基本分析副样所组成的，而且必须按同一矿体的同一类型或同一品级矿石进行组合。

（3）合理分析。其目的在于区分矿石的类型和品级界线。如硫化矿床可划分为氧化矿石、混合矿石、原生矿石等。样品的采取是以肉眼鉴定为基础的，在分界处附近采集 5 ～ 20 个样品，作为进行合理分析的样品。

（4）全分析。全分析就是将矿床中由光谱分析所确定的全部元素（只有痕迹者除外）作为分析项目，了解矿床中可能存在的全部化学成分及其含量，为研究成矿规律和矿石的综合利用提供资料。全分析样品可采用具有代表性的组合样品，其样品数目视矿床的规模和复杂程度而定，一般为数个即可，最多不超过 20 个，并要求各种元素分析结果的总含量应接近于 100%。

5.2　矿石质量测定

5.2.1　概述

矿石质量主要是指品位，对于金属及部分非金属（如盐类、硫、萤石、磷、硼等）矿产，品位是指矿石中主要有用组分的含量，一般用质量分数来表示。个别矿产（如贵金属）的品位采用单位 g/t，砂矿的品位采用单位 g/m^3 或 mg/m^3，金刚石的品位采用单位 ct/m^3（克拉/米^3）。矿岩技术性质包括矿石选、冶的加工技术性质和矿岩物理技术性质。矿石加工技术性质决定了矿石选矿及冶炼技术方法和工艺流程；矿石质量、矿岩物理技术性质包括体重、湿度、孔隙率、松散系数、块度、硬度、机械强度等，是计算储量和确定采矿技术条件的依据。许多非金属矿产的质量并不取决于矿石化学成分，而取决于特殊物理技术性质，如石棉的纤维长度、耐热性；云母的晶体尺寸、电绝缘性；压电石英的晶体尺寸、颜色和压电性等。

测定矿石质量及矿岩技术性质的目的，不只是一般性的确定矿石质量的好坏或者矿岩技术性质的优劣，还在于查明矿产质量的空间分布和变化规律。

无论是在找矿、地质勘探还是在矿山地质工作中，都有矿石质量及矿岩技术性质测定的任务。普查找矿阶段，是矿床远景评价的依据；地质勘探阶段，是圈定矿体，划分矿石工业品级和自然类型，评定矿石质量和储量计算，确定矿石加工技术条件、采矿技术条件和矿床工业评价的依据；在矿山地质工作中，矿石质量测定是日常地质工作之一，它是重新圈定矿体，确定中段或平台、矿块矿石质量，进行采矿、出矿矿石质量管理，保证出矿矿石品位均衡，调整矿山产品方案，计算及管理矿量，制订矿山工作计划以及进行矿山综合地质研究等的依据。

测定矿石质量及矿岩技术性质一般有三类方法：

（1）矿产取样。该方法是在矿体一定部位，按一定方式或方法采取一小部分具有代表性的矿石作为样品，经过加工、化验和其他专门性测试鉴定，达到确定矿石质量及矿岩技术性质的目的。矿产取样的方法应用广泛，其工作由采样、样品加工、样品的化验或测试、化验及测试结果的处理等工作组成。

（2）实测统计法。由现场实测及室内统计这两步工作组成。

（3）核物理测定法。采用可携带式测试仪器，如 X 射线荧光分析仪，在现场或对样品直接测定矿石质量。

5.2.2 实测统计法

实测统计法首先应用于我国钨矿山，其方法是在坑道顶板或天井帮上，取 2m 长作为一个实测统计单位（即一个样品的范围），用小钢尺测出矿体暴露的总面积和其中黑钨矿所占的面积，可用式（5-1）换算出黑钨矿体的矿石品位：

$$C = \frac{\Sigma S_w \cdot \rho_w \cdot C_w}{(\Sigma S_q - \Sigma S_w)\rho_q + \Sigma S_w \cdot \rho_w} \times 100\% \qquad (5-1)$$

式中　C——黑钨矿体的矿石品位，%；

ΣS_w——一个样品范围内黑钨矿面积之和，m^2；

ρ_w——黑钨矿密度，一般为 $6.7 \sim 7.5 kg/m^3$；

C_w——黑钨矿中 WO_3 的平均质量分数，一般为 74%；

ΣS_q——一个样品范围内矿脉面积的总和，m^2；

ρ_q—— 石英密度，为 $2.65kg/m^3$。

式（5-1）仅适用于脉石矿物只有石英的黑钨矿脉，且假设其深度为 1。

这种方法的优点是将样品的采取、加工和化验简化为一个步骤。但它们只适用于有用组分单一、有用矿物颗粒粗大、有用矿物与脉石矿物种类单一且易于区分的矿床，目前仅在少数钨、锑矿山中使用。

5.2.3 核物理测定法

利用激发源轰击被测矿石，使矿石中的元素原子结构呈"不稳定状态"，从而放出各种射线；用仪器测量放出射线的种类即可判断元素的种类；据射线能量的大小，还可测定矿石中的元素含量，这种测定矿石质量的方法总称为核物理测定法。其主要特点是灵敏度高、准确度好、能快速得出结果、一次可测定几个元素。当前核物理测定技术主要有中子活化分析、质子荧光分析、X 射线荧光分析和天然放射性元素分析。

这类设备适用范围广，可对各种矿石进行多元素分析，应用于各类矿石的检测和分析，也能应用于矿渣精炼分析及考古研究。应用对象包括金矿、银矿、铜矿、铁矿、锡矿、锌矿、镍矿、钼矿、铱矿、砷矿、铅矿、钛矿、锑矿、钒矿、碘矿、硫矿、钾矿、磷矿、铀矿等从磷到铀的所有自然矿石及其矿渣、岩石、泥土和泥浆。被检测的样品可以是固体、液体、粉尘、粉末、实心体、碎片、过滤物质、薄膜层等有形物体。采用此法现场分析时，能做出快速而全面的矿石类型研究，对样品要求低，测试结果准确，能准确分析高浓度样品，避免了验证性的实验室测试，无需等待和花费时间即可现场确定矿石等级和元素鉴定。在野外，也可采用核物理测定法对土壤、沉积物、钻孔样品等地球化学相进行测定。

5.2.4 矿岩物理性质测定

5.2.4.1 矿石体重的测定

矿石体重又称为矿石容重，是矿石储量计算的重要参数，指自然状态下单位体积矿石的质量，以矿石质量与其体积之比表示。

按测定方法，可将矿石体重分为小体重和大体重。

小体重是按阿基米德原理，将小块（60～120cm³）矿石用封蜡排水法测定，其体重计算公式如式（5-2）所示：

$$D = \frac{W}{V_1 - V_2} \tag{5-2}$$

其中

$$V_2 = \frac{W_1 - W}{0.93}$$

式中　D——矿石体重，t/m³；

　　　W——矿石质量，kg；

　　　V_1——矿石封蜡后的体积，即封蜡矿石放入水中所排出水的体积，m³；

　　　V_2——矿石上所封蜡的体积，m³；

　　　W_1——矿石封蜡后的质量，kg；

　　0.93——蜡的密度，g/cm³。

小体重需按矿石类型或品级取30～50块标本，而且这些标本在空间分布上应具有代表性；应在野外封蜡、进行测定，然后取其平均值。由于小块矿石中不包括矿体中所存在的一些较大裂隙和孔隙（洞），故测定结果往往比实际的矿石体重值要大，可视为矿石密度，所以往往需用大体重来检查或校正。

大体重的测定方法是：在野外用全巷法取大样品，称其质量为 W，再细致地测其体积 V，则体重为 $D = W/V$。其体积可以用塑料或沙子充填的办法测得，不少于0.125m³。

虽然大体重样品体积大、工作量大、成本高，但对于疏松或多裂隙孔洞的矿石（如氧化矿石、风化壳型镍矿石等），每个类型或品级的矿石必须测2～5个样品的大体重。

因大体重样品基本代表矿体自然状态，故其可靠性与代表性高，可用于校正小体重或直接用于储量计算。

测定矿石体重的同时，还要测定它的主元素品位、湿度和孔隙率。可以在矿体中掘进坑道时，用全巷法采集样品，也可以在坑道中或地表露头上进行专门大体重测定。一般样品体积为1～10m³。

5.2.4.2　矿石湿度的测定

矿石湿度指自然状态下，单位质量矿石中所含的水分，以含水量与湿矿石的质量百分比表示。因为化学分析的品位是指干矿石的品位，而矿石体重是在自然状态下测定的，计算储量时应使两者统一，所以必须用矿石湿度加以校正。矿石湿度可按式（5-3）来计算，若湿矿石及烘干矿石的质量分别为 W_1 和 W_2，则湿度 B 为：

$$B = \frac{W_1 - W_2}{W_1} \times 100\% \tag{5-3}$$

矿石品位的校正公式见式（5-4），已知烘干矿石的品位为 C_2，则湿矿石的品位 C_1 为：

$$C_1 = C_2(1 - B) \tag{5-4}$$

湿度的大小主要取决于矿石的孔隙率、裂隙度、地下水面与取样深度等。一般每个类型矿石湿度测定的样品不应少于 20 个，最少不可少于 15 个。

5.2.4.3 矿石及近矿围岩抗压强度的测定

测定抗压强度是为开采设计提供依据，一般是在专门的实验室内进行。

测定抗压强度所需的样品通常是在矿层及顶板、底板围岩中采取，或按不同硬度的矿石及围岩采取，每种采 2 ~ 3 个，规格为 5cm × 5cm × 5cm，每个样品取两块，分别进行平行层面及垂直层面的施压试验。

5.2.4.4 松散系数的测定

松散系数又称为碎胀系数，是指爆破后呈松散状态矿石的体积与爆破前矿石自然状态下的原有体积之比。松散系数的测定为设计矿山开采和确定矿车、吊车、矿仓等的容积提供资料，其计算公式见式（5-5）：

$$K = V_2/V_1 \tag{5-5}$$

式中　K——松散系数；

　　　V_2——爆破后矿石的体积，m^3；

　　　V_1——爆破前矿石的体积，m^3。

5.2.4.5 块度

块度一般与松散系数的测定同时进行。测定的方法是：爆破后的矿石碎块，将大于 50mm 的用手选出并进行分级，小于 50mm 的用筛子分级；分别称其质量，求得各级块度的矿石碎块质量占总质量的百分比。块度分级取决于矿产种类和矿石的工业用途。

5.2.4.6 矿石自然倾角及安息角

矿石自然倾角，指矿石堆成圆锥体时，圆锥面与水平面的夹角。安息角，指矿石在其上开始自然滑动的斜面的最小倾角。前者可在崩落矿堆上测定；后者的测定方法是将矿石放在有一定摩擦力的木板上，然后慢慢地将板抬起，待矿石刚开始下滑时，测量木板的倾角。这两种参数均应按矿石品级、类型分别对岩、矿进行测定，每类测定不少于 5 次，然后取平均值。

5.3 矿山地质编录工作

5.3.1 概述

5.3.1.1 地质编录的概念

地质编录是在现场直接观测各种地质现象，用文字、图件、表格、数字录像（摄影）等形式，将地质勘探和矿山生产过程中所观测的地质和矿产现象以及综合研究的结果，系统、客观、准确地反映出来的工作过程。按性质可分为原始地质编录和综合地质编录，原始地质编录是综合地质编录的基础。

（1）原始地质编录。即地质人员深入现场直接观察各种地质现象，通过分析、研究、判断，收集为第一手资料的工作。此工作比较偏于感性认识。

（2）综合地质编录。即对原始地质编录进行综合整理的工作。虽然第一手资料非常重要，但它还不能直接应用于生产，必须经过综合整理，而且需在实践中接受检验，进行进一步修改，不断加工完善。此工作比较偏于理性认识。

5.3.1.2　地质编录的内容

通过地质编录，可以获得如下资料：

（1）该矿区及矿床的地质构造，矿体的产状、形态及内部结构。

（2）矿床空间分布、矿体规模（即矿产数量）。

（3）矿石物质成分及其分布变化规律，即矿产质量。

（4）矿体与围岩的关系，鉴定围岩是否蚀变及蚀变类型等。

（5）矿床开采技术条件，即水文地质条件。

（6）矿石加工技术条件。

（7）探采地质技术及经济指标。

（8）关于矿床成矿过程、探矿因素、矿床成因、矿床远景等。

地质编录的材料一般由文字、图纸、表格、照片、实物等组成。

5.3.1.3　地质编录的要求

地质编录过程中，要求做到如下两点：

（1）对所有探采工程都要做好地质编录，这是矿山地质工作人员最基本的工作。

（2）进行地质编录时要亲临现场，注意工作的及时性、资料的统一性和系统性，以及内容的完整性、真实性和准确性。

5.3.2　原始地质编录

5.3.2.1　原始地质编录的概念

地质人员到现场对各种探、采工程所揭露的矿体及各种地质现象进行仔细观察，并用图表和文字将矿体特征和各种地质现象如实素描和记录下来的整套工作，称为原始地质编录工作。它是收集第一手地质数据最基本的方法，所收集的资料是编制各种综合地质图件的基础，是进行综合研究的前提，也是评价矿床的重要依据。原始地质编录具体包括坑探工程地质编录和钻孔地质编录（或称岩芯编录）。

原始地质编录是指对探矿工程所揭露的地质现象，通过地质观察、取样、记录和素描、测度及相关其他工作，以取得有关实物和图件、表格和文字记录第一手原始地质资料的过程。原始编录成果，如工程、采样、测试过程与结果的资料等，均属于实际材料范畴，是进行矿床综合地质研究与评价的基础资料。它的质量优劣关系到资料是否可以利用，并将直接影响到综合编录与综合研究成果的质量。

主要原始地质编录有坑探工程原始地质编录、钻探工程原始地质编录等。

5.3.2.2　原始地质编录的具体内容

（1）矿体。矿体包括矿体的产状、形态、大小；矿石矿物及脉石矿物，矿物共生组合，矿石主要有用及伴生组分，有害组分含量；矿石工业品级、工业类型；矿石结构构造；矿床次生变化特征。

（2）围岩。围岩包括岩浆岩的名称、岩性、形态、产状、大小；沉积岩地层名称、岩性层面及层理特征、单层厚度及岩层厚度、岩层产状要素；围岩与矿化的关系，围岩蚀变的种类、名称、分布与变化规律；蚀变岩产状要素与矿化的关系，岩层、岩体、围岩与矿体之间的穿插和空间分布关系。

（3）构造。构造包括地区总的构造特征，褶皱的分布名称、类型、产状、形态；断层名称或编号、性质、类型、产状要素、断距及规模；节理组产状、力学性质；断裂带、破碎带的位置、幅度、延伸、产状、力学性质、充填及胶结物；劈理及片理、不整合、岩体、接触带等的构造特征；各类构造与矿化的关系。

（4）水文地质现象与特征。

（5）工作性质内容，观测点位置、编号，采样、采标本位置及编号。

5.3.2.3 原始地质编录的要求

符合生产要求的原始地质资料应满足下述要求：有统一的格式、编号、图例及符号、比例尺；由专人编录、专人整理和保管；编录内容应如实反映实践情况；编录工作必须在现场完成，室内只能修饰和整理，不允许涂改；文字描述应简明扼要、通俗易懂；素描图是原始地质编录的主要内容，要求重点突出、说明问题。

A 原始地质编录的基本要求

原始地质编录必须客观、及时、齐全、完整、系统、准确地进行，必须满足如下基本要求：

（1）真实性。保证地质编录资料的真实、准确与可靠。

（2）及时性。随着探矿工程和地质工作的进展，地质编录工作应不间断地及时进行。

（3）统一性。统一规定标准和要求等，保证资料的共用性，也便于对编录工作质量的检查与管理，原始地质编录只有经检查验收合格后才准予使用。

（4）针对性。应突出重点，以方便于综合整理，有效地为完成勘探任务服务。

（5）原始地质编录还应尽可能及时采用新的方法和手段。

B 原始地质编录的内容要求

（1）素描图。用简易的皮尺、钢卷尺和罗盘等工具，测绘各种以矿体为中心的地质现象并将其画到坐标纸上，各种勘探工程的素描图见后述。

（2）文字描述。在野外记录簿上用规定的格式记录各种地质现象，如矿体产状、形状、厚度；矿石的物质组成及矿物共生组合、结构和构造；矿体与围岩的接触关系；围岩类型及其蚀变作用；地质构造及其控矿关系等。

（3）实物标本。采集有代表性的矿石、蚀变岩和各种围岩标本，以便进行综合研究。对一些特殊的标本，如化石、构造岩，也要注意收集。

（4）照相。在有条件的情况下，对一些特殊地质现象，如矿体与围岩接触带、各种矿化穿插关系和地质构造现象进行拍摄，并附以简要文字说明。照相与素描图可互相取长补短。

C 原始地质编录的具体要求

为了提高编录的质量，使收集的数据真实可靠，并能客观反映矿床地质特征，要求在编录过程中做到如下几点：

（1）编录的格式要统一、简明。如图表格式、工程编号与坐标、样品与标本的编号、岩石名称、地层划分标准、图例等都应统一、简明，以便于对获取的数据进行分析对比。

（2）素描图要求重点突出。素描图及其文字记录均要求突出矿体或矿化部位。

（3）素描图的比例尺。可根据具体地质情况和要求而定，但一般情况下都要求为 1：200 ~ 1：50。

（4）文字描述。内容要求简单、明了、能说明问题。

（5）编录工作。应及时、经常地进行，并尽量简化一些不必要的手续，避免内容重复。

5.3.3　坑探工程原始地质编录

坑探工程地质编录，是指探槽、浅井、石门、穿脉、沿脉、竖井、斜井以及老硐、采场和一些有意义的工程场地的地质编录。

坑探工程所提供的露头较直观且宽广，地质现象被揭露得比较充分，所以，坑探工程揭露的部位是观察与研究地质体的好场所。

坑探工程地质编录的主要成果是工程素描图及相应的文字描述。素描图的比例尺应按矿床地质条件和任务要求而定，一般为 1：200 ~ 1：50，图的水平比例尺和垂直比例尺应一致。对一些规模较小的特殊地质现象，应作更大比例尺的特征素描图。为了便于制图，素描图多用方格纸或直接在计算机上绘制。素描图上除详细表示地质现象外，还应有矿区名称、工程名称及编号、工程坐标、工程方位角、比例尺、长度分划线、样品、标本的位置及编号、图例、素描人与日期。

坑探工程的地质编录，应从工程起点开始。地质编录描述的内容应包括：矿体、岩体（岩层）时代，岩（矿）石名称、岩性、矿化蚀变特征、产状及形态变化、接触关系、构造及其他地质现象。

5.3.3.1　坑探工程原始地质编录的主要方法

原始地质编录常采用的是现场地质素描编录法。该法可细分为导线法、平板仪法或支矩法、十字形控制法。

（1）导线法。导线法用于所有较规则的探矿井巷工程的地质编录。其方法特点是设置导线，测定导线方位角、倾角并绘在图纸上，作为现场地质素描编录的准绳；然后以钢卷尺或丁字尺为支矩，测量剖面轮廓和所有地质界线点的位置；最后对应连接界线，清绘整理成图。

（2）平板仪法或支矩法。对于规格较大且不规则的探矿巷道、硐室以及露天采场，用导线法编录的工作量大、准确度低，故往往采用平板仪法或放射状导线的支矩法编录。

（3）十字形控制法。该法适用于某些井巷工程（如斜井、上山、沿脉），要求随着工作面的推进，每间隔一定距离即需准确、快速地编制掌子面素描图。其具体作法是：首先从掌子面顶部中点向下画垂线，在距坑道底面一定高度（如 1m 高）位置画水平线，即构成十字形控制基线；然后以钢卷尺或丁字尺为支矩，测量掌子面轮廓和所有地质界线点的位置；最后对应连接界线，清绘整理成图。

5.3.3.2　探槽地质编录

探槽工程的素描，通常绘制一壁一底展开图；当探槽两壁地质现象相差较大时，则需绘制两壁一底展开图。在探槽素描图上，槽壁与槽底之间应留有一定间隔，以便于标记。

A　探槽素描图的展开方法

（1）坡度展开法。槽壁按地形坡度作图，槽底作平面投影。此法能比较直观地反映探槽的坡度变化及地质体在槽壁的产出情况，因而被普遍采用（见图5-7）。

比例尺1:100

图5-7　探槽展开图

（2）平行展开法。在素描图上，槽壁与槽底平行展开，坡度角用数字和符号标注，使用此法者极少。

B　探槽素描图的作图步骤

（1）素描前，首先应对探槽中所要素描的部分进行全面观察研究，了解其总的地质情况。

（2）在素描壁上，将皮尺从探槽的一端拉到另一端，并用木桩加以固定，然后用罗盘测量皮尺的方位角及坡度角。皮尺的起始端（即0m处）要与探槽的起点相重合（见图5-8）。

图5-8　探槽素描距离测量

（3）用钢卷尺沿着皮尺所示的距离，丈量特征点（如探槽轮廓、分层界线、构造线等）至皮尺的垂直距离及各特征点在皮尺上的读数。若地质体和探槽形态比较简单，控制测量的次数可以减少；相反，对形态比较复杂的地质体，则应加密控制。

（4）根据测得的读数，在方格纸上按比例定出各特征点的位置，并参照地质体出露形态，将相同的特征点连接成图（见图5-9）。

图 5-9　探槽素描图（壁）

（5）测量地质体产状，并将产状要素（一般是倾向、倾角）标注在槽壁相应位置的下方。

（6）槽底的素描可采用以壁投底的方法，即将槽壁底界的地质界线点垂直投影到紧靠素描壁一侧的槽底轮廓线上，然后根据地质体的走向与探槽方位之间的关系，绘出槽底素描图（见图 5-10）。

图 5-10　探槽素描图（壁、底）

（7）在进行探槽素描的同时，应进行文字描述、采集标本、划出采样位置，并将标本和样品的位置及编号标注于图上（见图 5-11）。

（8）进行室内清绘，要求素描图内容齐全（见图 5-12）。

C　注意事项

（1）当地形坡度大、探槽延伸较长时，如按坡度展开，则图面上探槽末端的槽壁与槽底分离太远。此时应采用分段素描或槽底连续而槽壁分段错动素描为好（见图 5-13）。槽壁分段错动后，应使各分段之间的地质现象及槽壁轮廓严格地吻合。

（2）当探槽转弯时，可以拐弯处为界分段素描；也可将槽底按实际延伸方向画，而在

图 5-11 探槽素描图（采样位置）

起点坐标 $\begin{aligned}x &=\\ y &=\\ H &=\end{aligned}$

比例尺 1:100

样品编号	采样位置/m		样长 /m	分析结果/%
	自	至		

图 5-12 完整的探槽素描图

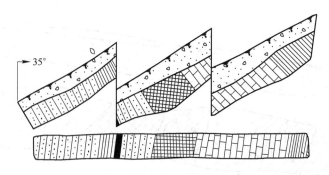

图 5-13　槽底连续而槽壁分段素描图

槽壁的拐弯处画一垂直线，并标出拐弯后的探槽方位（见图 5-14）。当采用后一种方法画拐弯探槽时，有两点是需要注意的：

1）地质体在槽壁上所表现的视倾角，将随着探槽方位的改变而发生变化。因此，在拐弯处的岩石层视倾角线表现为折线。

2）以壁投底时，应将拐弯后的槽壁底界上的分层界线点及槽壁底部端点，垂直投影到拐弯前槽底方向的延长线上，然后量取自槽底拐弯处至这些投影点的长度，并以此长度确定这些投影点在拐弯后槽底上的位置。如图 5-14 中，aa' 和 bb' 垂直于 AB 延长线 BC，Ba'' 和 Bb'' 的长度分别等于 Ba' 和 Bb'。

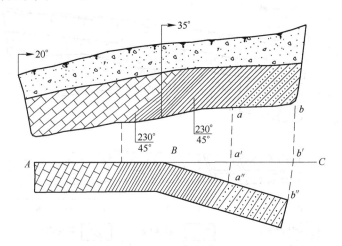

图 5-14　拐弯探槽的画法

5.3.3.3　浅井地质编录

浅井地质编录应随着工程施工的进展，每掘进 1～2m 后应及时进行。浅井工程的素描一般是作四壁素描展开图。如果地质情况比较简单，也可只素描相邻的两壁，甚至是一壁。井底素描图一般可以不作。

A　浅井素描图的展开方法

（1）四壁平行展开法。将浅井从工程起点处拆开，四壁按逆时针方向并立展开。如需作井底素描时，应将井底图形画在第一壁的下方。此法能比较直观且完整地表示浅四壁的地质现象及其相互关系，图面紧凑而美观，素描及利用资料都比较方便，因而被普遍地采用（见图5-15）。

图 5-15 浅井素描图

（2）四壁十字展开法。采用此法作图时，井底在中央，四壁分开且呈十字状。此法的缺点是四壁的地质现象被人为地分割开，而且图件不美观，因此很少采用。

B 浅井素描图的作图方法与步骤

（1）选择某一井壁角顶作为工程起点，将皮尺的零点与工程起点重合，使皮尺在井中处于垂直状态。

（2）测量井壁方位，丈量各井壁的宽度。

（3）在方格纸的适当位置用四壁平行展开法作出四壁轮廓的图形，上端注明各井壁方位，并在第一壁（一般是把平行勘探线的一个长壁作为素描图中的第一壁）的外侧画上垂直的长度分划线。

（4）以皮尺作垂直标尺，以钢卷尺作水平标尺，从上到下逐一测量各井壁地质界线的出露位置，并按比例将其画在图上。

（5）采集的标本、样品，按实际位置标在图上。

（6）测量产状，添绘岩石花纹及有关注记，进行文字描述以及室内整理和清绘工作（见图5-15）。

C 其他浅井素描图的作图方法

浅井包括天井、竖井、暗井、漏斗、溜矿井等垂直坑道，其编录方法与上述浅井的编录方法相同。

（1）天井的素描方法。当矿体形态简单或矿体急倾斜时，一般素描一壁；如果矿体形态复杂或矿体缓倾斜，一般作四壁展开图（见图5-16）。

（2）竖井的素描方法。方形竖井的素描方法同于天井，作四壁展开图；圆形竖井则采

编录日期		中段		坑道号			素描者	
坑道方位		始距		号测点	m	终距	号测点	m
长度			累计长度			比例尺	1:100	
地 质 描 述								
(1)0～4m为铅锌矿及黄铁矿。铅灰色及青灰色。					索引图　比例尺			
(2)4～7m为石灰岩,穿插网状方解石细脉,在东壁3.80～6.00m处见有0.2m矽卡岩(SK)脉,在北西壁4.5～6.5m处有一小溶洞,内充填破碎角砾,胶结物以钙质为主,并穿插方解石细脉。					检查人修改补充			
(3)7m以上为青灰色石灰岩。								
矿体产状320°/∠45°								
					检查者			
					检查日期			

(a)

(b)

图5-16　某铅锌矿天井四壁展开图（规格：11cm×17cm）

（a）正面；（b）背面

用偶数等分圆周展开法（见图5-17），偶数的多少以每个等分弧长不大于3.5m为限，等分的第一条线应与竖井测桩线一致，然后依次展开，并以井筒中心线为基线，采用放射状支距测量，将地质界限正投影于展开图上。

5.3.3.4　穿脉地质编录

穿脉及石门地质编录，通常画两壁一顶展开图（见图5-18）。

A　穿脉素描图的展开方法

（1）压平法（压顶法）。此法作成的图，展开时两壁向外掀起，顶板下压，好像把坑道压平似的（见图5-19（a））。此法所示地质现象互相衔接，作图和阅图都比较方便，所以最为常用。

（2）旋转法（翻转法）。此法以坑道一壁的底线为轴，从另一壁底线处拆开，使坑道顶板及两壁整体地沿顺时针方向翻转过来，水平铺开（见图5-19（b））。此法作成的图件，虽然顶板与两壁的地质现象能互相衔接，但其相对位置中所直接观察的内容却与实际情况整体相反，故作图和阅图都不方便，采用者不多。

图5-17　圆形竖井展开图

(a)

样品编号		12	13	14	15
样品长度		1.11			
分析结果/%	Pb	5.05			
	Zn	8.93			

(b)

图 5-18 穿脉素描图及样品标识表

（a）穿脉素描图；（b）样品标识表

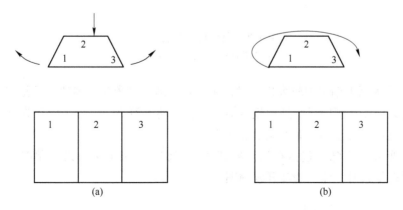

图 5-19 穿脉素描图展开方法

（a）压平法；（b）旋转法

B　穿脉素描图的作图方法与步骤

（1）素描前，应对坑道进行安全检查，然后对地质情况做总体了解。必要时可清洗坑壁，使地质现象显露出来，以便于观察和素描。

（2）将皮尺挂在顶板中线上，测量坑道的方位角及坡度角，丈量顶板宽度及坑壁高度。

（3）在方格纸上用压平法按比例尺画出坑道两壁及顶板的轮廓，标注坑道方位，画出长度分划线。坑道的轮廓既可按实际形态画，也可画成规整的长方形，但同一矿区的坑道轮廓必须统一。

（4）以皮尺作水平标尺，以钢卷尺作垂直标尺，测定坑壁和顶板上的地质界线，按比例尺绘于图上。

（5）将样品、标本的位置及编号标在图上。

（6）测量产状，添绘岩石花纹及有关注记，进行文字描述。

（7）室内整理与清绘。

C　几种特殊情况

（1）当坑道弯曲较大（大于15°）时，应以拐弯处为界分段素描；当坑道弯曲不大时（小于15°），其展开格式有如下两种：

1）顶板按实际弯曲方位保持完整，相向弯曲的坑壁出现重叠，背向弯曲的坑壁发生拆开，如图5-20（a）所示。

2）背向弯曲的一壁保持连续完整，相向弯曲的一壁及顶板发生拆开，如图5-20（b）所示。

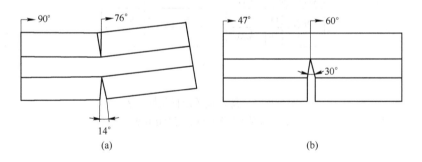

图 5-20　拐弯坑道的展开格式
（a）背向拆开；（b）相向拆开

（2）当顶板因坍塌出现较大拱形时，所看到的地质现象是一弧段。素描时，应将弧段内的地质现象点顺其倾向投影到顶板素描图上，如图5-21所示，图中AB为坑道顶板（表示顶板矿层应顺虚线投影，而不能沿点线投影）。

图5-22所示为穿脉（包括石门）展开图的实例。一般矿体形态简单时，素描一顶一壁；矿体形态复杂时，作三壁展开素描图。

5.3.3.5　沿脉地质编录

沿脉素描通常只画顶板及掌子面，视需要也可画一壁一顶或两壁一顶（矿体倾角较

图 5-21 当顶板坍塌时的素描图

（a）坑道垂直纵剖面图；（b）素描图

图 5-22 某铜矿穿脉素描图（规格：33.5cm×23.5cm）

（a）正面；（b）背面

小、矿体在顶板和一壁出露或在两壁出露时），其素描方法与穿脉素描相同。掌子面的素描应每掘进一定距离即进行一次，其比例尺与沿脉顶板素描一致。

  素描掌子面时，应根据沿脉顶板上距离掌子面最近的中线桩（控制点）来确定该掌子面在沿脉中的正确位置；然后，在掌子面顶部中点悬挂皮尺作为垂直标尺，以钢卷尺作为水平尺，控制测量掌子面的轮廓及地质界线的位置，按比例画在图上。掌子面的轮廓可按实际形态绘制，也可画成规整的梯形。

  掌子面素描图必须按照次序系统编号，并与顶板素描图放在一起；同时，在顶板素描图上画一直线，以表示其具体位置（见图 5-23）。

图 5-23 沿脉地质素描图

  素描沿脉（包括切割沿脉）时，若矿体形态简单，产状平缓，一般素描一壁或一壁加局部平面及掌子面；若矿体产状较陡，则素描一顶一壁；矿体形态复杂时，作三壁展开素描图。

  下面简单介绍水平坑道素描图的四种展开方式（见图 5-24）。

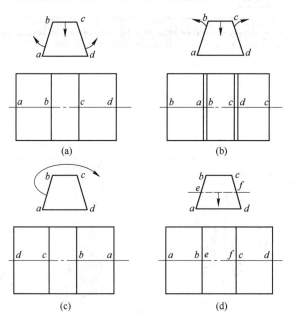

图 5-24 水平坑道素描展开图

（a）两壁内倒式；（b）两壁外倒式；（c）顶壁翻转式；（d）腰切平面式

（1）两壁内倒式。顶板下落，两壁内倒，顶壁相接，便于判断地质构造的空间位置及编图，使用最广。

（2）两壁外倒式。顶板下落，两壁外倒，顶壁分离，素描时对壁上地质现象易于表示，但使用较少。

（3）顶壁翻转式。使用极少。

（4）腰切平面式。不作顶板素描，而用距坑道底面1m或2m（或取样槽）标高的腰切平面代替，两壁可内倒或外倒，图5-24（d）所示为内倒。腰切平面的优点是，避免顶板不平造成的投影误差，特别是对于缓倾斜矿体；腰切平面如与取样平面一致，则便于编制中段地质平面图。对于坑道弯曲的情况，按自然弯曲素描会发生困难，可拉直作图。拉直方式有拉开式、重叠式与拉开重叠三种（见图5-25），多采用第一种。

图5-25 弯曲坑道拉直素描方式
（a）拉开式；（b）重叠式；（c）拉开重叠式

5.3.3.6 斜井地质编录

斜井的素描可视需要画一顶一壁或一顶两壁。斜井素描图的展开方法有两种：一种是坡度展开法，将坑壁按实际坡度画，像翻转的探槽一样将顶板画成水平投影图；另一种是压顶法，此法与穿脉素描类似，只需在素描图中注明斜井的坡度角即可。

倾斜坑道包括斜井、上山及下山。一般素描一壁加局部平面，必要时加掌子面，如图5-26所示。素描时应注意控制坑道倾角。

5.3.3.7 特征素描图

对具有重要研究价值的地质现象，采用特大比例尺的素描专门收集，称为特征素描图。按其内容可分为：

（1）矿区地质及构造类。矿区地质及构造类包括特殊地层、岩层、岩体和构造线。

（2）矿石结构和构造类。矿石结构和构造类包括典型的矿物晶形、粒度、集合体形态和各种结构、构造。

（3）矿体产状、形态类。

（4）矿床或矿体构造类。矿床或矿体构造类包括矿脉、矿岩、矿石品级类型间的穿插、包围关系。

图5-27所示为某黑钨石英脉状矿床的矿床构造特征素描图，示意了矿岩的侵入、穿插关系。

图 5-26　上山素描图

1—矿层；2—底板页岩；3—顶板页岩；4—点号-时间/距离；

5—方位角/倾角；6—采样位置及编号；7—导线点

图 5-27　某黑钨石英脉状矿床的构造特征素描图

1—薄层条带状灰岩；2—燕山早期二幕花岗岩；3—燕山早期三幕花岗岩；4—云英岩化；

5—早期含矿石英脉；6—晚期含矿石英脉；7—不同期岩体侵入接触；8—刻槽取样位置

5.3.4　钻探工程原始地质编录

钻探工程地质编录是根据岩（矿）芯、岩粉以及各种测量数据（孔斜测量、电测井等）进行的。由于主要是间接观察，而且岩芯磨损一般不能百分之百地取出，因此，在钻孔中所搜集的资料远不如坑探编录搜集的全面、完整，而且也不便于进行检查和补充，所以在编录时更要及时、仔细、认真。一般编录内容有检查孔深和进尺，检查岩芯，计算岩

（矿）芯回次采取率，计算换层孔深，计算分层采取率，测量轴心夹角，确定轴心夹角与岩层倾角和钻孔倾角的关系，填写钻孔记录表，修改钻孔预想柱状图，按设计要求检查孔深验证、孔斜测量、简易水文观测等工作，封孔、立标。

5.3.4.1 岩芯钻探地质编录

A 开钻前的准备工作

钻孔施工前，地质人员应根据地表及相邻钻孔（或相邻剖面）的资料，编制钻孔地质技术设计书的地质部分，以便探矿部门编制钻孔施工的技术部分及施工计划和备料。

钻孔技术设计书的地质部分，包括预计钻孔所穿过的地层剖面、见矿部位、风化程度、破碎程度及裂隙发育程度、岩石可钻性等级、对钻孔弯曲度测量、岩（矿）芯采取率、简易水文观测的要求以及其他特殊要求等。

此外，地质人员要会同有关人员共同检查钻机安装质量，其内容包括：钻孔位置、方位、倾角及其他安装质量是否符合设计要求。检查合格后，方准开钻。

B 钻孔施工过程中的地质编录

钻孔开工后，地质编录人员在钻机现场的编录工作包括：检查机台班报表中填写的进尺数，检查孔深，检查岩（矿）芯（包括岩芯票、岩芯编号、岩芯箱编号）并描述，修改钻孔预想柱状图，检查孔斜情况，检查简易水文观测及封孔的质量验收等。

（1）检查孔深。主要步骤如下：

1）检查进尺累计孔深。根据钻探班报表检查孔深的方法是，依次将上一回次的孔深加上本回次的进尺数，即等于本回次的孔深。

2）根据钻具记录核对孔深。钻具总长度减去地距（机台木的厚度，或称台木高度）钻机高度和机上钻杆长度后，若与记录孔深数相符，则说明孔深无误。

3）丈量钻具、验证孔深。单靠机台班报表记录检查孔深不能完全肯定记录孔深正确与否，因为在施工中，人为的和客观的因素都会使丈量的钻具长度产生误差，所以要定期丈量钻具。特别是在见到矿体与重要标志层时、下套管前后，都要及时丈量钻具、校正孔深，孔深允许误差为千分之一，当误差小于此数时，可直接改正记录孔深；大于此数者必须进行合理平差。

4）钻孔终孔结钻时，要用电测深或其他方法检查全孔深度。

（2）检查岩（矿）芯。从岩芯管取出岩芯后，对岩（矿）芯进行编号，其格式可表示为：$15\frac{1}{10}$。其中，分式的整数表示提取岩芯的回次，分母为该回次提取岩芯的总块数，分子为该段岩芯在总块数中自上而下的顺序号码。

岩（矿）芯经整理后，一律按自上而下、从左至右的顺序排列，放入岩芯箱中。回次间用岩芯牌隔开。岩芯箱装满后，在箱旁写上矿区名称、钻孔编号、起止孔深、起止岩芯编号以及岩芯箱的顺序号码。岩芯经检查编号后，要对岩芯进行分层并描述。

（3）修改钻孔预想柱状图。钻孔地质技术设计书中的预想柱状图，往往与钻进中见到的实际情况有一定出入，应根据所取得的实际资料，随时对柱状图进行修改，并根据新资料推测未钻的下段的地质情况，以指导施工。

（4）检查孔斜测量。编录人员要注意检查是否在设计间距进行了孔斜测量，测得结果是否合乎要求，如不合格应采取防斜措施。

（5）检查钻孔简易水文观测情况。简易水文观测是岩芯钻探工作的重要内容之一，目的是获取划分含水层和相对隔水层的位置、厚度等资料，并初步了解含水层的水位。

（6）计算岩（矿）芯采取率。岩芯采取率又称岩芯获取率，即指某一孔段内所取得的岩芯长度与该段进尺长度之比的百分数。

一个回次的采取率称为回次采取率，是本次提取岩芯长与本次进尺－本次井底残余进尺＋上次孔底残余进尺之比的百分数。按岩性分层计算的采取率称为分层采取率，它等于分层岩芯长与分层进尺之比的百分数。

在未进行残留岩芯测量或测量残留岩芯不准时，某个回次因有残留岩芯，而使其岩芯长度大于进尺时，残留岩芯处理方法可参照下面两种方法进行：

1）在岩芯完整时，以本回次岩芯采取率为100%，将超出部分推到上回次计算；如继续超出还可继续上推，一般不能上推超过五个回次。

2）允许同一岩性段五个回次之内的进尺长度之和大于或等于相同回次的岩芯长度之和，然后计算四次平均采取率。

（7）换层孔深计算。在无残留岩芯的情况下，可按下列公式计算：

$$H = H_1 + \frac{m_1}{n} \tag{5-6}$$

或

$$H = H_2 - \frac{m_2}{n} \tag{5-7}$$

式中　H——换层孔深；

　　　　H_1——上回次孔深；

　　　　H_2——本回次孔深；

　　　　m_1——换层处上段岩芯长；

　　　　m_2——换层处下段岩芯长；

　　　　n——岩芯采取率。

当有残留岩芯时，可按式（5-8）计算，如图5-28所示。

$$H = H_2 - S_2 - \frac{m_2}{n} \tag{5-8}$$

或

$$H = H_1 - S_1 + \frac{m_1}{n} \tag{5-9}$$

式中　S_1——上回次残留进尺；

　　　　S_2——本回次残留进尺。

（8）岩层倾角测量。岩层倾角是钻孔中的一项重要实测数据，是了解构造、对比岩矿层、编制地质剖面和进行真厚度计算的基础资料，应在岩芯分层描述的同时，逐层进行测量。

岩芯中的层面呈椭圆形，倾角越大，椭圆的长轴越长。根据岩芯测量岩层倾角（或其与岩芯轴面的夹角）的方法很

图5-28　换层孔深计算

多，一般采用量角器、测斜仪及计算等方法进行。

当钻孔为垂直钻进时，利用上述方法求得的岩层倾角即为真倾角；而当用斜孔钻进时，按上述方法量出的岩层倾角为假倾角，如钻孔弯曲方向垂直于岩层走向而与倾向相反时，则真倾角等于量得的倾角 +90° - 钻孔倾角。

在实际工作中也可直接测定岩层层面与钻孔中心轴的夹角，这对作图与应用来说均较方便；同时也可通过换算求出岩层倾角。

采用一般量角器和测斜仪测定岩层倾角或其与岩芯轴面的夹角时，由于岩芯是弧形面，量角器及测斜仪是平面，所以量出的夹角或倾角往往不准确，误差较大。为此，有的单位对现有的测角仪器进行了改革，专门制作测岩芯夹角的仪器（也可称为岩芯量角器），如图 5-29、图 5-30 所示。

图 5-29　特制的岩芯量角器

图 5-30　岩芯量角器操作示意图

利用专门的岩芯量角器，就避免了采用一般分度器等不适当仪器量倾角或夹角所产生的误差，从而可以提高根据岩芯测量岩层倾角的质量。

（9）填写钻孔记录表。在上述各项工作的基础上，地质人员要及时填写钻孔记录表，其内容格式一般如表 5-3、表 5-4 所示。

表 5-3　钻孔野外记录表

日期	班及回次	进尺/m			岩芯			换层深度/m	岩石性质	岩石等级	标本号码	钻孔水位/m		消耗用水量			孔内情况	备注
		自	至	合计	长度/m	残留/m	采取率/%					起钻后	下钻前	水箱水位高/cm	增加水位高/cm	单位时间消水量/L·h⁻¹		
1	2	3	4	5	6	7	8	9	10	11	12	13	14	15	16	17	18	19

表 5-4　钻孔地质记录表

层位	进尺/m			岩芯		岩性描述	倾角（或假倾角）	岩层假厚度/m		岩层真厚度/m	标本号	采样号	采样位置/m			分析结果	备注
	自	至	合计	长度/m	采取率/%			据岩芯	据测井				自	至	采长		
1	2	3	4	5	6	7	8	9	10	11	12	13	14	15	16	17	18

（10）终孔验收和小结。岩石钻探在完成预计目的之后、停止工作之前，应进行现场验收，检查钻孔任务及其完成程度、钻探质量等，合格后方能结束工作。此外，在终孔之前，地质人员应提出各孔段的封闭要求，交探矿部门设计后，由现场人员执行。

对完工钻孔，必要时应做地质小结，其内容如下：

1）钻孔设计的目的与施工结果。

2）钻孔质量评述。

3）地质矿产特征（主要地质成果及地质矿产新认识）。

4）主要经验教训。

C　钻孔结束后的室内地质编录

室内钻孔地质编录主要是编制钻孔柱状图及其他应完成的地质资料。

钻孔柱状图的编制，主要是根据钻孔地质记录来进行。比例尺的选择以能清楚地表示主要地质现象为准，一般为 1:500 ~ 1:200。为减少图幅，对于岩性简单的厚大岩层，可用缩减法表示。

钻孔结束后应完成的地质资料有：

（1）钻孔柱状图；

（2）钻孔地质记录表；

（3）钻孔结构、孔深校正、弯曲度测量登记表；

（4）钻孔各种采样登记表；

（5）各种鉴定、试验、分析报告；

（6）简易水文地质资料；

（7）物化探测井资料；

（8）封孔设计及封孔记录表；

（9）钻孔质量验收报告；

（10）钻孔地质小结；

（11）岩（矿）芯、标本等实物资料和照片。

5.3.4.2　钻孔弯曲及校正

钻孔在施工过程中，由于地质和技术的原因，往往使钻孔的倾角（或天顶角）、方位角发生弯曲而偏离原设计的位置，特别是斜孔钻进时更容易发生。所以，在编制钻孔剖面图时，必须先校正孔斜与方位。如果未经过孔斜和方位校正，用原设计的钻孔轴线画地质界线和矿体，则编绘的地质界线和矿体在空间位置上会产生很大误差，这不仅影响了所圈定的地质界线的可靠性，而且也歪曲了矿体的形态、产状及其空间分布，影响了储量计算的可靠性和以后开采、开拓巷道的设计。

钻孔弯曲有两种基本情况：钻孔倾角或钻孔天顶角弯曲和钻孔方位角偏移。这两种钻孔弯曲往往同时产生，这是钻孔弯曲的大多数情况，特别是深孔钻进时更是如此。这种弯曲既需要做倾角校正，又需要做方位角校正，否则会影响勘探成果的质量。

A　钻孔倾角的校正

钻孔倾角（或天顶角）的校正有以下三种处理方法：

（1）用相邻两个测点的平均值控制两个测点之间的线段，即钻孔折线上每相邻两点间线段的天顶角或倾角，均等于该两点天顶角的平均值。

（2）用一点测得的天顶角或倾角数据，会影响本点至上一测点间的线段，也就是说，用两测点中的下一个测点的天顶角或倾角，可以控制两点间的线段。当钻孔不深、角度变化不大时，此法是简便而实用的。

（3）使一个测点的天顶角或倾角向上下各影响与相邻测点距离的一半。此法一般较为常用。

现通过表5-5中的测斜资料，具体说明天顶角校正钻孔中轴线的过程。

表5-5　测斜资料

测点编号	测点深度/m	天顶角/(°)	方位角/(°)
0	0	17	90
1	120	19	110
2	230	39	119
3	350	55	122

在编制钻孔中轴线剖面图时，首先根据测斜数据求出制图时的钻孔天顶角转换点的深度，如图5-31中的A、B、C、D及各转换点的控制长度；然后根据各测点的钻孔天顶角及角度转换点和控制长度进行作图；连接OA、AB、BC、CD等折线为平滑曲线，就是天顶角校正后的钻孔中轴线。

B　钻孔方位角的校正

钻孔方位角的校正，是在天顶角校正钻孔中轴线的基础上，根据钻孔轴线的方位角和地质体的产状要素，选择不同的投影方法，作出钻孔轴线及地质体在勘探线剖面上的投影图。现将不同的投影方法介绍如下。

a　投影制图法

（1）法线投影的图解法。以表5-5的资料为例，以图5-31所示为基础，在钻孔轴线的下方绘一水平线（此水平线应视为勘探线剖面的方向线），将O、A、B、C、D各折点垂直投影到水平线上，得O′A′、A′B′、B′C′、C′D′等线段；然后从孔位O′起，在90°方位上取线段长等于O′A′，得点1（在图5-32中1与A′重合）；从点1起在110°方位上取线段长等于A′B′，得点2；从点2起，在119°方位上取线段长等于B′C′，得点3；从点3起，在122°方位上取线段长等于C′D′，得点4。将点O′、1、2、3、4连接起来的折线，就是钻孔轴线在平面上的投影图（见图5-32）。自1、2、3、4各点向上作垂线与水平线交于点1′（在图5-32中1与1′重合）、2′、3′、4′，与剖面上通过A、B、C、D各点的水平线交于点1″、2″、3″、4″，将O、1″、2″、3″、4″这些点连接起来，就是法线投影的钻孔轴线（如图5-32上部所示）。

地质界线点的投影方法，是将天顶角校正后的钻孔轴线上的地质界线点（如图5-32中的点e），沿水平方向投影到钻孔法线投影线上（如图5-32中的点e′）。

通过这种投影方法做出的钻孔轴线为一折线，在实际工作中应用时，则人为地将其圆滑为曲线。

（2）走向投影的图解法。此法是先用与法线投影中同样的方法，作出钻孔天顶角校正

图 5-31　天顶角校正后的钻孔中轴线　　　图 5-32　钻孔法线投影图

后的钻孔轴线垂直剖面图和钻孔轴线水平投影图，然后在钻孔轴线水平投影图上加上矿体（或其他地质体）的走向和倾斜符号（见图 5-33 的下部）。从 1、2、3、4 等点作矿体走向线的平行线，与剖面线交于 1‴、2‴、3‴、4‴ 各点，由这些点向上作垂线并与通过 A、B、C、D 各点的水平线（即法线投影中 1″A、2″B、3″C、4″D 各水平线的延长线）相交于 t_1、t_2、t_3、t_4 各点，将 O、t_1、t_2、t_3、t_4 各点连接起来，就是用走向投影法绘制的钻孔轴线（见图 5-33 的上部）。

（3）视倾角投影的图解法。视倾角的图解法是在法线投影图上进行的。在钻孔轴线水平投影图上，加上矿体的产状要素（见图 5-34 的下部），求出矿体（或其他地质体）沿法线方向的视倾角 ω_2；然后在钻孔轴线水平投影图上（见图 5-34 的下部），以 11′、22′、33′、44′ 为一边，分别作 $\angle 1'11‴$、$\angle 2'22‴$、$\angle 3'33‴$、$\angle 4'44‴$，使其分别等于视倾角 ω_2，延长 11‴、22‴、33‴、44‴ 各边，分别与水平线（即剖面线）交于 1″、2″、3″、4″ 各点。自 1″、2″、3″、4″ 各点向下（或向上）沿垂线截线段 1″t_1、2″t_2、3″t_3、4″t_4，使其长度分别等于 1′11‴、2′22‴、3′33‴、4′44‴，从而得 t_1、t_2、t_3、t_4 各点。将 O、t_1、t_2、t_3、t_4 各点连接起来，就是经过视倾角投影的钻孔轴线。

地质界线的投影方法，是将钻孔法线投影线上的地质界线（图 5-34 中的点 e），沿垂直方向投影到钻孔视倾角投影线上（图 5-34 中的点 e″）。

上述三种投影法，在实际工作中采用哪一种方法比较合适，主要取决于钻孔轴线方位与探线剖面方位的关系。当勘探线垂直岩层（矿体）走向时，法线投影与走向投影的方法是一致的，这时，对于偏离了剖面的探矿工程，用此法投影最简便；当岩层（或矿体）走向与剖面线斜交时，对于偏离了剖面的探矿工程，若采用法线投影法，则剖面上的地质界线与实际相应的界线位置相比，沿剖面方位有水平方向误差，此时用走向投影法为好。视

图 5-33 钻孔走向投影图

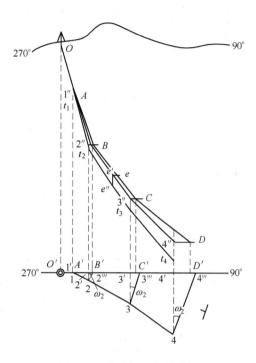

图 5-34 钻孔视倾角投影图

倾角投影法在剖面上改变了探矿工程所见地质界线点的标高，而且投影方法比前两者复杂，故较少采用。

b 计算法

取钻孔任意测斜、测方位点的控制长度 AB（见图5-35），设从 A 点至 B 点的进尺为 L_1，AB 在剖面上的水平投影长度为 L'，AB 在剖面上的垂直投影长度为 ΔZ，AB 段实测钻孔倾斜角为 α，钻孔方位角与勘探线剖面方位角的差角为 β，AB 在剖面上经倾斜角和方位角校正后的斜长为 L，校正角为 γ，校正后斜长 L 在剖面上的水平投影长度为 ΔX，L 在平面上投影的方位线偏离勘探线的距离为 ΔY，根据三角函数关系有：

$$\cot\gamma = \cot\alpha \cdot \cos\beta \tag{5-10}$$

$$L = L_1 \cdot \sin\alpha / \sin\gamma \tag{5-11}$$

$$\Delta X = L_1 \cdot \sin\alpha \cdot \cot\gamma \tag{5-12}$$

$$\Delta Y = L_1 \cdot \sin\alpha \cdot \tan\beta \cdot \cot\gamma \tag{5-13}$$

$$\Delta Z = L_1 \cdot \sin\alpha \tag{5-14}$$

在取得钻孔每个测点的实测孔深、倾斜角和方位角后，即可用式（5-10）计算出校正角（γ），知道了校正角（γ），利用式(5-11)～式(5-14)就可以计算 L、ΔX、ΔY 和 ΔZ。用 L 和 γ 或 ΔX 与 ΔZ 数值便可从钻孔位置开始，从上到下依次连续作各

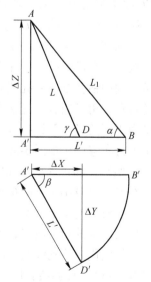

图 5-35 钻孔弯曲
校正角计算图解

段控制长度在剖面上的投影线；用 ΔX 与 ΔY 数值作钻孔在平面上的投影方位线；用 $\Sigma\Delta Z$ 和 $\Sigma\Delta Y$ 还可定出纵投影图上钻孔的位置。

　　用计算法校正孔斜与方位，其计算程序见表5-6。用表中校正后斜长（L）和校正角（γ）的数据，便可在勘探线剖面图上从开孔位置开始，逐段作出钻孔的投影轴线；用 ΔX 和 ΔY 的数据，可作出钻孔在水平面上的方位线。

表5-6　倾斜角和方位角的校正计算表

测量深度/m	控制长度/m	实测方位角/(°)	实测倾斜角/(°)	勘探线剖面方位角/(°)	钻孔实测方位角与剖面线方位角之差角/(°)	校正角/(°)	校正后斜长/m	L在剖面上水平投影长度/m	水平投影结果累计长度/m	在水平面上方位线偏离勘探线长度/m	方位线偏离勘探线长度累计长度/m	L在剖面上垂直投影长度/m	垂直投影线累计长度/m
M	L_1	θ	α	θ'	β	γ	L	ΔX	$\Sigma\Delta X$	ΔY	$\Sigma\Delta Y$	ΔZ	$\Sigma\Delta Z$
0	25	312.5	78	312.5	0	78	25.00	5.20				24.46	
50	50	325	73	312.5	12.5	73.35	49.91	14.27	19.47	3.17		47.82	72.28
100	35	328	71	312.5	15.5	71.58	34.82	11.01	34.48	3.05	6.22	33.09	105.37

　　为了计算方便，可根据公式 $\cot\gamma = \cot\alpha \cdot \cos\beta$ 制成钻孔弯曲校正角 γ 换算表，如果已知 α 角和 β 角，从表中即可查出 γ 角的度数。

　　c　量板法

　　此法是采用投影制图法的原理。从图5-36可见，校正后的钻孔长度 AD 是实打钻孔长度 AB 在剖面上校正后的投影。以 $A'B'$（$A'B' = CB$）为半径的弧线 $B'D'$ 与实打钻孔方位线交于点 D'，点 D' 垂直投于 CB 线上定出 D 点后，解直角三角形（$\triangle ADC$）即可得出校正后的钻孔倾角。因此，确定 D' 与 D 点，就成为投影制图法的关键。

　　同理，若把可能出现的偏离剖面角差不同，且倾角也不相同的钻孔线在一起进行校正，那么取代图5-36上半部图式的，将是一个由倾角不同的钻孔线与钻孔铅垂线（见图5-36的 AC）所组成的大小不一的直角三角形组合（见图5-37上半部）；取代图5-36下半部图式的则

图5-36　量板法投影图

是由不同的弧线及钻孔方位线所构成的同心扇形网（见图5-37下半部）。同时，在扇形网络上分布着许多如图5-36所强调的"D"点，一旦条件（指实打钻孔倾角及偏离剖面的差角）给定，即可求出其相应的"D"点。因此，图5-37所表示的图形，即构成一个确定钻孔在剖面上投影位置的量板。

　　量板结构由上下两部组成，上部由斜线（即直角三角形的斜边）及横线组成一个为三角形所限定的梯形网格，而下部则由同心弧线及其径线构成扇形网。

　　斜线代表铅孔线及其倾角，其分划以1°为宜，依施工钻孔常见的倾角变化，最小倾角可取至40°。而斜线长度依常见剖面比例尺，应不小于铅孔线的最大变化长度。

　　横线仅供校正钻孔长度时投点移线用，必要时其间距可加密至1mm。

　　径线即钻孔方位线，其分划取2°，必要时可增加一扇形网，使角差分划到1°（见图

5-37）。在80°弧线所限定的扇形范围内，径线分划可适当放宽（取4°~8°）以避免线的重合。有需要时，在该范围内可加密径线。

利用量板可进行钻孔倾角、长度校正及制作钻孔平面投影图，其使用方法在制作原理中已有说明，现举例说明如下：钻孔倾角为66°，钻孔长度为AC，偏离剖面角差为35°。

（1）倾角校正。根据数据在量板下部扇形网内定出66°弧线及径线的交点D，D点垂直投于三角形底边，得B点为70°，70°即为钻孔校正角（见图5-38）；若所投的点不在分划点上，可由内插法求得，或用量角器量出B点处三角形顶角。

图5-37　量板

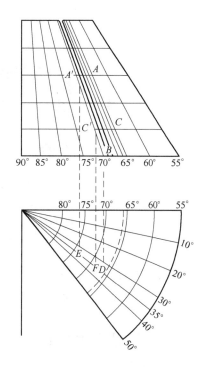

图5-38　量板使用方法

（2）长度校正。在量板上部66°斜线上，按剖面比例尺取实打钻孔长度AC，把AC沿横线移至校正后的70°线上得$A'C'$，$A'C'$即为校正后的钻孔长度，如图5-38所示。

（3）绘制钻孔平面投影图。$A'C'$垂直下投于35°径线上得EF，EF即为实打钻孔AC段在平面图上投影的方位线，如图5-38所示。

上述三种校正方法在勘探的实际工作中均有采用。投影制图法比较简单、易于掌握，但其缺点是精度较差、不便于进行检查。计算法一次计算可多次使用，计算出来的数据既可作探线剖面图，又可作钻孔方位平面图和纵投影图，既省时又省工，并且方便于检查。用量板法更节省计算工作量，故近年来在勘探工作中已越来越多地采用计算法和量板法。

5.3.5 采场原始地质编录

5.3.5.1 地下采场

采矿块段内各种坑道，如切割巷、进路、联络巷、副穿、凿岩道、电耙道、通风井、人行井、充填井、溜矿井、凿岩井、漏斗、上山等，与上述坑道编录方式方法相同。

采场掌子面编录具有一定特点，即大而不规则；地质素描与测量配合进行；素描图实质上是与掌子面总方向平行的投影图。

厚度不大的脉状、层状、似层状矿体，应素描壁式掌子面或上采掌子面、测量人员标测掌子面平面图，地质人员按测点控制测绘素描图，如图5-39所示。

图5-39　房柱法采场掌子面素描图

（a）采场平面图；（b）采场掌子面素描图

1—破碎带；2—致密状矿石；3—浸染状矿石；4—白云岩；

5—拣块法取样位置；6—测点；7—平面上掌子面位置

厚度大的矿体，一般素描上采掌子面。掌子面呈长条形时，用导线法（见图5-40）；掌子面呈等轴状时，用支矩法（见图5-41）。

图5-40　采场掌子面素描方式（导线法）

1—测站；2—取样线；3—测线；4—人行井

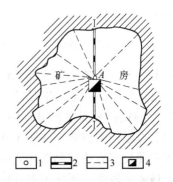

图5-41　采场掌子面素描方式（支矩法）

1—测站；2—取样线；3—测线；4—人行井

5.3.5.2　露天采场

露天采场原始地质编录的对象为掌子面（坡面）、探槽、浅井、浅钻、爆破孔。比较有特点的是掌子面素描，它的编录方式有两种：

（1）掌子面的垂直平面纵投影及平面图，如图5-42所示。

图 5-42 某矿露天采场某平台掌子面素描图

1—铁帽；2—氧化铜矿石；3—白云石化矽卡岩；4—白云岩；5—测点

（2）掌子面的水平平面投影及剖面图，如图5-43所示。

描述内容(略)

图 5-43 某铝土矿露天采场掌子面素描图

前者适用于多品级、多类型矿石组成的厚大矿体，后者适用于缓倾斜矿体。掌子面素描时也由地质、测量人员配合进行，地质人员布置地质点及取样位置，测量人员标测掌子面轮廓及地质点、取样点；最后，由地质人员整理为正式素描图。

5.3.6 综合地质编录

5.3.6.1 综合地质编录的概念与内容

将原始地质编录中所获得的全部地质资料结合起来进行对比，经过分析研究找出各地质现象之间的内在联系，得出有关矿床的总体概念，同时编制各种说明工作区地质条件及矿床赋存规律的图表和地质报告的一整套地质工作，称为综合地质编录。

这一工作的主要内容是进一步全面掌握以矿体为中心的各种地质特征。如整个矿床的构造特征与成矿地质条件，矿体的数目、规模、空间位置与形态，矿床的开采技术条件（包括水文地质条件），矿石的质量与加工技术条件等。所提供的上述几方面综合地质数据不仅是矿山设计、建设和生产的依据，而且还可用来研究矿床的成因和预测矿床未曾了解的某些规律，构造控矿的规律、岩浆的活动规律、矿床的变化规律等。

5.3.6.2　综合地质编录的要求和成果

综合地质编录的要求除有些与原始地质编录相同外，还有如下几点：

（1）综合编录要求及时，经常地进行，并与原始编录紧密配合，实际上原始编录本身也包含部分综合编录的内容，两者是不可分割的。

（2）编录人员应经常深入现场、调查核实资料，如发现问题便及时纠正，防止"闭门造车"，绝不能将综合编录单纯理解为室内整理研究工作。

（3）综合地质编录要求完整地表示整个矿床地质特征的全貌，图幅又不能过大。综合地质编录图件的比例尺一般应比原始地质编录为小，如矿区地形地质图的比例尺一般为 1:2000。

综合地质编录的结果，要求提供三部分较完整的如下数据：

（1）文字报告。文字报告应阐述研究工作区内全部地质工作的内容及成果，包括矿区地层、构造、岩浆活动、变质作用、矿床地质特征（矿体、围岩、蚀变、矿石等）、水文地质、工程地质及勘探工作程度、储量计算和矿床经济评价等。

（2）表格。简单明了地整理原始地质编录中获得的各种数据，编制各种类型的表格，如各种储量计算表。

（3）图件。根据矿床具体地质情况、矿山设计和生产要求，将原始编录图及综合分析结果，编制成一套完整的综合地质图件。一般包括区域地质图 1 张、矿区地形地质图 1 张、勘探线剖面图和中段地质平面图几十张、储量计算图若干张及水文地质图、工程地质图等。

5.3.7　矿山常用素描图

前已述之，在原始地质编录中，采用地质素描图来收集数据是使用最广泛，而且也是最基本的一种方法。将各种探、采工程中所揭露的以矿体为中心的主要地质特征按照一定比例尺绘制而成的地质图件，称为地质素描图。如探槽素描图、浅井素描图、坑道素描图、钻孔柱状素描图等就是几种常见的原始地质素描图。一般情况下，每个工程都要求绘制一张素描图。图上除详细表示以矿体为中心的各种地质现象外，还应有下列内容：矿区名称、工程名称及编号、工程方位及坐标、比例尺、样品及标本的位置与编号、样品分析结果表、工程平面位置图、图例、责任制表等。采矿工作者虽然一般不直接参加现场地质素描工作，但常需查阅和利用这些原始数据，如到现场了解矿床地质条件，核对综合地质资料的可靠性。

5.3.7.1　探槽素描图

探槽素描图是表示探槽所揭露的各种地质现象的图件。一般素描探槽的一底与一帮，只有当地质条件特别复杂时，才素描一底与两帮。实地的槽底与槽帮并不在同一平面上，而制图时则要求绘在同一平面上，为了把空间上两个位置不同的平面绘到同一平面上去，就需要将空间图形展开成平面图。

探槽素描图展开的方式有两种，即坡度展开法与平行展开法。其中坡度展开法使用较多，展开的步骤是：以槽帮所在的平面为基准，将槽底投影到水平面上；再把槽底的水平投影面沿着底和帮交线的投影线旋转到槽帮所在的平面上；最后将槽中的各种地质现象根据所需比例尺缩绘上去，即成一张一帮和一底的探槽素描图（如图 5-12 所示）。

从图 5-12 中可见，槽帮的底线与水平线的夹角就代表了该探槽的坡度角。此外，还会发现槽底比槽帮要短些，这是由于一定坡度的探槽，槽帮是原样的缩影，而槽底却是投影于水平面后的缩影，所以在素描图中槽底比槽帮显得短了些。

5.3.7.2 浅井素描图

浅井素描图是表示浅井（包括圆井和方井）所揭露的地质现象的图件。当地质情况简单时，一般只素描垂直矿体走向的一壁；当地质情况复杂时，则要求素描浅井的四壁，常采用四壁展开图。其展开的方式多用四壁平行展开法：就好像拿一个直立的火柴盒，从接头的地方把它撕开，按顺序展开成一个平面，每壁标上方位；并将浅井中所揭露的各种地质现象，按一定的比例尺缩绘在平面展开图上，即成一张浅井素描图（如图 5-2 所示）。只要掌握了它的展开方式，读图也就比较容易了。其他垂直坑道（如天井、溜井等）素描图的绘制方法均与浅井素描图相同。

5.3.7.3 水平坑道素描图

水平坑道素描图是表示各种水平坑道（如石门、沿脉、穿脉等）所揭露的地质现象的图件。绘制这种图件的关键也是要把空间上三个位置不同的平面，通过展开的方式缩绘到同一个平面上去。其展开的方式也有两种，即内倒式（如图 5-44 所示）和外倒式（如图 5-45 所示）。目前大多数矿山都采用内倒式展开，只有某些矿脉细少、变化复杂的有色和贵重金属矿山采用外倒式展开。

图 5-44 水平坑道展开示意图（内倒式展开）

图 5-45 水平坑道展开示意图（外倒式展开）

坑道素描图的形式较多，如一帮一顶素描图、两帮一顶素描图、顶板及掌子面素描图、矿床特征素描图等。在实际素描时，必须根据具体的地质情况和要求来确定。当地质情况较简单时，穿脉坑道中可用一顶和一帮素描图，沿脉坑道中则常用顶板及掌子面素描图，如图 5-46 所示；当地质情况较复杂时，则多采用两帮一顶素描图，图 5-47 所示就是一张内倒式展开的水平穿脉坑道素描图的实例，它的展开方法相当于顶板不动，以两帮与顶板的交线为轴，将两帮向上翻转至顶板所在的平面内，同时将坑道中所有地质现象按一定的比例尺缩绘到平面图上，即成为一张完整的坑道地质素描图。阅读这种图时，就好像是人站在坑道顶上向下看坑道的顶板和翻转后的两帮。

图 5-46　沿脉坑道顶板及掌子面素描图实例
1—富矿体；2—贫矿体；3—角斑岩；4—花岗岩；5—取样位置与编号

图 5-47　水平穿脉坑道内倒式展开素描图实例
1—矿体；2—石灰岩；3—硅质灰岩；4—标本采集位置与编号；5—山坡堆积；6—样品采集位置与编号

此外，还需简单说明一下在素描时对拐弯坑道的处理方法。当坑道弯度不大时（即坑道方位角的改变小于 10°），仍可按直线坑道进行素描；当坑道弯度较大时（即坑道方位角的改变大于 10°），有两种处理方法：一是分段素描，二是采用展开图的形式进行素描。拐弯坑道所采用的展开图的形式又有两种：一是以坑道的一帮为基准，将顶板和另一帮按坑道拐弯角度的大小拉开，具体如图 5-20（a）所示；另一形式是以顶板为基准，根据坑道拐弯角度的大小，将一帮拉开，另一帮重叠，如图 5-20（b）所示。目前矿山上多采用后一种形式。

5.3.7.4　钻孔柱状素描图

钻孔柱状素描图是记录钻孔所揭露的地质现象的图件。其绘制方法是，根据在钻进过程中所提取出来的岩（矿）芯，以自上而下的顺序，在图上采用各种符号将不同的岩性或矿体，以一定的比例尺，缩绘成一个柱状，这就是钻孔柱状图的主要部分。钻孔柱状图的格式和应表示的主要内容如图 5-48 所示：钻孔坐标及方位、倾角反映了该钻孔的空间位置,孔径是表明该钻孔的参数(不同目钻孔的孔径是不一样的),层位是表明此钻孔所探明区域的地质层位数,此外还注有相对应深度、厚度及岩芯采取的相对应参数。柱状图是用特定的岩性符号表示的所钻钻孔穿越层位(并标有鉴定标本的位置),柱状图中的岩性描述则是对层位岩性的描述,描述的内容包括岩石名称、颜色、结构、构造、矿石矿物和脉石矿物;节理和裂隙的发育程度;蚀变程度、蚀变矿物以及其他一些显著的地质特征等。柱状图后面则是样品采集的参数及化验分析结果数据。

<h2 style="text-align:center">钻 孔 柱 状 图</h2>

开孔日期:　　　　　　勘探线号:　　　　　　　孔口坐标:x =　　　　　　　钻孔倾角:
终孔日期:　　　　　　　　　　　　　　　　　　　　　　 y =
终孔深度:　　　　　　孔　　号:　　　　　　　　　　　z =　　　　　　　钻孔方位:

回次进尺 /m			岩芯采取		换层深度 /m	层位	柱状图 1:200	岩性描述	取样情况				化验结果/%			钻孔结构
自	至	进尺	岩芯长/m	采取率/%					编号	自	至	样长/m	TFe	S	P	

孔深测量结果　　　　　　　　　　　　　　　　　　　　　　钻孔弯曲度测量结果

图 5-48　钻孔柱状图示意图

钻孔柱状素描图的具体识图步骤是:
(1) 明确该钻孔所穿越的层位数。
(2) 了解每个层位的深度及层位厚度。
(3) 看岩芯采取是否符合标准,以保证该钻孔的有效性。
(4) 结合柱状图,重点了解每个层位的地质特征及相关内容的描述。
(5) 对照柱状图了解工程取样的位置,并分析其布置的合理性;结合化验分析结果数据,明确矿体的空间分布规律或矿岩接触的规律。

5.4　矿山地质图件

　　矿山生产中,地质工作主要是通过地质图件来说明地质问题,地质资料能直观地反映地质变化程度,同时在矿山生产中地质图件也是矿山地质工作的主要成果之一。

5.4.1　矿山地质图绘制

5.4.1.1　矿山地质图的基本信息

A　矿山地质图基本要素
矿山地质图件是反映矿山地质信息的重要表达方式,所以,有效地理解地质图件上所反映的基本信息是十分重要的。日常生产类图件包括分层地质平面图和分层工程布置图等，应该含有图名、比例尺、图、图例、图签及坐标（有坐标网格、绝对坐标和相对坐标）等几种要素。

（1）图名。图名表明本张图纸所反映的基本信息。

（2）比例尺。比例尺表明图上线段长度与真实长度的比值。

（3）图例。图例明确图中的线条、图案或数字符号所代表的特定信息。

（4）图签。图签也称标题栏，包含图名、编制、制图、审核、总工程师、比例尺、图号、资料来源和日期等内容。图的类型不同，图鉴的格式也各不相同。

B　矿山地质图基本内容

各类矿山地质图件由以下四部分内容组成：

（1）测量内容。测量内容是制图的基础（底图），包括坐标网及坐标线、控制点及测点、等高线、地形地物等。

（2）地质内容。地质内容包括地层、岩性、岩体及岩相、各类构造线；矿体及其夹石；矿石品级和类型。

（3）工作及工程内容。工作及工程内容包括勘探线、各类探采工程；取样位置及编号；采标本位置及编号等。

（4）专门性内容。专门性内容是某些专门性图纸的特殊内容，如储量计算图的储量计算内容、标高等高线等。

5.4.1.2　矿山地质图的切制方法

A　地质切图的种类

（1）由垂直图切水平图。根据勘探线剖面图或其他地质剖面图，切制预测中段、分段或平台地质平面图。

（2）由水平图切垂直图。根据中段、分段或平台地质平面图，切制预测地质剖面图。

（3）由垂直图切水平图，再转切其他方向的垂直图。

（4）由水平图切垂直图，再转切其他方向的水平图。

（5）由一个方向的垂直图切制其他方向的垂直图。

上述的第（1）种及第（2）种是基本地质切图。

B　中段或平台地质平面图的切制

中段或平台地质平面图切图步骤及方法如下：

（1）根据实际工作需要确定切图标高。

（2）取坐标网格，要求对角线误差小于1mm；同时取勘探线。

（3）从各种剖面图的切图标高线上切取各类工程及地质界线。

（4）作地质界线联图。考虑地质界线的性质、产状趋势，正确连接地质界线。注意先新后老、先外后内、先主后次、先含矿层后矿体。如果中段或平台标高切过地形等高线，则低于等高线部分不能连线。

（5）参考上、中段实测图，修正预测图。修正时将各中段图与预测图按坐标网重合，对照矿体、构造线的位置、形态、长度、厚度、分支复合、侧伏、蚀变、岩脉、断裂等自上而下的变化规律，修正预测界线。

（6）成图。上墨清绘，按规定注明图名、比例尺、图例、责任表及绘图框。

C 地质剖面图的切制

依据中段、分段或平台地质平面图切制地质剖面图，步骤如下：

（1）确定剖面图切面位置。

（2）取坐标线（最密的一组）、标高线。注意图纸的方位，自上而下、由左到右为坐标的增量方向。

（3）取工程及地质界线。

（4）地质界线联图。

（5）参考前后实测地质剖面图，对地质界线进行修正。

（6）成图。

需注意的是，如果是在地质纵剖面图上切制，要联结矿体侧伏线。

5.4.2 矿床区域性地质图

每个矿床都产在区域地质的特定部位，受区域的地质发展历史、沉积建造、岩浆活动、构造运动、变质作用及成矿作用等条件的制约。因此，了解和研究一个矿床，是与了解和研究孕矿区域的地质发展史和区域地质特征分不开的。区域性地质图就是反映这些研究成果的图件，主要有区域地质图、区域构造纲要图（或构造体系图）、区域矿产分布图三种。

这类图件的比例尺一般较小，可根据图纸种类和地质工作实际需要的不同灵活掌握。一般为1：20万～1：1万。

此类图纸主要由专业地质部门编制，并移交给矿山使用；但也有些是矿山地质人员根据有关资料综合编制而成，或由矿山地质人员独立进行矿区外围地质测量编制而成。

5.4.2.1 矿区区域地质图

对矿山而言，区域地质图即为矿区区域地质图，如图5-49所示。如果每一个矿山仅仅有矿区地质图，就无从了解矿区外围（区域性）的成矿条件及其与矿床的相互关系，也就无从了解矿床的成矿背景。同时，由于矿床（或矿体）往往有规律地成群或成带分布，同类型的矿床具有相类似的成矿地质条件；反之，相类似的区域地质条件，可能产有同类型的矿床，因而可借鉴区域性的某些成矿规律以指导矿区的地质找矿工作，不断扩大矿山资源和发现新矿种、新矿床，从而延长矿山寿命。因此，区域地质图除反映一般地质内容外，还必须突出矿床（矿点）分布和成矿规律。

（1）比例尺。一般为1：5万～1：1万，有时为1：20万～1：10万。

（2）图纸的内容。应有坐标网、三角点及高程、地形、地物（主要有河流、村镇地名、公路、铁路等）、地质测量成果（矿床、矿点、地层、岩浆岩，主要地质构造，各种探矿工程等），还应配置区域综合地层柱状图、区域主要地质剖面图及图例、图签等。

（3）编图步骤。矿区区域地质图的编图步骤如下：

1）搜集、鉴定和选择有关资料，确定图纸内容。

2）统一图例、符号和标准，确定地层、岩石的划分单位、标准和命名。

3）绘制坐标网。

图例：

E_2 下第三系上部	断层	γ_5 燕山密花岗岩	硅化带
E_1 下第三系下部	不整合	γ 花岗岩(时代不详)	异常点
P_{z1} 下古生界不分层	浅色层	β_5 第三纪玄武岩	勘探范围

图 5-49　某矿区区域地质图

4）编制区域综合地层柱状图。

5）根据已有资料编制地质草图。

6）在地质平面图上切制 1~2 个区域地质剖面图，并附在图的下方；或者附上实测地质剖面图。

7）附图例、图签。

8）在编制上述草图的基础上，进一步补充、修改成图，交主管技术负责人审核、绘图人员清绘。

（4）地质剖面图的编制。一幅正式的区域地质图应附有 1~2 条穿过全区的剖面图（一般应大致垂直于主要构造线），其编制方法与要求有别于地质平面图，现做如下介绍：

1）图名。剖面线在地质平面图上的位置，要用一条细实线表示出来，两端注上代表剖面顺序的数字或符号，如 1—1′、A—A′ 等。地质剖面图的图名即以代号表示，如 1—1′

剖面图或 A—A′剖面图。

2）比例尺。地质剖面图比例尺一般应与区域地质平面图比例尺一致，分别以垂直和水平两种形式表示，垂直的称为垂直比例尺，用线条比例尺表示，设置在剖面图两端。高程起点标高从本区最高、最低区间范围内权衡确定。如果剖面图附在地质图的下方，而且水平比例尺与地质平面图比例尺相同时，则水平比例尺可省去；如果两者的比例尺不同，就应予以注明；有时为了表示垂直方向上的细部变化，往往将剖面图的垂直比例尺放大，此时也应注明。

3）图例。剖面图的图例应该与地质平面图的图例一样。

4）图面表示。剖面图的两端以垂直比例尺控制剖面边界。在剖面图两边上端要注明剖面方向（用方位角表示）。剖面图的放置原则一般为南端在右，北端在左；西端在左，东端在右；南西端和北西端在左，北东端和南东端在右。

剖面图在地形剖面上应表示剖面切过的特征地物（山谷、山脊、村镇、河流等）和特征地质（矿体、岩层、岩体、构造等）。剖面下部应根据上覆岩层产状和地质构造予以合理推测。

（5）综合地层柱状图的编制。综合地层柱状图一般附在地质平面图图框外的左侧。

1）图名。图名一般称为综合地层柱状剖面图。

2）比例尺。比例尺大小视情况而定，一般要大于地质平面图的比例尺。

3）主要内容表示方法。柱状图中的地层要按其时代顺序来表示，时代新的地层在上，老的地层在下。岩浆岩的构造也要根据时代新老关系和与地层的穿插、切割关系按顺序表示，岩性柱的宽度，要由地层的总厚度和图幅大小来决定，地层总厚度大、图幅大的要宽些；反之，可窄些，一般为 2~4cm。

在时代-岩系一栏中应列出时代及其相应的岩系，即代、纪、世、期、界、系统、阶（组）。地层代号一栏内除了要写上文字符号，还要按国际色谱（或统一规定的色谱）上色。

岩性描述栏中，需描述岩石最主要的特征，如岩石名称、颜色、矿物成分、结构和构造及其他突出的特点等。如果有火成岩侵入，就应该在其相当的时代位置上加以描述。

化石栏中，对化石的描述要用拉丁文字写出所属名称和种类。

综合地层柱状图一般要表示出以上几栏内容，但具体编制时，可根据具体情况做适当的增减。

5.4.2.2　区域构造纲要图

为了突出反映一个地区的地质构造特征，常以该区地质平面图为基础，编制区域构造纲要图（或构造体系图），把各种地质构造突出地表示出来，如图 5-50 所示。

编制区域构造纲要图的目的，就是要突出区域构造特征、反映构造控矿机理、研究构造的控矿规律，从而用于指导普查找矿和地质勘探工作。区域构造纲要图应表示出以下内容：

（1）构造层。在一个地质发展阶段中，岩石、岩相、构造的建造单元和构造层的划分一般以区域不整合面为准，根据矿区地质情况，一个区域可划分为一个或几个构造层。构造层需注明其时代并着色，老构造层颜色深，新构造层颜色浅。

图 5-50   某矿床区域构造纲要图

1—背斜；2—向斜；3—压性断裂；4—压扭性断裂；5—张性断裂；6—扭性断裂；7—断裂；
8—雁行式褶皱；9—钨锡石英脉；10—矿化点；11—砂页岩地层；12—碳酸盐地层

（2）断层。断层应按其性质和序次，以不同的符号表示。推断部分以虚线表示。

（3）褶皱。各种褶皱以褶皱轴表示。背斜、向斜、正长褶皱、倒转褶皱、穹隆、构造盆地，均需以地质制图规范规定的符号表示，其褶皱轴粗细反映了褶皱宽窄，褶皱轴向方向表示褶皱走向，箭头表示褶皱的倾伏方向。

（4）岩体。主要表示岩体的种类、边界及其岩相、岩组特征。

（5）地质体的产状、地层、岩体、构造，必须表明其代表性产状。

5.4.2.3 区域矿产分布图

区域矿产分布图是综合反映区域矿产分布的图件，该图通常是在区域地质平面图或区域构造纲要图的基础上编制而成，重点反映矿床（矿点）、矿化点和异常区（点）的分布情况，并反映出区域成矿作用与区域地层、构造、岩浆岩的相互关系。其编制方法是在区域地质图上，将各类矿床（矿点）、矿化点和异常点，按它们的矿种、类型、规模、产出方式及生产利用、勘探情况，以不同的图例、花纹、文字和颜色表示出来，如图 5-51所示。

如果矿产资料不多，可以合并在区域地质图上，不必单独编制区域矿产分布图。

图 5-51 某矿床矿产分布图

1—第四系；2—含燧石结核灰岩；3—条带状、似扁豆状灰岩；4—白云质灰岩；5—灰白色石英砂岩；
6—暗紫色砂岩；7—中粗粒黑云母花岗岩；8—细粒斑状黑云母花岗岩；9—细粒花岗岩；10—花岗斑岩；
11—石英斑岩；12—煌斑岩；13—辉绿玢岩；14—矽卡岩；15—正、冲断层；16—含钨石英脉；17—地质界线
及推断地质界线；18—背、向斜构造轴；19—背向斜轴；20—大型矽卡岩型钨锡铋钼矿床；21—中型矽卡岩型
钨锡矿床；22—中小型铅锌黄铁矿矿床；23—小型矽卡岩型钨锡矿床；24—小型磁铁矿脉

5.4.3 矿区地形地质图

矿区地形地质图是反映一个地区地形及地质情况的综合图纸。它是在地形图上用不同的颜色、花纹及规定符号，把地表上各种地质体按比例尺缩小后，垂直投影到水平面上的一种图件。一张地形地质图不仅表明地质体在地表的分布，而且还可以反映地下一定深度

的地质情况和该地区地壳发展的历史，并指明可能赋存矿产的地区。

5.4.3.1　地形图简介

在平面图上，除表示地物的平面位置外，还同时反映地势起伏形状的图纸，称为地形图。地形图是野外工作的向导和指南，也是一切地质工作的基础，它是地质勘探、矿山企业设计、基建和生产的重要图纸。地形图是地质图的底图，地质图是在地形图的基础上作出来的，要了解和认识地质图，必须首先认识地形图，掌握地形图的阅读方法，学会使用地形图。地形图是由各种表现地形和地物的线条及符号所构成的，是按照一定的比例尺、图式绘制的水平投影图。阅读地形图时，首先要对比例尺、地形图图式和表示地形的等高线建立清晰的概念。

A　地形图的比例尺

绘制各种图件时，实地的地物必须经过缩小后才能绘在图纸上，地形图也不例外。图上线段长度和相应地面线段的水平投影长度之比，称为比例尺。比例尺有数字比例尺和直线比例尺两种。数字比例尺即为用分数表示的比例尺，例如1:2000、1:5000、1:10000等。直线比例尺是以图形来表示的比例尺，在图上绘一直线，以某一长度作为基本单位，在该直线上截取若干段。这个长度的确定原则是，当换算为实地距离后，是一个应用方便的整数。

B　地形图的坐标系统

在地形图上可以看到有纵横交错的直线，用以表示地形图在地球上的位置，这些纵横交错的直线就是平面直角坐系的坐标线。东西向的线称为纬线，南北向的线称为经线，由经、纬线组成坐标方格网。

（1）平面直角坐标系。平面直角坐标是以赤道为直角坐标的 Y 轴，中央子午线为 X 轴。在平面 P 上画两条互相垂直的直线 XX 和 YY，如图5-52所示，交点 O 称为坐标原点，而直线称为坐标轴。由 YY 轴向上的纵坐标是正坐标，由 YY 轴向下的纵坐标是负坐标；从 XX 轴向右的横坐标是正坐标，从 XX 轴向左的是负坐标。

（2）地理坐标系。地面上一点的位置，在球面上通常是用经、纬度表示的，某点的经、纬度称为该点的地理坐标。如图5-53所示，地理坐标系是用来确定地球表面上各点对于赤道和起始子午线的位置。坐标系内的纵坐标是纬度，横坐标是经度。

图5-52　平面直角坐标系

图5-53　地理坐标系

C 地形等高线

地形图上常用等高线来表示地形，如地势的起伏、悬崖峭壁的分布等。等高线就是地面上标高相同的邻点所连成的闭合曲线。如图 5-54 所示，将不同标高的这种连线用平行投影法投射到水平面上，就得到用等高线表示的地形图。又称为等高线图。等高线都是闭合曲线，曲线的形状根据地形的形状而定。

（1）等高线图的等高距。等高线是通过测量工作绘制出来的，为了使等高线图清晰易读，等高线应按一定间隔来画，两相邻等高线高程的差数（即一定单位的间隔）称为等高距或等高线间隔，同一张图纸上的等高距是相同的。

（2）平距。两条相邻等高线间的水平距离称为平距，如图 5-54 中的 G、G'。平距的大小

图 5-54　用等高线表示地形的方法

是随地面坡度而变化的，坡度陡的地方，相邻的等高线就离得近些，即平距较小；坡度缓处，相邻的等高线就离得远些，即平距较大。各种基本地形及其等高线图如图 5-55 所示。

图 5-55　各种基本地形及其等高线图

（a）山丘及其等高线图；（b）峭壁及其等高线图；（c）盆地及其等高线图；（d）山谷及其等高线图；
（e）峡谷及其等高线图；（f）山脊及其等高线图；（g）鞍部及其等高线图

地面上有各式各样的地形和地物，用来表示地物、地形等的符号即为地形图图式。地形图图式分为三种符号，即地物符号、地形符号、注记符号。图 5-56 所示即为 1:1000、1:2000 的常用地形图图式。

图 5-56　常用地形图图式

5.4.3.2　矿区地形地质图的用途

在矿山建设中，必须对周围环境做系统、周密的调查研究，地面调查的结果可集中体现在地形地质图中，而地形地质图又是进一步调查研究的基础，也是进行矿山设计时的重要资料和依据。在各种不同比例尺的地形地质图中，与矿业开发关系最密切的是矿区（矿床）地形地质图。图的比例尺自 1:10000~1:500 不等，一般为 1:2000。

矿区（矿床）地形地质图是矿区（矿床）范围内地质特征、勘探程度、研究结果的集中体现，主要用于了解矿区地形及地质全貌，是矿山总体设计的主要依据之一，设计中的总图就设计在矿区（矿床）地形地质图上；在绘制矿区各种地质剖面图（如水平断面图、垂直断面图、投影图等）时，它也是基础图件之一；对于已投产的矿山，在采掘过程中遇到的构造、就矿找矿不断扩大储量、延长矿山寿命等问题，也要参考矿床（区）地形地质图上所反映的情况做出抉择；在矿山基建和生产过程中，还要经常参考这种图件来指导施工、生产或修改设计等工作。为此，采矿工作者必须学会阅读、熟练使用地形地质图。

采矿工作者认识、阅读矿区（矿床）地形地质图，就是要从地形地质图上了解地层分布、地质构造、岩浆活动以及矿产分布情况，结合现场踏勘建立起矿区（矿床）地质条件的整体和立体概念，用以指导采矿设计生产实践。一般在该图上应表示出矿区（矿床）地形特点（地形等高线）、重要地物标志、地理坐标，以矿体为中心的主要地质特征、各种勘探工程的位置与编号等。当地形地质条件较简单时，上述全部内容可绘制在同一张图上，即矿床（区）地形地质图，如图5-57所示。但当地形地质条件较复杂时，为了保持图面清晰，可根据具体情况和要求分别绘制突出不同内容的该类地质图，如为了突出矿床的地质特征，图上可不绘地形等高线，称之为矿床（区）地质图；有时为了突出勘探工程布置方式，又可省去地形等高线和部分地质内容，称之为矿床（区）勘探工程布置平面图。一般情况下，该类图件都是由地质勘探部门编制，移交给矿山设计、基建和生产部门使用，在使用过程中再进行不断修改和补充。

图 5-57 矿区地形地质图

1—板溪群上部（硅质板岩）；2—板溪群中部（含铁板岩及铁矿层）；3—板溪群下部（石英云母片岩）；
4—南陀组（石英砂岩）；5—陡山陀组（炭质板岩）；6—寒武系（页岩）；7—铁矿体；
8—花岗岩；9—断层及编号；10—地质界线；11—角度不整合；12—钻孔位置与编号；
13—探槽位置与编号；14—勘探线与编号；15—地形等高线

5.4.3.3　矿区地形地质图的绘制

矿区（矿床）地形地质图是以地形图作为底图来绘制的，内容包括地形和地质两部分，分别由测量人员和地质人员测绘而成。这种图件一般在矿山开采前就已由地质部门填绘出来，矿山基建或投产后只做一些补充或修改工作。

作图步骤一般是：首先，在野外地质调查的基础上，找出各种地质体和地质构造的界线；而后在地质界线上隔一定距离选择一定的地质点，在点上竖一定的标志（如插上带编号的小旗），并将地质点及其附近的地质情况做详细记录；然后用经纬仪或平板仪将地质点测绘在地形图上；再根据调查中所观察到的地质条件及各个地质界线延伸情况，把图上各地质点间的地质界线联结起来。地质点的疏密程度可根据地质条件的复杂程度而定，一般在地质图上，大约每一平方厘米布置一个地质点，地质条件简单时可放稀些，地质条件复杂时应适当加密，尤其是在矿体和围岩的边界线上应适当加密。当有些地方露头被浮土掩盖而又必须了解浮土下面的地质情况（如矿体边界线被掩盖了）时，可以通过各种比较简单的山地工程（如剥土、探槽、浅井等）去揭露地下基岩情况，以便确定地质界线，进行填图。

在野外工作基础上，还要在室内进行许多岩矿鉴定、分析研究和综合整理工作，最后清绘成图。

5.4.3.4　矿区地形地质图的阅读

A　阅读矿区地形地质图的步骤

（1）先看图名、比例尺，再看图例，对地质图幅所包括的地区建立整体概念。

（2）了解图幅位置，识别图的方位，一般以指北箭头为依据。若没有指北箭头，则可根据图的上方指向正北或根据坐标数值向东、向北增大的一般规律来定出图的方向。

（3）详细阅读地形等高线及其所代表地形的特点，了解本图幅所包括地区的地形起伏、山川形势等。

（4）对照图例，了解各种岩层在图中的分布及产状，分析各岩层之间的接触关系和地质构造。

（5）了解岩浆活动的时代、侵入或喷发的顺序，然后根据岩体轮廓，大致确定岩浆岩的产状。

（6）对矿床地质条件进行分析，要分析矿体的分布、形状、产状要素、规模，顶、底板围岩的起点，围岩的产状及构造，控制矿体的构造，矿体受构造控制变形后的形态变化等问题，这些都是矿山设计、基建和生产需要的基础资料。

（7）对过去已经开采过的矿山，还要了解旧坑口位置，以利于考虑以后开采中利用旧坑道的可能性。

B　常见地质岩层的识读

各种产状的岩层或地质界面因受地形影响，反映在地形地质图上的表现情况也各不相同，其露头形状的变化受地势起伏和岩层倾角大小的控制。

（1）水平岩层在地形地质图上。如果地形有起伏，则水平岩层或水平地质界面的出露界线是水平面与地面的交线，此线位于一个水平面上，故水平岩层的露头形态无论是在地面上还是在地质图上，都是一条弯曲的、形状与地形等高线一致或重合的等高线，如图5-58（a）所示。在地势高处出露新岩层，在地势低处出露老岩层。若地形平坦，则水平岩层在地质图上表现为同一时代的岩层成片出露。

（2）直立岩层在地形地质图上。直立岩层的岩层面或地质界面与地面的交线位于同一个垂直面上，露头各点连线的水平投影都落在一条直线上，因此，无论地形平坦或有起伏，直立岩层的地质界线在图上永远是一条切割等高线的直线，如图5-58（b）所示。

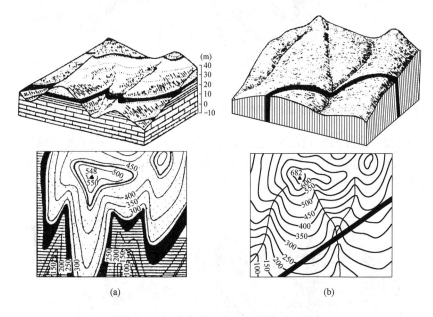

图5-58 水平岩层与直立岩层的露头形态
（a）水平岩层；（b）直立岩层

（3）倾斜岩层在地形地质图上。倾斜的岩层面或其他地质界面的露头线是一个倾斜面与地面的交线，它在地形地质图上和地面上都是一条与地形等高线相交的曲线（见图5-59～图5-61）。在地形复杂地区，岩层露头或地质界面在平面图上呈现许多V字形或U字形，由于岩层产状的不同，在地形地质图上V字形的特点也各不相同。

1）当岩层或地质界面的倾向与地面坡向相反时（见图5-59），岩层露头或地质界面露头线的弯曲方向与等高线一致，且地质界线或岩层露头线的弯曲度小于地形等高线的弯曲度。在河谷中，V字形的尖端指向河谷上游。

图5-59 岩层倾向与地面坡向相反时的V字形露头形态

2）当岩层或地质界面的倾向与地面坡向一致时，若岩层倾角大于地面坡度，则岩层或地质界面露头线的弯曲方向与地形等高线的弯曲方向相反，且岩层或地质界面的露头在河谷中形成尖端指向下游的 V 字形（见图 5-60）。

图 5-60　岩层倾向与地面坡向相同、岩层倾角大于地面坡度时的 V 字形露头形态

3）当岩层或地质界面的倾向与地面坡向一致，且岩层倾角小于地面坡度时，则岩层或地质界面露头线的弯曲方向与地形等高线弯曲方向相同，但岩层露头线或地质界线的弯曲度大于地形等高线的弯曲度，在河谷中形成尖端指向上游的 V 字形（见图 5-61）。

图 5-61　岩层倾向与地面坡向相同、岩层倾角小于地面坡度时的 V 字形露头形态

C　常见地质褶曲的识读

许多地质构造都需要从立体上进行判断，但地形地质图只是一种平面图，要观察地质构造的立体形态，必须通过地质体相互之间的分布关系以及地质体分布和地形之间的关系，来建立地质构造的立体形态概念。

如果褶曲形成后地面还未受侵蚀，那么地面上露出的是当地成片的最新地层，这时只能根据地质图上所标出的各部分岩层的产状要素来判断褶曲构造。大部分地区褶曲构造形成后，地表都已受到了侵蚀，因此构成褶曲的新老地层都有部分出露地表，则在地质图上主要根据岩层（或矿层）分布的对称关系和新老岩层的相对分布关系来判断褶曲构造。

（1）水平褶曲在地质图上的表现。枢纽产状为水平的背斜和向斜，在地形平坦的条件下，它们的两翼岩层在地质图上都呈对称的平行条带出露（见图 5-62），核部只有一条单独出现

图 5-62　枢纽水平的褶曲在地质图上的表现（地形平坦条件下）

的岩层。对于背斜来说，核部岩层年代较老，两翼则依次出现较新岩层，见图 5-62 中左侧部分；向斜则相反，核部岩层年代较新，而两翼则依次为较老岩层，见图 5-62 中右侧部分。

（2）倾伏褶曲在地质图上的表现。倾伏褶曲在地形平坦条件下，其两翼岩层在地质图上也呈对称出露，但不是平行条带状，而是抛物线形（见图 5-63）。若要判断其为倾伏背斜还是倾伏向斜，也需根据核部和两翼岩层的相对新老关系来判断。

（3）短轴褶曲在地质图上的表现。短轴背斜或向斜在地形平坦条件下，其两翼岩层在地质图上也呈对称出露，其形状近于长椭圆形（见图 5-64）。至于是短轴背斜还是短轴向斜，其判断方法同倾伏褶曲。

图 5-63　倾伏褶曲在地质图上的表现
（地形平坦条件下）

图 5-64　短轴褶曲及穹隆或构造盆地
（a～g 为地层层序）

（4）穹隆及构造盆地在地质图上的表现。在地形平坦条件下，它们的岩层露头在地质图上呈圆形或椭圆形出露（见图 5-65、图 5-66）。判断是穹隆还是构造盆地的方法与上述背斜和向斜的判断方法相同。

图 5-65　穹隆在地质图上的表现
（地形平坦条件下）

图 5-66　构造盆地在地质图上的表现
（地形平坦条件下）

D 常见地质断层的识读

大部分地质图上都用一定的符号表示出断层的类型和产状要素，在没有用符号表示断层的产状及类型的地质图上，常画出了断层线，其判断方法与判断岩层面产状要素的方法相似，可以根据断层线和地形等高线之间的关系进行判断。在判断断层两盘的相对位移方向时，平移断层可根据断层线两侧岩层的错开情况直接从图上看出来。而正、逆断层则常根据断层线两侧出露岩层的相对新老关系进行判断，老的一侧是上升盘，老岩层原本在新岩层下面，由于上升就与新岩层挨在一起了，如图5-67 （a） 所示，经剥蚀后，常变为如图5-67 （b） 所示的情况；相反的，新的一侧就是下降盘。地质断层的判断是非常复杂的，断层面的倾角、岩层的倾角、地质构造的破坏都给断层位移关系、断层类型的判断带来许多困难。

图5-67 根据断层两侧岩层新老关系判断两盘的升降
(a) 风化前地层；(b) 风化后地层

E 复杂地质体接触关系的识读

（1）沉积岩的接触关系。沉积岩的接触关系包括整合接触、假整合（平行不整合）接触与不整合（斜交不整合）接触，在地质图上的特征分别为：

1）整合接触。在地质图上，各时代地层连续无缺失，地质界线彼此平行，呈带状分布。

2）假整合（平行不整合）接触。各地层在地质图上的表现和整合接触没有显著不同，必须仔细分析每一个露头线两侧，根据地层的时代是否连续来进行判断。一般在假整合面处常缺失某些年代的地层。

3）不整合（斜交不整合）接触。在地质图上，不整合接触明显地表现为不整合面上、下两套岩层产状不同，并有地层缺失现象。它与下伏岩系各层位的界面成角度相交，而与上覆岩系的界面基本平行，如图5-68所示。

图5-68 不整合接触在地质图上的表现
（a）平面图；（b）剖面图
1—新岩层；2—挤压成褶皱的古老岩层；A—B—不整合面

（2）侵入体与围岩的接触关系。侵入体与围岩的接触关系有三种：

1）侵入接触。岩浆侵入先形成的沉积岩，则在侵入体与围岩的接触带上常出现接触变质现象，在侵入岩中常残留有围岩的捕虏体（见图5-69），沉积岩常被侵入岩共生的岩脉所贯入。若侵入体的规模较大，而且原生岩浆中带有大量汽水溶液，有可能在接触带中形成某些矿床。

2）沉积接触。若侵入岩形成后，由于受侵蚀作用而出露地表，其后随着地壳下降又有新的沉积岩覆盖其上，则在沉积岩层中没有接触变质现象，在侵入岩中也没有它的捕虏体，可在沉积岩层底部出现侵入岩的砾石（见图5-70）。

3）断层接触。如果是在断层错动下形成的侵入体和沉积岩接触，表现在地质图上，断层线比较平直，一侧为岩浆岩，一侧为沉积岩，岩浆岩中有被切断的岩脉等（见图5-71）。

图 5-69　侵入接触
1—侵入岩；2—沉积岩；
3—捕虏体

图 5-70　沉积接触
1—侵入岩；2—沉积岩；3—底砾岩；
4—岩脉；A—B—接触面

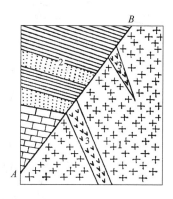

图 5-71　断层接触
1—侵入岩；2—沉积岩；3—岩脉；
A—B—断层面

5.4.4　矿山地下开采地质图

5.4.4.1　矿区地形地质图

矿区地形地质图是矿区总体性设计及部署、长远规划、综合编图、综合研究的依据。有色金属矿山多用1：1000及1：2000的比例尺；黑色金属矿山多用1：1000、1：2000及1：5000的比例尺，详细内容见上一节。

5.4.4.2　垂直剖面类地质图

这类图件的种类较多，但最基本的是横剖面图和纵剖面图两种。二者的主要区别是：横剖面的剖面线方向垂直于矿体走向，用以了解矿体深部沿倾向方向的地质特征及变化情况；纵剖面图的剖面线方向是沿着矿体的平均走向，用以了解矿体在深部沿走向方向的地质特征及变化情况。一般情况下，每一条勘探线都要绘制一张勘探线横剖面图；而对于纵剖面图，每个矿区只要绘制有代表性的 1～2 张即可。垂直剖面类地质图的比例尺一般为 1:2000～1:500。

　　矿山最常用的垂直剖面图是勘探线横剖面图，如图 5-72 所示，其作用是配合矿区地形地质图，了解矿区地质的全貌、矿床的地质构造特征、矿体出露及埋藏情况、矿体厚度和品位沿倾向方向的变化情况；反映矿床纵深变化情况。它是矿山总体性设计、综合编图、综合研究的依据；是绘制水平断面图和投影图的重要基础；在图上附加的储量计算内容，又是垂直断面法计算储量的依据。其比例尺一般为 1:2000、1:1000 及 1:500。图上应标示的主要内容有：剖面地形线及方位，坐标线及高程线，在勘探线上和投影于该勘探线上的各种勘探工程的位置及编号，钻孔终孔深度、采样位置、样品编号及品位；岩层、火

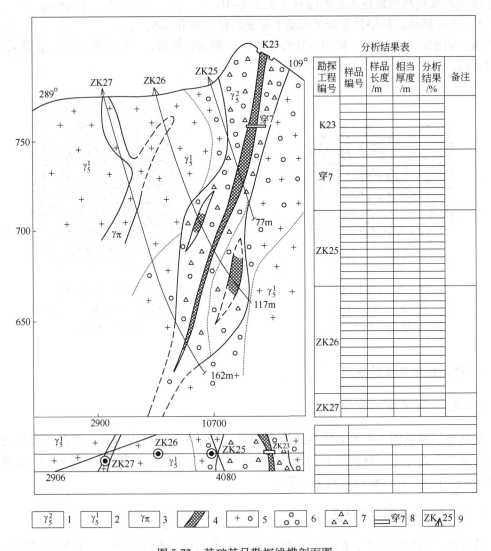

图 5-72　某矿某号勘探线横剖面图

1—二云母花岗岩；2—黑云母花岗岩；3—花岗斑岩；4—矿体；5—蚀变花岗岩；
6—硅化破碎带；7—萤石化破碎带；8—穿脉坑道；9—钻孔

成岩体、矿层（矿体）、构造、围岩蚀变；不同结构类型的矿石分布；化验分析表（也可另列表表示），矿体、围岩的地质界线及产状；断层线及编号；如做开采设计时，还应在此图上绘出各种采、掘（剥）工程（坑道、天井）或露天矿开采界线等的位置与编号，图例、图签等；当与储量计算图合并时，应有各级储量的圈定线，各块段的编号、储量级别及计算参数；在剖面图的下方，一般还应绘出剖面线和平面位置图（包括坐标线、工程位置及编号、钻孔弯曲平面投影线）。

A 剖面图的绘制方法

（1）绘制坐标线。高程应根据矿体产出的区间标高确定，一般以绝对高程（国家测量规范规定以黄海的平均海平面为零米标高计算来表示），也可采用相对高程来表示。水平坐标视剖面与 X 轴或 Y 轴相交情况而定，若剖面与水平坐标垂直相交，其坐标值采用平面值；若剖面与水平坐标斜交，一般选用交角较大的一组，其坐标值的确定可采用两种方法，即 1）投影剖面：水平坐标垂直投影到剖面线上；2）展开剖面：在剖面上按剖面所切实际长度展开。

（2）绘制地形线。根据测量结果或综合地质图，编绘或切制地形，并且要把地表勘探工程（探槽、浅井、钻孔）和地表采矿工程（民窿等）绘在剖面图上。

（3）展绘采掘探矿工程。将井巷工程和深部探矿工程，按测量结果或采用切取法展绘到剖面图上，并注明编号、标记。

（4）圈定地质界线。在各种探矿工程的基础上，经过综合分析、研究和推断，根据矿体等地质体在空间位置的相互关系、产状和地质规律，连接和推断地质界线。

（5）标记储量块段。如果用剖面图来计算储量时，应圈定各种矿石类型、矿石品级、储量的级别界线以及矿层厚度、面积、品位等有关参数。

采用投影法编制的勘探线剖面图，应在图下方绘出勘探线的平面坐标简图、钻孔或其他探矿工程的水平位置及其弯曲、展布的水平投影。

地质界线的连接圈定必须与相应的原始资料相符合，并在综合研究矿床地质规律的基础上，运用地质规律对矿床、矿体作推断圈定。其顺序是：先连接地质界线，后连接矿体。工业矿体应严格按照工业部门确定的储量计算工业指标进行圈定。对于地表钻、坑内钻钻孔的弯曲度，应予以校正。

为了清楚地表现各相邻勘探线剖面间矿体的变化情况，有时在两勘探线之间，辅助编制联合剖面图，这种图件的编制方法和作用与勘探线剖面图相同。

B 剖面图的绘制步骤

该图是在矿床地形地质图和各种探、采工程素描图的基础上编制出来的，其作图步骤为：

（1）先在矿床地形地质图上确定勘探剖面线的方向和位置，地形地质图上的勘探剖面线即为勘探剖面（垂直面）与水平面的交线。

（2）在空白纸上绘出图框，根据矿体产出标高和比例尺的要求作好水平标高线。

（3）根据剖面线与地形地质图上各地形线、地质界线的交点水平间距，转绘出地形剖面及地质界线点，该步骤也常常可以通过实地测量来进行。

（4）将剖面线上的各种探矿及采掘工程按相应的位置投制于图上，并标出各工程所揭露的矿体、围岩，断层等地质界线点及取样位置与编号（见图5-72）。

（5）根据野外观察和室内分析的结果，合理地连接各地质界线点，并在图的下方绘出钻孔平面位置图，在图的旁侧绘出各工程的取样分析结果表。

（6）如在此图上进行储量计算时，还应划分储量计算块段、注明各块段的编号和面积，有时还要求圈出各种矿石类型和不同级别储量的界线。

（7）最后标出图名、图例、比例尺（其要求一般为1:2000~1:500）、图签等，即绘制成一张完整的勘探线横剖面图，如图5-72所示。

至于勘探线纵剖面图，它的作用、表示内容、绘图步骤等，基本上均与勘探线横剖面图相同。

在阅读垂直剖面图时应当特别注意的一点是，剖面图上的矿体、岩层及断层的倾角有时可能是真倾角，有时可能是假倾角，这就应根据地质平面图上剖面线与矿体、岩层及断层走向线之间的关系来判断。当剖面线与走向线互相不垂直时，为假倾角；垂直时，为真倾角，假倾角小于真倾角。但在纵剖面图上，就显示不出矿体的倾角了。

单张垂直剖面图的阅读并不难，比较难的是要能根据一组剖面建立起整个矿体和构造的立体概念。但只要我们细心对准一组剖面之间的标高和坐标系统，明确矿体和构造在图上的相对位置，这一困难是完全可以克服的。为了帮助建立起总的立体概念，特附上由一组剖面所组成的立体透视图（见图5-73），以供练习读图之用。

图 5-73　某铜硫矿剖面组合立体图

1—上二叠系地层；2—上石炭-下二叠系地层；3—下-中石炭系地层；4—混合岩；
5—花岗岩；6—铜硫矿体；7—地质界线；8—断层

5.4.4.3　水平类地质图

这类图件也是矿山常用的一种重要图件，它表示矿体、围岩、构造、矿石质量在某一标高水平断面上的地质特征及变化情况，如中段地质平面图、坑道地质平面图等。这类图件除用于配合地形地质图了解矿床地质全貌外，还在矿山设计和开采过程中用来确定开拓工程位置，制定矿山采掘进度计划，进行矿山开拓、中段开拓、采矿方法、采掘单体的设计，编制生产计划、作为管理生产、综合编图、综合研究的依据，进行储量计算以及指导采掘工程的施工。该类图件上应表示的主要内容有坐标网，垂直剖面线，矿体、围岩的界线，矿石品级、类型的分界线，断层线及编号，各种探采工程，取样位置与编号。当用来进行储量计算时，还应标明储量计算块段和储量级别块段。比例尺一般为1：2000、1：1000、1：500、1：200。

A　水平断面地质图

水平断面地质图，又称为水平切面图或预想平面图。该图的绘制要有两个或两个以上相邻的勘探线横剖面图和地形地质图（或一个已知的水平断面地质图）作为依据。其作图步骤是：

（1）在空白纸上绘好图框，并根据地形地质图绘制坐标网和剖面线的位置。

（2）根据已知的剖面图，将所需某一标高（如图5-74中0m标高）的矿体、围岩、构造的界线点和通过该标高的钻孔，垂直投影到平面图上。

（3）合理连接相同地质体的界线点，最后标

图5-74　绘制水平断面地质图的立体图

出图名、图例、比例尺、图签等，即制成一张完整的水平断面地质图。

B　坑道地质平面图

坑道地质平面图又称为中段地质平面图。当矿床用坑道勘探时或在开采过程中形成中段系统后，即可编制此图。它是以测好的坑道平面图为基础，根据坑道原始地质编录资料和勘探线剖面图绘制而成的。比例尺一般要求为1：1000~1：200。它是地下开采矿山常用的一种地质图件。

a　实测中段地质平面图

（1）根据坑道素描图编制中段地质平面图。当坑道素描是按顶板平均标高测绘时，编图步骤如图5-75所示。

当坑道素描是按距底板1m或2m（或取样槽）标高平面测绘时，除坑道内地质界线按素描图及测点直接量取外，坑外部分要按坑壁素描界线外推。

（2）中段地质填图。中段地质填图是不经过坑道素描，而采用填图方法直接测绘中段地质平面图的一种方法。测图时，按测点定导线，用钢尺测距离，控制地质界线。所描地质界线可以是坑道顶板，也可以是距板1m（或取样槽）标高平面的界线。最后在室内联图。

中段地质填图广泛应用于矿山，其优点在于省去素描工序、节省时间、避免因转绘素描图可能造成的差错。但缺点是工程揭露的有价值细节地质构造不可能详尽地表示出来，弥补的方法是重点描绘特征素描图。

b　绘制中段地质平面图的步骤

（1）在空白纸上绘好图框、坐标网和勘探线的位置。

（2）绘出坑道顶板的轮廓或通过腰线断面的坑道轮廓、通过该中段的钻孔位置、在该中段所打水平钻孔的位置。

（3）将坑道和钻孔中所获得的原始地质资料，如各种素描图中矿体、围岩和地质构造

图 5-75　绘制中段地质平面图的步骤

(a) 坑道测量平面图；(b) 将坑道顶板素描图移绘于中段平面图上；(c) 地质联图

界线点，按比例尺缩绘到坑道或钻孔的相应位置上。

（4）连接相同地质体的界线，并标出图名、图例、比例尺、图签等，即制成一张完整的中段地质平面图，如图 5-76 所示。由于图 5-76 为示意图，故省略了比例尺、图签等内容。

c　多中段复合地质平面图

按矿区统一坐标将矿区相邻中段或分段（有时是全部中段）投影到一张平面图上，得到多中段复合地质平面图（见图 5-77）。该图综合表示出各中段或分段矿体、工程、主要构造的相互关系，是指导管理生产的重要图纸。缓倾斜矿体的各中段复合地质平面图，即矿床（体）水平平面投影图是该类矿床的最基本地质图件；急倾斜矿体则多编制相邻两中段的复合地质平面图。编制多中段复合地质平面图时，为了避免上、下中段工程和地质界线的重叠干扰，可以采用一定的花纹、颜色、符号或上下重叠遮盖关系加以区别，也可通过注明不同中段标高来区分。

水平断面地质图、坑道地质平面图的单张阅读方法与地表为水平的地形地质图相类似，因而并不很困难；比较困难的是把不同水平的一组断面图的坐标系统、矿体、围岩、构造等对应起来进行分析，形成多中段复合地质平面图，从而建立整个矿床（矿体、围岩、构造等）的立体概念。图 5-78 所示为一张由水平断面组合而成的立体图，供练习读图时使用。

图 5-76 某铅锌矿中段地质平面图实例

1—第三系、侏罗系的红色砂砾岩；2—硅化带；3—绢云母绿泥石化带；4—角砾岩化含矿带；5—铅矿体；
6—锌矿体；7—地质界线；8—断层；9—钻孔位置及编号；10—勘探线及编号；11—坑道

图 5-77 多中段复合地质平面图

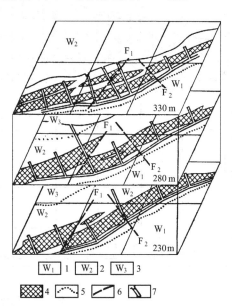

图 5-78 水平断面组合立体图

1—板岩夹灰岩；2—白云质硅化灰岩；3—紫色砂岩夹板岩；
4—矿体；5—地质界线；6—断层；7—平硐及坑道

5.4.4.4 矿体投影图

这类图件表示矿体沿走向延长和侧伏、沿倾向延深，表示各级储量分布以及工程控制程度等整体概念。主要有两种形式，一种是水平平面投影图，它用正投影的方法把矿体和其他地质界线及探采工程等投影在一个水平面上，常用于倾角小于 45°的缓倾斜矿体；另一种是垂直纵投影图。它用正投影的方法把矿体及其他所要表示的内容，投影在和矿体平均走向平行并且放置在矿体下盘的垂直投影面上，常用于倾角大于 45°的急倾斜矿体。矿体投影图是矿山设计和生产中经常要用到的图纸，在矿山设计时，各种开拓系统往往也投影在此图上；在生产阶段，常用来编制采掘进度计划，并在图上表明各中段采掘进度和主要井巷延深的情况。图上应表示的主要内容有矿体投影边界线，各种探矿、采掘工程的位置以及储量计算情况等。

矿体投影图的比例尺一般为 1∶2000、1∶1000 和 1∶500。

A　矿体垂直纵投影图

矿体垂直纵投影图，是将矿体投影到与矿体总走向平行的垂直平面上，适用于矿体倾角为 65°~90°的急倾斜矿体，该图实例如图 5-79 所示。

图 5-79　矿体垂直纵投影图实例

1，2—探明的地质储量；3—控制的地质储量；4—推断的地质储量；5—探槽位置及编号；
6—坑道位置及编号；7—钻孔位置及编号；8—勘探线及编号

编图的简要步骤如下：

（1）按矿体平均走向确定投影线，确定投影面的位置和作图基线；同时取坐标、标高及勘探线。

（2）沿矿体中心线切地形剖面并投影于图上，将已知平面图上的勘探线，用正投影的方法转绘到已画好的空白图框内，并根据矿体产出的标高绘制水平标高线；同时取探槽、浅井、窿口等。

（3）根据已知剖面图上的地形最高点、矿体上下边界线的标高、钻孔与矿体轴面交点标高（也可用钻孔见矿标高或矿体底板标高）、坑道和探槽底板标高等，用正投影的方法在纵投影图上投制出地形线、矿体上下边界线、钻孔位置、探槽及坑道的位置等；同时根据勘探线剖面图，取钻孔、坑道、矿体尖灭点等。

（4）根据中段地质平面图取坑道（一般按沿脉、穿脉、天井的顺序）及矿体尖灭点等。

（5）连接矿体轮廓线，切割矿体的岩脉、断层等。

（6）在矿体内部划分储量级别或开采块段。

（7）成图。

B　矿体水平平面投影图

矿体水平平面投影图（见图5-80）是将矿体投影到水平面上，适用于倾角小于45°的缓倾斜矿体。图上坐标网与矿区地形地质图相同，图纸内容大体上与垂直平面纵投影图相同，此图的绘制原理与方法基本上与地形地质图类似，前文所述的多中段复合地质平面图即为矿体水平平面投影图。

图 5-80　某铝土矿水平平面投影图

1—探明的地质储量；2—控制的地质储量；3—推断的地质储量；4—无矿带；5—矿体露头；
6—露天开采与地下开采分界线；7—储量计算块段分界线；8—勘探线及编号；
9—钻孔位置；10—浅井位置；11—块段编号/矿石品级

C　矿体倾斜平面纵投影图

当矿体倾角介于45°～65°之间时，将矿体投影于与矿体平均倾角一致的倾斜平面上，即为矿体倾斜平面纵投影图。这种投影图的内容与上述两类投影图基本相同，但坐标网格斜交，要通过计算确定，制图过程较复杂，使用较少。

D　多矿体复合纵投影图

将矿区或某一矿化带上的所有矿体投影于一个与矿化总方向一致的平面上（多为垂直平面），称为多矿体复合纵投影图。该图反映了矿体产状、形态、空间位置关系，对制定矿区总体规划、研究矿体空间分布规律具有一定意义。该图纸比例尺一般较小，为 1:5000 ~ 1:2000，实例如图 5-81 所示。

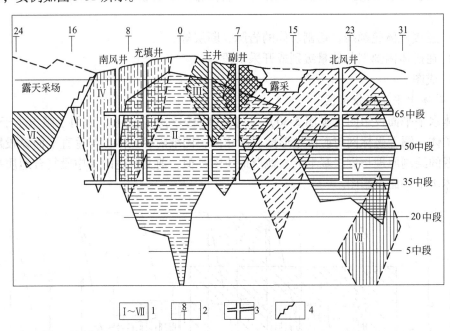

图 5-81　多矿体复合纵投影图

1—矿体及编号；2—勘探线及编号；3—坑道；4—露采边坡

5.4.4.5　等值线类地质图

用一系列的等值曲线分别表明矿体各种地质特征（矿体厚度、底板标高、矿石品位等），这种图件称为等值线图。其种类较多，主要有矿层顶（底）板标高等高线图、矿体等厚线图、矿体等品位线图。

A　矿层顶（底）板标高等高线图

矿层顶（底）板标高等高线图是利用数字标高投影原理，依据矿层顶（底）板实测标高编制的标高等高线图，可以较全面地反映矿层产状、形态、构造及空间变化情况，是缓倾斜层状、似层状矿床，有时是透镜状矿床的基本地质图件之一，是进行总体及单体性设计、制订计划、管理生产及综合研究的依据。比例尺一般为 1:2000、1:1000 及 1:500。

矿层顶（底）板标高等高线图是反映矿体产状、构造和顶（底）板起伏情况的图纸。当矿体顶、底面起伏形态基本一致时，一般只编制底板等高线图即可；如果矿体顶、底面起伏形态很不一致，则常需要编制顶板和底板两种等高线图。其主要作用是用以了解缓倾斜矿体的产状变化（综合顶、底板等高线图，尚可了解矿体的形态变化）；对于某些沉积的层状矿体来说，它常常是储量计算的主要图件；特别是底板等高线图，由于它能清楚地反映矿体底面的起伏情况，所以它又是进行开拓设计（某些开拓工程就设计在此图上）、指导坑道掘进和回采的重要图件。图上应表示的主要内容有坐标网、各种工程位置与编号、各工程的顶（底）板标高、顶（底）板等高线等。其比例尺一般与相同矿区的地形地质图一致。该图是根据所有探、采工程中所获得的矿体顶（底）板标高的资料，采用地形等高线的绘制原理所绘制出来的。

（1）用测点法绘制等高线图。在多中段复合地质平面图上标测点，各点应有矿层顶板或底板的实测标高数字。绘制步骤为：

1）依据坑道素描图，在图上取断层及断层无矿带（正断层）或重叠带（逆断层）。

2）相邻测点间连接辅助线。但判断为褶曲两翼的测点不能相连，辅助线也不能通过断层两侧。

3）辅助线上按等高距离内插等高点。常采用作图法（推平行线法）和样板法。

4）连接等高线并使之圆滑化。

（2）用剖面法绘制等高线图。在多中段复合地质平面图上取一系列剖面线（或利用勘探线剖面），又在各剖面图上按等高距离作平行标高线，切取矿层顶板或底板标高点，将各点移绘于平面图上，连接各点即可得标高等高线图。

实际工作中，由于探采工程布置多与矿层底板有关，因此一般多绘制矿层底板等高线图，有时则顶板、底板等高线图同时绘制，能更好地反映矿体产状和形态。

通过矿层标高等高线图的读图，可从图上准确地判断矿层产状要素，褶曲类型、规模、形态和位置，断层类型、规模断距、产状和位置。

（3）等高线图的绘制步骤。现以底板等高线图为例，说明其作图步骤：

1）按要求的比例尺绘好图框和坐标网。

2）将全部穿矿工程按其在已知平面图上的坐标位置绘于所编图上，并标明矿体在每个工程中的底板标高数字。

3）用插入法求出各个工程之间作图所需的标高点。所谓插入法，就是以规定的等高距离（其数字应根据具体情况和要求而定，且为整数），根据两工程之间的水平距离与底板标高差值的大小，按比例求出两工程之间所需插入的标高点。

4）将标高相同的点连接起来，即为底板等高线。最后标出图名、图例、比例尺、图签等，便作成了一张完整的底板等高线图（见图5-82）。

阅读底板等高线图的要点是：同一条等高线上的底板标高是相等的，因此当等高线大致成平行直线且间距也大致相等时，应为一个单斜矿层，等高线延长的方向即为矿体走向，垂直于等高线、沿着标高值降低的方向即为矿体倾向；若等高线间距不等，则疏处倾角较小，密处倾角较大；若等高线大致对称出现，则标高值中间高、两边低者为背斜，中间低、两边高者为向斜；若等高线不连续，说明出现断层，等高线断开者为正断层，形成无矿带，而等高线局部重叠者为逆断层，形成矿体重复带。可结合图5-82判断出矿体的大致走向、倾角和断层的性质。

B 矿体等厚线图

矿体等厚线图是表示矿体厚度与变化规律的一种图件。其主要作用是：某些矿床（矿体厚度变化较大的矿床）可根据该图确定落矿方式（浅孔落矿或深孔落矿）和划分不同采矿方法采场的分界线；某些沉积层状金属矿床有时还用该图来进行储量计算。图

图5-82   某磷矿底板等高线图实例（比例尺 1∶10000）

1—底板等高线；2—勘探线及编号；3—钻孔位置$\dfrac{钻孔编号}{底板标高（m）}$；4—断层带

上应表示的主要内容有坐标网、各种工程位置与编号、各工程的矿体厚度（一般均用垂直厚度）、矿体厚度等高线等，如图5-83所示。其作图原理与读图方法均与底板等高线图类似。

图5-83   某矿体等厚线图实例

1—矿体等厚线；2—钻孔位置$\dfrac{钻孔编号}{矿体厚度（m）}$

C   矿体等品位线图

矿体等品位线图是表示矿体中矿石品位变化规律的一种图件。虽然不是每个矿山的必备图件，但是有些矿石品位变化较大的矿山还是需要常常使用的。其主要作用是：在采场设计中，往往据此考虑合理的开采边界和确定矿柱的位置，以尽量减少矿石的损失和贫化；在矿山生产中，还用于指导矿石的质量管理工作，如制定配矿计划时，便要参考矿体等品位线图（见图5-84）。

图 5-84　某钨矿等品位线图实例

1—品位小于 0.1%；2—品位为 0.1%～0.5%；3—品位为 0.6%～1%；4—品位为 1.1%～1.5%；
5—品位大于 1.5%；6—地质界线；7—花岗岩；8—寒武系地层

5.4.4.6　储量计算图

储量计算图是专门用来计算和表示储量的数量、级别与分布的图纸。在图纸上应圈定矿体、划分块段、测定面积、表示储量计算参数与结果。该图纸的比例尺由 1:2000～1:500 不等。

储量计算图都是在上述某些图纸的基础上，加上储量计算内容所构成的。它共分为两大类，即储量计算断面图和储量计算投影图。

储量计算断面图又可分：

（1）储量计算垂直断面图。在勘探线剖面图的基础上编制，适用于采用垂直断面法计算储量。

（2）储量计算水平断面图。在中段或分段地质平面图的基础上编制，适用于采用水平断面法计算储量。

储量计算投影图又可分：

（1）储量计算垂直投影图。利用矿体垂直平面纵投影图编成。

（2）储量计算水平投影图。利用矿体水平投影图编成。

（3）储量计算倾斜投影图。利用矿体倾斜投影图编成。

储量计算投影图适用于地质或开采块段法计算储量。

5.4.4.7　单体性地质图件

A　基本内容

以采矿块段（矿块、采场）或盘区为单元编制的地质图件，称为单体性地质图件，也称为矿体（矿块）三面图，它是采矿块段单体（采准及回采）设计的依据。

单体性地质图件的比例尺较大，一般 1:500 及 1:200，有色金属矿山多采用 1:200，部分黑色矿山采用 1:500。该图件的构成、内容的精度、提交的时间均应符合生产的要求。

单体性地质图件由"三面图"构成，即块段上、下、中段平面图或块段内分段地质平面图，块段两侧及中部地质横剖面图，块段纵投影图或纵剖面图。除了图件外，一般还应附有块段储量计算表格及文字说明。块段文字说明也称"块段地质说明书"，一般应有下述内容：

（1）块段位置、编号、四邻、起止坐标、长度和宽度，附 1∶2000 及 1∶1000 索引图。

（2）块段地质构造特点，包括矿体顶板、底板围岩的地层、岩性、岩体、褶皱及断裂构造，对破坏矿体、影响开采的构造和岩体要详细描述。

（3）块段内矿体的厚度（最大、最小及平均值）、产状、形态；矿石主要有用组分及伴生有益、有害组分的品位（最大、最小及平均值），矿石及脉石矿物成分，矿石结构和构造，矿石工业品级及自然类型划分和分布。

（4）块段储量计算。包括矿块面积、平均厚度、体重、品位、块段体积、矿石储量和金属储量。如有不同的矿石品级、类型及储量级别，应分别计算和表示。块段平均品位$\bar{c}$往往根据块段总的矿石储量 Q 及金属储量 P，用反求法求出，表示为：$\bar{c} = P/Q$。

（5）块段矿岩的物理技术性质，特别是硬度级别、稳固性、松散系数、裂隙度等。

（6）块段水文地质条件，包括地下水类型，含水层位，通道，可能的涌水、突水地点，可能的涌水量。

（7）块段采矿工作应注意事项和建议。

提交上述资料的目的在于，使采矿人员明确掌握块段内一切影响开采工作的地质条件。

单体性地质图件的具体构成取决于矿体地质条件和采矿方法、矿块构成参数等因素，形式比较多样化。

B　常用矿块三面图

这类图是比较完整地表达一个或数个矿块内，地质构造特征和矿体空间形态位置的一组图件。其中又包括块段水平断面地质图（即块段地质平面图）、块段地质横剖面图、块段纵投影图三种图件。它们是采准和回采单体设计的必备资料和重要依据。一般情况下，一组完整的矿块三面图是由 2~3 张块段水平断面地质图、2~3 张块段地质横剖面图和 1 张块段纵投影图所组成的，图 5-85 所示即为一组完整的矿块三面图。

矿块三面图的内容、作用、读图方法、作图原理和步骤分别与前面所述的水平断面地质图（即中段地质平面图）、垂直横剖面图、矿体纵投影图基本相似，但又不完全相同，其主要差别有：

（1）从表示的范围来看，前面所介绍的水平断面地质图、垂直横剖面图和矿体纵投影图是从三个不同方向来表示整个矿床（一个或数个矿体）的地质特征和计算矿体的总储量，从而建立对矿床的整体概念；而矿块三面图是从三个不同的方向来表示矿体某一部分（一个或数个矿块）的地质特征和计算该部分矿体的矿石储量，从而掌握一个或数个矿块内矿石的质量、数量以及矿体形态变化的特征。

（2）由于它们所表示的范围大小不一，所以采用的比例尺大小也有差别。因为矿块三面图表示的范围小，故采用的比例尺较大，一般为 1∶500~1∶200；而前述的三种地质图因表示范围较大，故通常采用的比例尺比矿块三面图小，一般为 1∶2000~1∶500。

（3）由于数据的详细程度和要求不同，故作图方法也有所差别。如垂直横剖面图和块段地质横剖面图的绘制方法就有所不同，前者是根据各探、采工程中所获得的原始地质数据直接绘制而成的；而后者是根据已知的两个或两个以上的实测块段（或中段）地质平面

图 5-85 矿块三面图实例

（a），（b）矿块水平断面地质图；（c），（d）矿块地质横剖面图；

（e）矿块纵投影图；（f）矿块立体示意图

1—表内矿体；2—表外矿体；3—夹石；4—断层；5—勘探线；6—坑道；7—天井；8—水平钻孔；9—围岩

图来切制的。块段地质横剖面图绘制（即由平面地质图切制的剖面地质图）的绘图步骤为：

1）在已知的两个块段地质平面图上，绘出块段横剖面线和作图基线的位置。

2）根据已知块段地质平面图的标高，按所要求的比例尺绘出水平标高线和作图基线。

3）以作图基线和剖面线的交点作为控制点，将剖面线与坑道以及地质界线的交点转绘到所编的横剖面图上。

4）参照各块段地质平面图和邻近的已知地质剖面图，合理地连接两中段之间的地质界线，并绘出各工程的位置，即制成块段地质横剖面图。

矿块三面图的阅读，可根据图 5-85 中所附的矿块水平断面地质、地质横剖面图、纵投影图和立体图等联系起来，通过相互对照，便可读出矿块内的各种地质特征，如矿体的形态与产状以及上下盘位置、各类矿石的分布情况、断层的性质与产状等。

5.4.5　矿山露天开采地质图

5.4.5.1　露天采场综合地质图

将矿区地形地质及露天采场形成的台阶等探采工程和揭露的地质构造共同测绘于一张平面图上，反映采场地质与生产的总体情况，该平面图称为露天采场综合地质图。它是露天开采总体性设计、制订生产计划、管理生产、综合编图、综合研究的依据。该图的比例尺一般为 1:5000 ~ 1:1000。

露天采场综合地质图是在矿区地质勘探时所提交的地形地质图基础上编制的，并要求随采剥工作的进展进行定期修改，一般按季或月进行局部测量和修改，年末进行总的修改。图 5-86 所示是某铁矿露天采场年末的综合地质图，可反映该图的一般内容。

$\boxed{Fe_1}$ 1　$\boxed{Fe_2}$ 2　$\boxed{\delta_1}$ 3　$\boxed{\delta_5}$ 4　$\boxed{\delta\pi}$ 5　$\boxed{T_M}$ 6　$\boxed{T_{MD}}$ 7　$\boxed{SK}$ 8　$\boxed{T_b}$ 9　$\boxed{F}$ 10

图 5-86　某铁矿露天采场年末的综合地质图

1—块状矿石；2—浸染状矿石；3—闪长岩；4—蚀变闪长岩；5—闪长斑岩；6—大理岩；

7—白云质大理岩；8—矽卡岩；9—大理岩破碎带；10—断层

5.4.5.2 勘探线剖面图

露天采场勘探线剖面图的内容、格式和作用，均与地下开采同类图件基本相同，主要不同之点是附加了采剥生产内容，如露天开采台阶标高及境界线、边坡位置等。该图纸的比例尺为1∶2000～1∶500，实例如图5-87所示。

图 5-87　某铁矿露天采场某号勘探线剖面图
1—块状矿石；2—浸染状矿石；3—氧化矿石；4—矽卡岩；5—白云质大理岩；
6—大理岩；7—闪长岩；8—蚀变闪长岩

5.4.5.3 露天采场平台地质平面图

露天采场平台地质平面图，也称台阶或分层地质平面图（见图5-88），它反映了采场内矿体在不同标高的水平方向上的变化情况，是采场总体性设计、制订生产计划、生产管理、综合编图、综合研究的依据；若在图上加上储量计算内容，则又是储量计算的依据。该图纸的比例尺为1∶1000及1∶500。

露天采场分层地质平面图可分为三种：

（1）实测分层地质平面图。随台阶的剥离、采矿而逐步测制。测制时，地测人员彼此配

图 5-88 某铁矿露天采场某分层地质平面图

1—高铜磁铁矿；2—低铜磁铁矿；3—高铜磁铁贫矿；4—高铜氧化矿；5—高硫氧化矿；6—低铜氧化矿；
7—蚀变闪长岩；8—大理岩；9—地质勘探钻孔；10—生产勘探钻孔；11—平台探槽取样线；12—勘探线

合，采用地质填图方法制图。台阶探槽对准确确定地质构造界线及圈定矿体起着重要作用。

（2）预测分层地质平面图。是在台阶未开拓前，根据勘探线剖面图切制而成，供台阶开拓设计使用。

（3）多分层复合地质平面图。反映各分层地质构造及矿体变化的相互关系。

5.4.5.4 露天采场矿层顶（底）板标高等高线图

缓倾斜层状、似层状矿床露天开采时和地下开采一样，也编制矿层顶（底）板标高等高线图，以反映矿层的产状、形态、空间位置和内部构造，是采矿总体性设计、管理生产和综合研究的依据。图纸的比例尺为 1:1000～1:500。矿层顶板及底板等高线图可以分编，也可合编，有时只编底板等高线图。图 5-89 及图 5-90 所示分别为某铝土矿同一采场的矿层底板和顶板等高线图，两者所反映的矿层顶板、底板变化情况，可互相比较对照。

5.4.5.5 露天采场储量计算图

露天采场储量计算图和地下开采储量计算图一样，也是在其他地质图纸的基础上编制的，两者的名称、内容、作用均基本相同。一般要求在储量计算图上表示出工程及取样位置、化验结果等资料。

5.4.6 矿体立体图

5.4.6.1 立体图的分类

立体图根据投影方式，分为透视图和轴测投影图。

图 5-89 某铝土矿矿层底板等高线图

1—地质勘探钻孔；2—生产勘探钻孔；3—浅井；4—探槽；5—采场剥离边界；
6—采场采矿边界；7—矿层露头线

图 5-90 某铝土矿矿层顶板等高线图

1—沉积无矿区；2—台阶边坡

A　透视图

透视图根据投影特征以及与投影面的关系，又可分为透视斜投影和透视正投影。

（1）透视斜投影。平行于标准投影面的正视面不变态，其余两个方向面均变态，而且只有一个消失点。透视斜投影图立体感较真实，绘制容易，但 Y 轴度量困难。

（2）透视正投影。三个方向的面均变态，只有 Z 轴不变态；具有两个消失点。透视正投影图立体感较真实，绘制复杂，X、Y 轴的度量均比较困难。

B　轴测投影图

轴测投影图根据投影特征以及与投影面的关系，可分为斜轴测投影和正轴测投影。斜轴测投影根据投影后三轴比例关系，又分为斜等测投影和斜二测投影。正轴测投影根据投影后三轴比例关系，又分为正等测投影、正二测投影和正三测投影。

（1）斜等测投影。投影后三轴比例尺相等，正视面不变态，其余两个方向面变态。其绘制简易、易于度量，但立体失真大、肉眼错觉明显。

（2）斜二测投影。投影后 Y 轴与 X、Z 轴比例尺不等，正视面不变态，其余两个方向面变态。其绘制简易、易于度量、减少了 Y 轴向的视觉差，但仍有较明显的失真。

（3）正等测投影。投影后三轴比例尺相等，三个方向面均变态。其绘制简易、易于度量、视觉差均匀，而且立体感较真实。

（4）正二测投影。投影后有一轴与另外两轴比例尺不等，三个方向面均变态。其绘制简易、易于度量，且立体感较真实。

（5）正三测投影。投影后三轴比例尺都不相等，三个方向面均变态。其绘制比较简便、较易度量、立体感较真实。

立体图依据前述轴测投影和透视投影原理编制。地质立体图中，斜二测、正等测、正二测及透视斜投影较为常用。各种地质立体图的投影方式如图 5-91 所示。

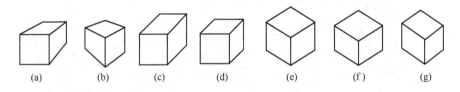

　　　　(a)　　　　(b)　　　　(c)　　　　(d)　　　　(e)　　　　(f)　　　　(g)

图 5-91　各种地质立体图的投影方式
（a）透视斜投影；（b）透视正投影；（c）斜等测投影；（d）斜二测投影；
（e）正等测投影；（f）正二测投影；（g）正三测投影

5.4.6.2　透视斜投影立体图

现举例说明透视斜投影立体图的绘制方法。假如有一矩形六面体，将它的三个面按正投影原理作成三视图，如图 5-92 所示，在图上作辅助网格。由于正视面 $emtk$ 投影后不发生变态，可先在图 5-93 中的水平线 ii' 上切取 tk，并作面 $emtk$，使其尺寸及网格大小与三视图上的完全相等；作 hh' 垂直于 ii'，取 gg' 垂直于 hh'（一般 hh' 为绘图对象 Y 轴长度的 $1\sim2$ 倍），在 gg' 上取点 P（视所选择的对象面，可在左边或右边），连接 eP、mP、kP，相应各网格也延长交于点 P，切取 en'（en' 应略短于 en），并使 $n'o'$ 平行 em、$o'c'$ 平行 mk；延长 em，在 em 延长线上取相等的 4 条线段，并依次标以端点 $1\sim4$（此线段长度可等于辅助网格），将4、o'相连并延长至R，再分别将R与点1、2、3相连，得$1'$、$2'$、$3'$等交点，依据各点作em及mk的平行线，就是辅助网格的透视斜投影。

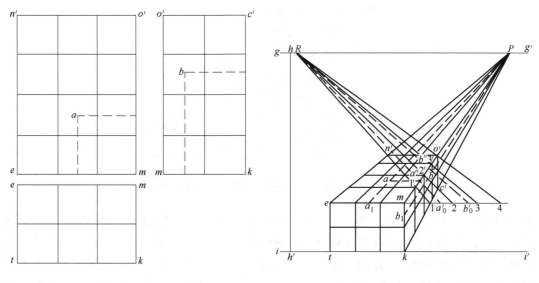

图5-92　矩形六面体三视图　　　　　图5-93　透视斜投影绘图

通过控制辅助网格，可将图上任意点（如图5-92中的点a及点b）按图5-93的方法投影到透视图上。点可控制线，线可控制面，据此即可绘制立体图。例如，某铁矿有四个平行的勘探线剖面（见图5-94），按上述方法绘制的透视斜投影地质立体图如图5-95所示。

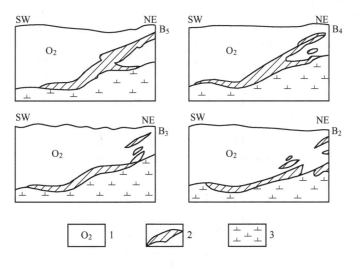

图5-94　某铁矿勘探线剖面图

1—石灰岩；2—铁矿；3—闪长及二长岩

5.4.6.3　斜二测投影立体图

现举例说明斜二测投影立体图的绘制方法。设有一立方体，其正投影的三视图如

图 5-95   与图 5-94 对应的透视斜投影地质立体图

图 5-96 所示。在图纸上取水平线 ii'（见图 5-97），由点 o 作垂线即为 Z 轴，取面 $ob'a'g'$ 使其尺寸等于图 5-96 中的正视图（包括辅助网格）；由 o 引出 Y 轴，使 Y、Z 轴间角等于选定的角度（图中为 45°），按斜二测投影系数搭配方法，切取线段 oe'，使其长度为图 5-96 中 oe 长度的 0.65 倍；由于 $oe' = b'c' = a'd'$，且 $e'c'$ 平行于 ob'、$d'c'$ 平行于 $a'b'$，据此作出俯视图及侧视图（包括其辅助网格）的投影；三视图上各点（图 5-96 中的点 A、B、D），也可用辅助网格控制并投影于相应位置，构成立体图。图 5-98 所示为某铁矿的地质三视图，图 5-99 所示即为根据图 5-98 绘制的某铁矿床的斜二测投影地质立体图。

图 5-96   立方体的正投影三视图

（a）俯视图；（b）侧视图；（c）正视图

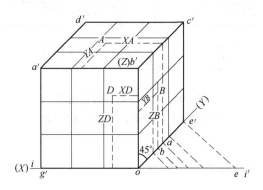

图 5-97   与图 5-96 对应的斜二测投影立体图

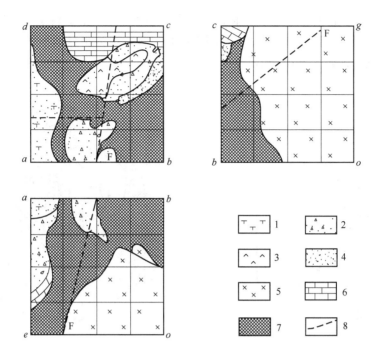

图 5-98　某铁矿的地质三视图

1—鞍山岩；2—凝灰角砾岩；3—鞍山玢岩；4—鞍山质凝灰岩；5—闪长岩；

6—硅化灰岩；7—含矿鞍山玢岩角砾岩；8—断裂带

图 5-99　与图 5-98 对应的斜二测投影立体图

5.4.6.4　正等测投影立体图

现举例说明正等测投影立体图的绘制方法，根据正等测投影各要素之间的关系，正等测投影 $\alpha = 35°16'$，$\delta = 45°00'$，$\tau = \lambda = 30°$。依据图 5-96 给出的资料在绘图纸上取水平线 ii'，如图 5-100 所示，由 o 点作 X、Y 轴与 ii' 成 30°夹角，取线段 oe、og、ob 等于原立方体边长（三轴缩短系数均为 0.8165 ，制图时取 1），则依据作平行线的方法使之相交封闭，绘出如图 5-100 所示的正等测投影立体图。同样，利用图 5-98 的资料绘制的某铁矿正等测投影立体图，如图 5-101 所示。采用水平断面组合（即中段或平台地质平面图组合）的正等测投影立体图，则如图 5-102 所示。

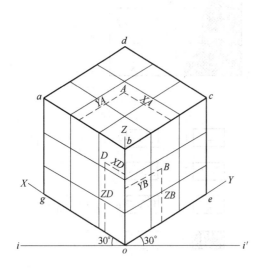

图 5-100　与图 5-96 对应的正等测投影立体图　　　　图 5-101　与图 5-98 对应的正等测投影立体图

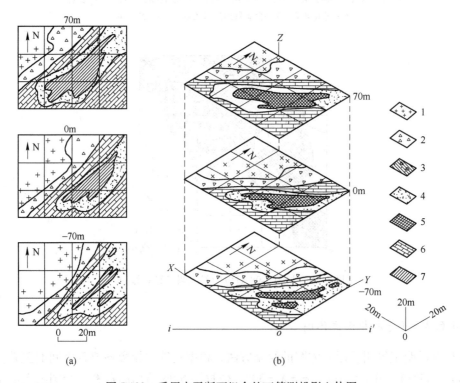

(a)　　　　　　　　　　　　　　　　　　(b)

图 5-102　采用水平断面组合的正等测投影立体图

（a）中段平面图；（b）立体图

1—花岗岩；2—角砾岩；3—灰岩；4—浸染状矿石；5—块状矿石；6—砂质页岩；7—页岩

5.4.6.5 正二测投影立体图

现举例说明正二测投影立体图的绘制方法。依据图 5-96 的资料，选定 $\alpha = \delta = 45°$，根据正二测投影各要素之间的关系得：$\tau = \lambda = 35°16'$，三轴的缩短系数比为 $X:Y:Z = 1:1:0.8165$。在如图 5-103 所示的图纸上取水平线 ii'，由 o 点引 Z 轴及按 $35°16'$ 引 X、Y 轴，oe、og 等为原长，ob 按缩短系数 0.8165 换算，由点 e、b、g 分别作平行线并相交封闭得立体轮廓；从 g 引任一线段 gc'，使其长度等于原边长 ob，用作平行线法确定 Z 轴辅助网格，由于 X、Y 轴方向上，线段均为原长，辅助网格不难确定，则构成如图 5-103 所示的正二测投影立体图。同样，依据图 5-98 的资料绘制的某铁矿正二测投影地质立体图，如图 5-104 所示。

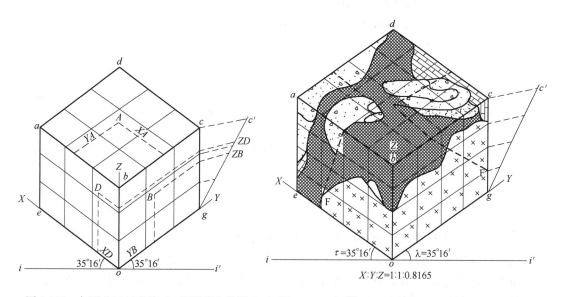

图 5-103 与图 5-96 对应的正二测投影立体图　　图 5-104 与图 5-98 对应的正二测投影地质立体图

5.5 矿产储量计算

矿产储量计算，是指确定矿床中矿产储存数量的过程，也就是对矿床进行基本的数量分析，以便正确地综合评价矿床的工业意义，恰当地确定矿山企业投资和生产规模，合理地选择矿床开拓系统、开采程序和开采方法。为了保证矿山建设和生产的计划性，矿石储量的计算、管理、平衡和上报工作是一项重要的制度，因此在找矿、地质勘探、矿山地质等各阶段都有储量计算的任务。

5.5.1 矿床储量分级

5.5.1.1 矿产资源/储量的分类依据

矿产资源/储量的分类依据经勘查所获的不同地质可靠程度（预测的、推断的、控制的、探明的）、相应的可行性评价（概略研究、预可行性研究、可行性研究）和所获不同的经济意义（经济的、边际经济的、次边际经济的、内蕴经济的），可分为储量、基础储量和资源量三大类，共十六种类型，见表 5-7。

表 5-7　固体矿产资源/储量分类

经济意义	地质可靠程度			
	查明矿产资源			潜在矿产资源
	探明的	控制的	推断的	预测的
经济的	可采储量（111）			
	基础储量（111b）			
	预可采储量（121）	预可采储量（122）		
	基础储量（121b）	基础储量（122b）		
边际经济的	基础储量（2M11）			
	基础储量（2M21）	基础储量（2M22）		
次边际经济的	资源量（2S11）			
	资源量（2S21）	资源量（2S22）		
内蕴经济的	资源量（331）	资源量（332）	资源量（333）	资源量（334）？

注：表中所用编码（111～334），第 1 位数表示经济意义，即 1＝经济的，2M＝边际经济的，2S＝次边际经济的，
　　3＝内蕴经济的，？＝经济意义未定的；第 2 位数表示可行性评价阶段，即 1＝可行性研究，2＝预可行性研究，
　　3＝概略研究；第 3 位数表示地质可靠程度，即 1＝探明的，2＝控制的，3＝推断的，4＝预测的，b＝未扣除
　　设计、采矿损失的可采储量。

5.5.1.2　矿产资源/储量的分类

（1）储量。是指经过详查或勘探，地质可靠程度达到了控制的或探明的，进行了预可行性或可行性研究，扣除了设计和采矿损失后能实际采出的储量；并且在计算当时，开采是经济的。储量是基础储量中的经济可采部分，根据矿产勘查阶段和可行性研究阶段的不同，储量又可分为探明的可采储量（111）、探明的预可采储量（121）及控制的预可采储量（122）三个类型。

（2）基础储量。是指经过详查或勘探，地质可靠程度达到了控制的或探明的，并进行过预可行性或可行性研究的储量。基础储量分为两种情况，一是经预可行性研究证实属于经济的，但未扣除设计、采矿损失（111b、121b、122b）；二是既未扣除设计、采矿损失，又经预可行性或可行性研究证实属于边际经济的（2M11、2M21、2M22）。

（3）资源量。可分为三种情况，一是凡仅做了概略研究的，无论其工作程度多高，统归为资源量（331、332、333）；二是工作程度达到详查或勘探，但预可行性或可行性研究证实为次边际经济的（2S11、2S21、2S22）；三是经预查工作发现的潜在矿产资源（334）？。

5.5.1.3　矿产资源/储量的类型

（1）探明的可采储量（111）。探明的经济基础储量的可采部分是指在已按勘探阶段要求加密工程的地段，在三维空间上详细圈定了矿体，肯定了矿体的连续性，详细查明了矿床地质特征、矿石质量和开采技术条件，并有相应的矿石加工选（冶）试验成果，已进

行了可行性研究，包括对开采、选（冶）、经济、市场、法律、环境、社会和政府因素的研究及相应的修改，证实其在计算的当时开采是经济的。计算的可采储量及可行性评价结果的可信度高。

（2）探明的预可采储量（121）。探明的经济基础储量的预可采部分是指在已达到勘探阶段加密工程的地段，在三维空间上详细圈定了矿体，肯定了矿体的连续性，详细查明了矿床地质特征、矿石质量和开采技术条件，并有相应的矿石加工选（冶）试验成果，但只进行了预可行性研究，表明当时开采是经济的。计算的可采储量可信度高，可行性评价结果的可信度一般。

（3）控制的预可采储量（122）。控制的经济基础储量的预可采部分是指在已达到详查阶段工作程度要求的地段，基本上圈定了矿体三维形态，能够较有把握地确定矿体连续性的地段，基本查明了矿床地质特征、矿石质量、开采技术条件，提供了矿石加工选（冶）性能条件试验的成果。对于工艺流程成熟的易选矿石，也可利用同类型矿产的试验成果。预可行性研究结果表明，开采是经济的，计算的可采储量可信度较高，可行性评价结果的可信度一般。

（4）探明的（可研）经济的基础储量（111b）。它所达到的勘查阶段、地质可靠程度、可行性评价阶段及经济意义的分类同（1）所述，与其唯一的差别在于本类型是用未扣除设计、采矿损失的数量表述。

（5）探明的（预可研）经济的基础储量（121b）。它所达到的勘查阶段、地质可靠程度、可行性评价阶段及经济意义的分类同（2）所述，与其唯一的差别在于本类型是用未扣除设计、采矿损失的数量表述。

（6）控制的（预可研）经济的基础储量（122b）。它所达到的勘查阶段、地质可靠程度、可行性评价阶段及经济意义的分类同（3）所述，与其唯一的差别在于本类型是用未扣除设计、采矿损失的数量表述。

（7）探明的（可研）边际经济的基础储量（2M11）。是指在达到勘探阶段工作程度要求的地段，详细查明了矿床地质特征、矿石质量、开采技术条件，圈定了矿体的三维形态，肯定了矿体的连续性，有相应的加工选（冶）试验成果。可行性研究结果表明，在确定当时开采是不经济的，但接近盈亏边界，只有当技术、经济等条件改善后才可变成经济的。这部分基础储量可以是覆盖全勘探区的，也可以是勘探区中的一部分，在可采储量周围或在其间分布。计算的基础储量和可行性评价结果的可信度高。

（8）探明的（预可研）边际经济的基础储量（2M21）。是指在达到勘探阶段工作程度要求的地段，详细查明了矿床地质特征、矿石质量、开采技术条件，圈定了矿体的三维形态，肯定了矿体的连续性，有相应的矿石加工选（冶）性能试验成果。预可行性研究结果表明，在确定当时开采是不经济的，但接近盈亏边界，待将来技术经济条件改善后可变成经济的。其分布特征同2M11。计算的基础储量的可信度高，可行性评价结果的可信度一般。

（9）控制的（预可研）边际经济的基础储量（2M22）。是指在达到详查阶段工作程度的地段，基本查明了矿床地质特征、矿石质量、开采技术条件，基本圈定了矿体的三维形态；预可行性研究结果表明，在确定当时，开采是不经济的，但接近盈亏边界，待将来技术经济条件改善后可变成经济的。其分布特征类似于2M11，计算的基础储量可信度较高，可行性评价结果的可信度一般。

（10）探明的（可研）次边际经济的资源量（2S11）。是指在勘查工作程度已达到勘探阶段要求的地段，地质可靠程度为探明的。可行性研究结果表明，在确定当时开采是不经济的，必须待大幅度提高矿产品价格或大幅度降低成本后才能变成经济的。计算的资源量和可行性评价结果的可信度高。

（11）探明的（预可研）次边际经济的资源量（2S21）。是指在勘查工作程度已达到勘探阶段要求的地段，地质可靠程度为探明的。预可行性研究结果表明，在确定当时开采是不经济的，需要待大幅度提高矿产品价格或大幅度降低成本后才能变成经济的。计算的资源量可信度高，可行性评价结果的可信度一般。

（12）控制的次边际经济的资源量（2S22）。是指在勘查工作程度已达到详查阶段要求的地段，地质可靠程度为控制的。预可行性研究结果表明，在确定当时开采是不经济的，需待大幅度提高矿产品价格或大幅度降低成本后才能变成经济的。计算的资源量可信度较高，可行性评价结果的可信度一般。

（13）探明的内蕴经济的资源量（331）。是指在勘查工作程度已达到勘探阶段要求的地段，地质可靠程度为探明的，但未做可行性研究或预可行性研究，仅做了概略研究，经济意义介于经济的至次边际经济的范围内。计算的资源量可信度高，可行性评价结果的可信度低。

（14）控制的内蕴经济的资源量（332）。是指在勘查工作程度已达到详查阶段要求的地段，地质可靠程度为控制的，可行性评价仅做了概略研究，经济意义介于经济的至次边际经济的范围内，计算的资源量可信度较高，可行性评价结果的可信度低。

（15）推断的内蕴经济的资源量（333）。是指在勘查工作程度只达到普查阶段要求的地段，地质可靠程度为推断的，资源量只根据有限的数据计算，其可信度低。可行性评价仅做了概略研究，经济意义介于经济的至次边际经济的范围内，可行性评价结果的可信度低。

（16）预测的资源量（334）?。是指依据区域地质研究成果、航空遥感、地球物理、地球化学等异常或极少量工程资料，确定具有矿化潜力的地区，并和已知矿床类比而估计的资源量，属于潜在矿产资源，有无经济意义尚不确定。

5.5.2　圈定矿体的工业指标

正确地圈定矿体边界线是储量计算中的首要工作，而圈定矿体边界线的依据就是工业指标。所谓工业指标，就是用来衡量矿石质量和矿床（矿体）开采技术条件能否达到当前工业水平要求的最低界限。它是根据国家的各项技术经济政策、我国现有工业技术水平、矿产资源条件等因素而制定的。可见工业指标并不是固定不变的，而是随着工业技术水平的提高、综合利用范围的扩大、交通运输条件的改善和国民经济的发展不断改变的。主要工业指标有下述几项：

（1）边界品位。是指在储量计算圈定矿体时，单个样品有用组分含量的最低要求，它是矿石与围岩（或夹石）的分界品位，当有用组分品位低于边界品位时，即作为岩石处理。

（2）工业品位。即在当前工业技术水平和经济条件下，工业上可被利用的矿体或矿块的有用组分最低平均品位，故又常称为最低工业品位或最低可采品位。只有当矿体或矿块的平均品位达到或超过该指标时，方可划为工业矿体。储量计算时，同时采用边界品位和工业品位两项指标称为双指标制，在我国和前苏联等国家广泛应用。

（3）有害杂质平均允许含量。是指矿体（或矿段或工程）内的矿石中，对产品质量和加工生产过程起不良影响的组分的最大平均允许含量。

（4）最小可采厚度。即在当前开采技术和经济条件下，对有开采价值的单层矿体的最小厚度要求。在储量计算圈定工业矿体时，是区分能利用（表内）储量和暂不能利用（表外）储量的标准之一。

（5）夹石剔除厚度。指在储量计算时，允许夹在矿体中间非工业矿石（夹石）的最大厚度。当夹石厚度大于或等于该指标时，必须将其剔除；当夹石厚度小于该指标时，则当作矿石一起参加储量计算。

（6）最低工业米百分值。又称最低米百分值或米百分率，是工业部门对贵金属和稀有金属等工业利用价值较高的矿产提出的一项关于矿体厚度和矿石品位的综合指标。主要用于圈定厚度小于可采厚度，但品位显著高于工业品位的矿体。

不同的矿种、不同的地区、不同的时期，工业指标的要求也不一样，各项工业指标是随着国民经济的发展状况而变化的。

5.5.3 储量计算边界线种类

储量计算边界线分为如下几类：

（1）零点边界线。是在矿体的水平或垂直投影图上，将矿体厚度或矿石品位可视为零的各基点连接起来的边界线，即矿体尖灭点所圈定的矿体界线。

（2）可采边界线。即根据矿体的最低可采厚度，或最低可采品位，或最低米百分数所确定的工业矿体边界基点的连线。此边界线以内的矿体为工业矿体，它在储量计算时具有重大意义。

（3）矿石的类型、品级边界线。即在可采边界线以内，根据矿石的不同类型（自然类型或工业类型）或不同工业品级所圈定的边界线。

（4）储量级别边界线。即根据不同储量级别或矿山生产过程中的三级矿量（开拓矿量、采准矿量、备采矿量）所圈定的边界线。

（5）内边界线。是由矿体边缘见矿工程直接连接起来所圈定的边界线（见图5-105）。表示勘探工程所控制的那部分矿体的分布范围。

（6）外边界线。它是指由矿体边缘见矿工程外推一定距离所圈定的矿体边界线。表示矿体可能的分布范围，又可分为下面两种，如图5-105所示：

1）有限外推边界线。即边缘见矿工程与未见矿工程之间所连接的矿体边界线。

2）无限外推边界线。是指除边缘见矿工

图5-105　垂直纵投影图上几种矿体边界线示意图

1—见矿钻孔；2—未见矿钻孔；3—内边界线；4—无限外推边界线；5—有限外推边界线；6—坑道

程外，再无工程控制时，沿着边缘见矿工程外推一定距离所圈定的矿体边界线。

5.5.4　矿体边界线的圈定方法

在储量计算时，圈定矿体边界线可分为两步：首先根据对各种探、采工程（探槽、浅井、钻孔、坑道）实地观察和取样化验结果，确定出各工程中大致沿厚度方向矿体边界线的基点；然后将这些原始数据综合绘制在储量计算平面图、剖面图或投影图上。可根据储量计算需要和具体情况确定出矿体的边界线。圈定矿体边界线常用的方法有直接法、有限推断法和无限推断法。

5.5.4.1　直接法

当矿体的零点或可采边界线的基点已被探、采工程揭露时，可用此法直接圈出矿体边界线。其中还有两种情况：

（1）当矿体与围岩接触界线明显时，矿体边界线与地质界线是一致的，只需在储量计算图纸上，将各探、采工程中边界线的基点（即地质界线点）直接连接起来，即为矿体边界线。

（2）当矿体与围岩成渐变接触关系时，一般是根据各工程中取样化验的结果，确定出最低可采品位边界线的基点，然后在储量计算图纸上连接基点，即为矿体的可采边界线。

5.5.4.2　有限推断法

有限推断法是用于矿体沿走向延长或沿倾向延深的边缘地段两工程之间，确定矿体边界线的一种方法。其中也有两种情况：

（1）矿体边缘两个工程中皆见矿，但其中只有一个工程的矿体达到工业指标的要求，而最边缘一个工程中的矿体达不到工业指标要求，此时可用图解内插法或用计算方法求出两工程间矿体的可采厚度或可采品位边界线基点。图 5-106 中 A、B 两点分别代表两个钻孔的位置。假设 A 孔中的矿石品位大于最低可采品位，B 孔中的矿石品位小于最低可采品位，可见矿体的可采品位边界线基点肯定在两孔之间。其具体位置的确定可用如下方法：

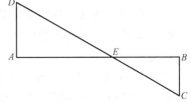

图 5-106　图解内插法示意图

1）图解内插法。连接 A、B 两点，并作 AB 的垂线 AD 和 BC，两垂线（AD 和 BC）的长度按一定的比例尺（可任意选择）分别表示 A 孔和 B 孔矿石实测品位与最低可采品位的差值，再连接 CD 交 AB 于 E 点，此 E 点位置即为所求矿体可采品位边界线基点的位置。

2）计算内插法。上述实例还可通过公式计算出矿体可采品位边界线基点的位置。计算公式为：

$$X = \frac{C_E - C_B}{C_A - C_B} \cdot R \tag{5-15}$$

式中　C_A——A 孔的矿石品位；

　　　C_B——B 孔的矿石品位；

C_E——矿体的最低可采品位；

R——A、B 两钻孔之间的距离；

X——从矿石品位小于 C_E 的钻孔（B 孔）到矿体可采品位边界线基点的距离。

若 A、B 两孔中矿石品位均大于最低可采品位，而矿体的厚度仅 A 孔大于最低可采厚度，B 孔却小于最低可采厚度，此时也可根据上述同样道理，用内插法通过作图或计算，求出矿体厚度可采边界线基点的位置。

上述内插法，一般在矿体厚度或品位变化较均匀时使用，若矿体厚度或品位变化无一定规律时，常以两钻孔的中间点作为矿体可采厚度或可采品位边界线基点的位置。

（2）矿体边缘相邻两工程中，一个见矿，另一个完全不见矿，则矿体零点边界线基点必在两孔之间。其具体位置可由见矿工程向未见矿工程方向外推两工程间距的 1/4、1/2 或 2/3 。到底外推多少较为合适，可根据见矿工程中矿体厚度的大小、矿体变化的规律性、工程间距的大小以及各个矿山的实践经验来确定（见图 5-107）。如果见矿钻孔中的矿体厚度和矿石品位均达到或超过工业指标要求时，则在两钻孔间用上述推断法先求出零点边界线基点后，再用内插法求出可采边界线基点，如图 5-107（a）所示。

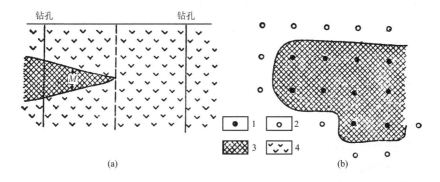

图 5-107　矿体在有矿工程和无矿工程 1/2 处尖灭示意图
（a）剖面图上的推断；（b）平面图上的推断
M—用内插法确定的最低可采厚度
1—见矿钻孔；2—未见矿钻孔；3—矿体；4—围岩

5.5.4.3　无限推断法

在靠近矿体边缘地段，所有探、采工程全部见到矿体，且在这些工程之外再无工程控制，此时向矿体边缘见矿工程外部推断一定距离圈定矿体边界线的方法，称为无限推断法。一般情况下，矿体边界线向外推断的距离，基本上与有限推断法相同，即外推两工程间距的 1/4、1/2 或 2/3。但在使用这种无限外推法时，还必须根据矿床的成矿地质条件、构造控制条件以及矿体形态尖灭时的自然趋势做合理的推断。图 5-108 所示是根据矿体被断层切割时的具体情况，采用地质推断法来圈定矿体边界线的实例。图 5-109 所示是根据矿体呈透镜状尖灭的自然趋势，采用形态推断法来圈定矿体边界线的实例。

图 5-108　地质推断法实例图

图 5-109　形态推断法实例图

5.5.5　储量计算参数的确定

当矿体边界线圈定好之后，便可正式着手进行储量计算工作。根据计算程序，可将储量计算过程分为三步：首先计算出矿体体积，再计算出矿石量，最后计算出金属量（黑色金属一般不计算金属量）。根据上述计算程序，常采用下列三个基本公式：

$$V = S \cdot M \tag{5-16}$$

$$Q = V \cdot D \tag{5-17}$$

$$P = Q \cdot C \tag{5-18}$$

式中　V——矿体体积；

　　　Q——所求的矿石量；

　　　S——矿体面积；

　　　M——矿体平均厚度；

　　　D——矿石平均体重；

　　　C——矿石平均品位；

　　　P——所求金属储量。

由上述各式中可以看出，只要确定出矿体的面积（S）、平均厚度（M）、矿石平均体重（D）和平均品位（C）等几项基本参数后，储量计算工作便可以进行。

5.5.5.1　面积（S）的测定

矿体或矿块面积的测定，常根据所采用的储量计算方法不同，分别在矿体或矿块水平断面图、垂直横剖面图或投影图上进行。具体测定的方法有几何计算法、方格纸法、求积仪法和重量类比法四种。

（1）几何计算法。当所测矿体或矿块的面积为较规则几何形状（如三角形或正方形）时，可根据几何学上的公式，直接计算出所求面积。

（2）方格纸法。用每 $25\mathrm{mm}^2$ 中间有一个点的透明方格纸，蒙在欲测矿体或矿块的图形上，数出欲求面积内的点子数，即可按图纸比例尺换算出所求矿体或矿块的面积。

（3）求积仪法。是用求积仪在储量计算图纸上求面积的一种方法。一般情况下，都是把求积仪的极点固定在图形轮廓外面适当的地方，再将航针依顺时针方向，沿所求图形边缘描绘一圈，并记录出航针移动前后的两次读数，便可以根据下列公式计算出所求图形面积：

$$S = P(n_2 - n_1) \tag{5-19}$$

式中　S——所需测定的面积；

　　n_1——航针移动前的读数；

　　n_2——航针移动后的读数；

　　P——求积仪的第一常数（列于装求积仪盒内卡片上）。

当欲测图形面积较大时，求积仪的极点需固定在欲测图形面积内合适的地方，此时航针所描绘过的图形面积可用式（5-20）来计算：

$$S = Q + P(n_2' - n_1') \tag{5-20}$$

式中　n_1'——极点在欲测图形内航针移动前的读数；

　　n_2'——极点在欲测图形内航针移动后的读数；

　　Q——求积仪的第二常数（列于装求积仪盒内卡片上）。

其他符号同式（5-19）。求积仪的第一、第二常数与图的比例尺有关。

（4）质量类比法。选用厚薄极为均匀，并已在高精度天平上确定好了单位面积质量的透明纸，蒙在欲测图形上，描好图形边界，剪下并称其质量，便可计算出矿体的真实面积。

5.5.5.2　平均厚度（M）的确定

矿体的厚度一般是在原始地质编录时从各探、采工程中测定，然后根据这些测定资料，计算出矿体的平均厚度。常用的计算方法有算术平均法和加权平均法两种。

（1）算术平均法。当矿体厚度变化不大，且厚度测点分布较均匀时，可用此法。其计算公式为：

$$M = \frac{m_1 + m_2 + m_3 + \cdots + m_n}{n} = \frac{1}{n} \sum_{i=1}^{n} m_i \tag{5-21}$$

式中　M——矿体的平均厚度；

　　n——厚度测量点总数；

　　m_i——i测量点矿体的厚度。

（2）加权平均法。当矿体的厚度变化具有一定的规律性，且各厚度测量点分布不甚均匀时，可用此法。计算公式为：

$$M = \frac{m_1 H_1 + m_2 H_2 + m_3 H_3 + \cdots + m_n H_n}{H_1 + H_2 + H_3 + \cdots + H_n} = \sum_{i=1}^{n} m_i H_i \bigg/ \sum_{i=1}^{n} H_i \tag{5-22}$$

式中，H_i为i测量点的控制长度（即与相邻两测点间距之半的和），其他符号意义同式（5-21）。

5.5.5.3　平均品位（C）的确定

矿体平均品位确定的一般步骤是：首先根据各工程中取样化验资料，计算出"工程平均品位"，然后逐步计算出"矿块平均品位"、"矿体平均品位"。常用的计算方法也有算术平均法和加权平均法两种。

（1）算术平均法。当单个样品取样长度和相邻取样点之间的距离大致相等，且矿体品位变化不大时，使用此法较合适。计算公式为：

$$C = \frac{c_1 + c_2 + c_3 + \cdots + c_n}{n} = \frac{1}{n} \sum_{i=1}^{n} C_i \tag{5-23}$$

式中　C——所求的平均品位；

　　　　n——单个样品或单个工程的数目和；

　　　　C_i——第 i 个样品或第 i 个工程的品位。

（2）加权平均法。当矿体品位变化较大且样品长度不等，或品位变化与厚度变化相关密切，或各个样品的控制距离不相等时，使用此法较合适。其通用公式为：

$$C = \sum C_i L_i \Big/ \sum L_i \tag{5-24}$$

式中，L_i 为与品位对应的权系数，分别可取样长（l_i）、矿体厚度（m_i）、工程控制影响距离（H_i）等。具体应用时分为如下几种情况：

1）线平均品位 C_L（单项工程平均品位）一般用样长（l_i）作权系数，适用于取样长度不相等的情况。

$$C_L = \sum C_i l_i \Big/ \sum l_i \tag{5-25}$$

2）面平均品位 C_S（由几个工程控制的矿体水平断面或剖面平均品位）可用矿体厚度（m_i）及工程控制影响距离（H_i）作权系数，适用于矿体品位变化与厚度变化成一定比例关系的情况。

$$C_S = \sum C_i m_i \Big/ \sum m_i \quad 或 \quad C_S = \sum C_i m_i H_i \Big/ \sum m_i H_i \tag{5-26}$$

3）体积平均品位 C_V（矿块平均品位）一般用相邻两断面的面积加权计算得到，适用于矿体品位变化与厚度变化成一定的比例关系，且取样间距相差较大的情况。

$$C_V = (C_{S_1} S_1 + C_{S_2} S_2) / (S_1 + S_2) \tag{5-27}$$

5.5.5.4　体重（D）的确定

所谓矿石的体重，是指矿石在自然状态下，单位体积（包括矿石中所存在的空隙）的质量。其单位一般采用 t/m^3。常用的体重测定方法有实验室法（即涂蜡法）和全巷法两种，前者用于小体重（矿石样品一般不超过 $10cm^3$）测定，后者用于大体重（矿石样品达 $1 \sim 10m^3$）测定。在储量计算过程中，确定矿石体重数据时，一定要注意这样几点：不同品级和类型的矿石，应分别测定体重，且计算时也应分开，不能混用；一般情况下，每一品级或类型的矿石要进行 $15 \sim 20$ 个小体重样品的测定，取其平均值作为储量计算的依据（也有某些铜、铁矿山根据在生产实践中所找出的矿石品位与矿石体重之间的关系，来确定矿石体重）；多数情况下，小体重测定的结果还应有大体重测定的数据进行校正；由于不少矿石在自然状态下都含有一定数量的水分，故储量计算时所采用的体重数据还应进行湿度校正；所采用的矿石平均体重数字要求精确到小数点后面两位。

5.5.6　储量计算方法

储量计算的方法虽然很多，但其实质都是将形态十分复杂的自然矿体变成与该矿体体积近似的一个或若干个简单的几何形体，分别计算出体积与储量，相加后即得整个矿体的总储量。

5.5.6.1 算术平均法

此法的实质是把一个自然形态较复杂的矿体变为一个理想的厚度均匀的板状矿体（见图5-110），再计算其储量。计算结果的精确度，取决于勘探工程数量的多少。当勘探工程数量较多且分布大致均匀时，这种方法具有相当的精确性；当勘探工程很少时，其他的储量计算方法也同样不准确，但此法简单，计算方便，即使勘探工程不是按一定的网或线布置时，仍可使用，所以在找矿阶段多采用这一方法来概略估算矿体储量。其缺点是不能分别计算不同品级、不同类型、不同储量级别的矿石储量。具体计算步骤为：

（1）根据探、采工程所获得的资料，在储量计算图件（一般为投影图）上圈出矿体边界线，并测出矿体的总面积（S）。

（2）根据穿过矿体的全部工程所获得的矿体厚度、矿石品位和体重数据，用算术平均法计算出矿体的平均厚度（M）、平均品位（C）以及平均体重（D）。

（3）根据前面所介绍的式(5-16)～式(5-18)三个储量计算基本公式，便可求出该矿体的矿石储量和金属储量。

（a） （b）

图 5-110 算术平均法计算储量示意图
（a）矿体原来形状；（b）矿体简化后的形态

5.5.6.2 地质块段法

这一方法是由算术平均法发展而来的，同样是把矿体变为一定厚度的若干个理想板状矿体，并求出各块段的矿体面积、平均厚度、平均品位等计算参数，便可计算出矿体的矿石量和金属量。同算术平均法计算储量的区别是：此法不是把整个矿体看成同样厚度的板状矿体，而是根据矿体地质特点（厚度、产状、构造等）、矿石特征（矿石的品级或类型）、勘探程度的不同，划分为若干小的块段（即地质块段），再根据储量计算的三个基本公式，分别求出各小块段的储量，各小块段储量的总和即为矿体的总储量。它的优点是方法简单，适用于任何形状和产状的矿体，而且可分别计算出不同品级、不同类型、不同储量级别矿石的储量。其缺点是当勘探工程较少或分布很不均匀时，计算结果的精确度较差。

5.5.6.3 断面法

根据其断面相互间的关系，断面法又可分为平行断面法和不平行断面法两种，使用最广泛的是平行断面法。所谓平行断面法，就是用一系列相互平行或大致平行的水平断面（用此断面计算称水平平行断面法）或垂直断面（用此断面计算称垂直平行断面法）将矿体划分为若干大块段（计算时又常将其分为若干小的地质块段），分别计算出各块段的体积和储量，然后相加，即为整个矿体的总体积和总储量。此法计算程序如下：

（1）首先根据探、采工程的原始资料，绘制出矿体的水平断面图或垂直断面图（一般为勘探线横剖面图），在图上测定所求矿体的断面面积。

（2）根据各工程中所获得的矿石品位，采用算术平均法或加权平均法，确定各块段的平均品位（C）。

（3）根据两断面间的垂直距离（已知）和矿体的具体地质情况，选用适当的公式计算出各块段的体积（V）。

（4）根据前面所述的公式（5-17）$Q = V \cdot D$ 和式（5-18）$P = C \cdot Q$ 计算出各块段的矿石储量和金属储量。

（5）最后将各块段的矿石量和金属量分别相加，即为整个矿体的矿石总储量和金属总储量。

必须强调一点，用平行断面法计算储量的关键问题是合理地选择体积计算公式。现以图 5-111 和图 5-112 为例，着重阐述有关这方面的问题：

（1）当相邻两断面上矿体面积相差不大，即大小相差小于 40%（若图 5-111 和图 5-112（a）中 S_1 与 S_2 相差小于 40%）时，可选用梯形公式：

$$V = \frac{S_1 + S_2}{2}L \tag{5-28}$$

式中 V——所求矿块体积；

S_1，S_2——两断面上矿体面积；

L——两断面间垂直距离（用水平断面法时常用 H 代表）。

图 5-111 水平平行断面法计算储量示意图

（a）矿体纵投影图；（b）一中段矿体平面图；（c）二中段矿体平面图

1—矿体；2—坑道

（2）当相邻两断面上矿体面积相差较大，即大小相差大于 40%（若图 5-111 和图 5-112（a）中 S_1 与 S_2 相差大于 40%）时，可选用截锥公式：

$$V = \frac{S_1 + S_2 + \sqrt{S_1 S_2}}{3}L \tag{5-29}$$

图 5-112 垂直平行断面法计算储量示意图

（a）两勘探线间块段储量计算示意图；（b）根据一条勘探线计算储量示意图

（3）对于矿体边缘部位，当矿体呈楔形尖灭时（如图 5-111 中矿块 3），可选用楔形公式：

$$V = \frac{S_2}{2}L(H_3) \tag{5-30}$$

（4）对于矿体边缘部位，当矿体呈圆锥形尖灭时（如图 5-111 中矿块 1），可选用圆锥公式：

$$V = \frac{S_1}{3}L(H_1) \tag{5-31}$$

（5）当有时仅根据一个断面来计算矿块储量时，如图 5-112（b）所示，可选用公式：

$$V = S\frac{L_1 + L_2}{2} \tag{5-32}$$

式中 L_1，L_2——该断面与相邻两勘探线剖面的距离。

断面法可用于勘探工程大致成线、网布置的任何形状及产状的矿体。其优点是：可直接利用中段地质平面图或勘探线剖面图进行储量计算，不需另作储量计算图件；可根据实际需要按储量级别、矿石类型及品级任意划分矿块；计算结果比较准确，且便于开采工作中使用其成果。其缺点是：当勘探工程不成一定线、网布置时，不能使用。

5.5.6.4 开采块段法

此法的实质主要是用坑道（有时也可配合部分深部钻孔）将矿体划分为许多紧密相连的开采块段（其构成参数常与采矿方法要求一致），分别计算出每一块段的储量，各块段储量之和即为矿体总储量。每一开采块段储量计算步骤为：

（1）求块段的平均品位和平均厚度。首先根据圈定该矿体工程中所获得的资料，再用算术平均法或加权平均法求出各工程的矿石平均品位和矿体平均厚度，最后求出该块段的平均品位和平均厚度。

（2）根据已知资料确定该块段矿石的体重。

（3）求块段面积。当块段的周边较规则时，如图 5-113（a）所示，其面积可用几何图形法求出；当块段周边不规则时，如图 5-113（b）所示，可用求积仪或方格纸法来测定其面积。用该法计算储量时，通常是在矿体水平或垂直纵投影图上进行的，故只有当矿体完全水平或完全直立时，如图 5-113（c）所示，在图上所测得的面积才是真实面积；而在大多数情况下，矿体均有不同程度的倾斜，如图 5-113（d）所示，图上所测得的面积都是投影面积。当用块段内矿体平均真厚度参加储量计算时，则投影面积必须换算成真面积，具体换算可采用式（5-33）：

$$S = \frac{S'}{\cos\beta} \tag{5-33}$$

式中　S——块段真面积；

　　　S'——块段投影面积；

　　　β——矿体倾斜面与投影面的夹角。

图 5-113　开采块段法储量计算示意图

（a）周边规则的块段投影图；（b）周边不规则的块段投影图；
（c）矿体直立的块段立体图；（d）矿体倾斜的块段立体图
1—矿体；2—围岩

　　（4）根据上面所求出的储量计算参数，可按照前述储量计算的三个基本公式，求出各开采块段的矿石储量和金属储量。

　　开采块段法在生产矿山中应用很广泛，特别是形态变化小、厚度不超过坑道宽度（此时整个矿体全被沿脉和天井所揭露）的脉状或薄层状矿体，最适用于此法。其优点是：作图和计算程序较简单；计算结果符合采矿要求，可直接用于采矿设计和开采工作；可按矿石的不同类型、不同品级、不同储量级别划分块段，以便分别计算储量。其缺点是：当矿体形态较复杂、矿体厚度较大或主要用钻探勘探的矿床，不适用于此法。

　　计算储量的方法很多，此外还有地质统计学法、距离反比加权法等方法，不同的储量计算方法，具有不同的优缺点和不同的适用条件，故在选择计算方法时，应全面考虑各种地质因素（矿体形状、产状、规模、有用组分分布特征等）和其他各方面的条件，从而选择合理的储量计算方法。

复习思考题

5-1 地质图的概念是什么，地质图应具备的基本信息有哪些？

5-2 区域地质图的概念是什么，区域地质图的构成要素有哪些？

5-3 矿区地形图的用途是什么？

5-4 试叙述矿区地形图的绘制步骤。

5-5 地下开采常用地质图件有哪些？

5-6 露天开采常用地质图件有哪些？

5-7 地质图绘制常用哪些投影方法？

5-8 试叙述矿山立体图的概念及常用投影方法。

5-9 简要说明勘探线剖面图的编制方法与步骤。

5-10 矿体纵投影图有何用途，其编制的基本方法与程序是什么？

5-11 为什么要取样，取样的核心问题是什么？

5-12 怎样评定金属矿产及非金属矿产的质量？

5-13 化学分析取样的目的与任务是什么，其取样方法有哪些，各自的优缺点与适用条件是什么？

5-14 简述影响取样方法选择的因素。

5-15 什么叫取样间距，影响取样间距的因素有哪些，如何确定合理取样间距？

5-16 化学分析样品为什么要进行加工，其加工过程如何？

5-17 化学样品分析的种类有哪些，其各自目的是什么？

5-18 化学分析结果为何要进行检查，如何进行检查，检查结果如何处理？

5-19 各种工艺试验取样的目的与要求是什么？

5-20 地质编录工作有哪些基本要求，为什么要有这些要求？

5-21 各种坑探工程地质素描图的编制方法及其应注意的问题是什么？

5-22 岩心钻探地质编录的主要内容有哪些？

6 矿山生产地质与管理工作

6.1 矿山生产地质工作

6.1.1 矿山生产地质工作的内容

矿山生产地质工作的内容具体如下：

（1）在地质勘探、基建地质工作的基础上，进行生产勘探和生产地质工作，达到近期开采矿石储量升级，为制定矿山采掘计划、进行开采设计提供地质依据。

（2）及时、系统地收集采场原始地质资料和矿石质量取样资料，并经综合整理，对矿山原有的资料不断进行补充和修正，编制采场所需的成套地质基础资料。

（3）参加矿、场，年、季、月采掘计划的编制工作，提供所需的地质资料和图件。

（4）对采掘工作进行指导、服务、监督和验收。

（5）承担地质编录、采样、样品加工、副样保管工作。

（6）参加选矿试验工作，承担矿石可选性试验和矿样的采集工作。

6.1.2 矿山生产地质工作的手段

6.1.2.1 生产地质素描图

（1）地质素描图应包含的内容包括：

1）素描图的名称。例如：××铁矿××m水平××矿块（平面）地质素描图。

2）比例尺。一般采用1:200；局部地段可酌情选用1:100或1:50。

3）工程方位角。要求在素描图的左上方用箭头标出素描工程的方位角。

4）素描图起止位置控制点的位置、编号、坐标值（钻孔柱状图则填写钻孔方位角、倾斜角、孔深、实测孔口坐标值）。

例如：

起点名称：N 100512

终点名称：N 100412

起点坐标：$X = 35536.048$；$Y = 19336.835$

终点坐标：$X = 35553.265$；$Y = 19289.517$

5）用全矿统一的地质图例符号表示出素描的地质内容。应在素描图上表示出来的地质内容有矿岩类型、地质构造、水文地质现象。

6）采样位置、样品编号、样长以及基本分析、组合分析、物相分析结果（含岩、矿标本采集位置及编号）。

7）文字描述。

8）编录、审核人员签名和编录日期。

（2）生产地质素描工作的要求是：

1）地质素描应在现场进行，不得先在井下收集一些数据和做简单的描述，再在室内编制图件。室内只能根据化验、鉴定成果进行补充和修正。

2）凡在图中大于1mm的地质现象均应表示。一般包括岩石、矿石类型、岩层、矿体、断裂及岩矿接触面的产状要素、采样位置等。

3）岩、矿定名要准确。如果没有把握准确定名时，应采标本进行岩、矿鉴定。

4）探槽、浅井、竖井、溜井、坑道、钻孔的地质编录及图式要符合相关技术规程。为方便图件使用，素描图一律要做到，素描工程的北帮（壁）或东帮（壁）置于素描图的上方。素描和采样的起止位置用导线点控制。

5）室内复制的原始地质编录图应按性质分类，于工程结束后（如分层地质工作结束）分别装订成册、归档，并附素描工程平面位置索引图和目录。

6）各种编录资料需自检、互检。检查中发现问题时，检查人员不得随意修改，只有和编录人员共同核实后才能修改。

6.1.2.2 生产探矿

生产探矿（包括钻探、巷探、槽探、井探）的主要目的是探边摸顶。

钻矿工程布置有垂直探矿、水平探矿、探顶工程三种方式。

在岩芯钻探中，钻机是主要设备之一，它要实施钻具的回转和轴向调节，以破碎岩石、加深钻孔。要从孔内起下钻具（为了采取岩芯或更换钻头等）或升降加固孔壁用的套管。

6.1.3 矿山采掘（剥）技术计划编制

矿山生产计划可以分为许多种。由于矿山生产的特点是以采矿为中心，以工程掘进为手段或必经途径，以地质与技术、经济、设备为基础和条件。所以，通常所讲的矿山生产技术计划即指采掘（剥）技术计划。其中，又以年度采掘（剥）技术计划为主，而更短期（季、月、旬、日、班）、可靠的生产技术计划（或作业指令）对其起着保证作用。为保证采掘（剥）计划的完成，必须配以相应的生产勘探计划（或设计）及其他主要技术经济指标计划等。

编制采掘（剥）技术计划的目的是，用来指导完成上级机关下达的年度生产任务，进行掘进和矿石回采工作的合理安排。通过具体安排矿体、阶段和矿块回采的先后顺序和工作量，达到矿石产量和质量指标，并验证基建与生产准备、各生产阶段（开拓、采准、切割和回采）之间的衔接是否协调，确定生产所需的人员、设备及投资费用等。

采掘（剥）技术计划的编制必须遵循的原则包括：

（1）坚持计划生产的原则。经制订、审批的计划，必须坚决执行。

（2）坚决贯彻有关生产技术方针与政策的原则。尤其要坚持合理的采掘（剥）顺序。

（3）最大限度利用矿产资源的原则。根据矿山具体地质条件和技术经济条件，实行综合勘探、综合开采、综合评价、综合利用的方针。

（4）贯彻安全生产和保护环境的原则。

（5）在计划指导下集中作业的原则。

（6）以最少的生产投资，取得最佳生产成果与经济效益的原则。

总之，在综合考察社会、资源、政策、地质与技术经济等诸多因素的基础上，应理顺各方面关系，加强全面质量管理，力求挖掘矿山生产潜力，做到优质、高产、低耗，保证全面完成上级下达的任务。

矿山采掘（剥）技术计划，是在广泛收集矿山整个生产历史和现状全面资料的基础上，以文字和图表的形式明确表示出计划年度的生产安排和预计成果。文字部分应说明年度生产任务、生产历史与现状、采掘（剥）工作的总体安排和具体安排，完成计划所存在的问题及主要技术措施等。表格和图件种类繁多，表格包括产品产量、采掘（剥）作业量、主要技术经济指标、生产勘探作业量等表格；图件包括矿区总平面图、地质剖面图、中段（平台）地质平面图、矿体（纵）投影图、采掘（剥）进度图及其他图件。

矿山地质人员在编制该生产计划中的工作有：

（1）提供计划编制所需的全部基本地质图件资料。

（2）提供矿石质量和储量资料，会同生产技术人员编制生产计划中的矿石种类、质量与产量计划。

（3）编制矿山地质勘探、生产勘探和所有地质工作计划。

（4）对编制计划的有关采掘（剥）技术方针政策的贯彻，工业指标的修订，开采贫化与损失指标，储量保有期限及平衡指标，矿产资源的保护和综合利用，矿山环境保护、经济管理等提出意见和建议。

6.1.4　井巷掘进的地质工作

任何井巷坑道掘进中，地质人员都必须及时进行原始地质编录、取样，并通过观察、分析、研究与判断，充分了解揭露的地质情况，正确指导坑道掘进。特别要注意掘进的目的性和安全性的指导。

坑道掘进是依据工程技术设计进行安排的，其目的是探矿、探水、探构造，为坑内钻施工创造条件，不论何种坑道，其作用均已事先规定。掘进之前，应将目的向施工人员交底，明确坑道设计位置、开门及终点坐标，坑道方位、坡度、规格、进尺、施工期限，掘进时可能出现的地质问题。掘进中应不断分析揭露的情况，如发生预计不到的问题，应及时提出或修改设计。接近达到目的时要加强工作；已确实证明达到预期目的后，应通过工程验收，填写停工通知书。验收由地质、测量、施工三方面人员共同进行，验收的主要项目为：方位、坡度、规格、进尺、技术经济指标（如工效、成本等）及施工目的。

坑道掘进必须确保安全，这不仅指掘进过程中保证施工安全，而且要保证未来坑道的安全使用。坑道掘进的安全问题与矿岩地质技术条件有密切关系。掘进前，要充分研究施工地段的地质构造条件，预计可能出现的安全问题，如矿岩的稳固性、含水性、岩体的稳定性等，提出应采取的预防措施。掘进时，应进行水文地质、工程地质和岩矿物理技术性质的观察与测定，注意研究岩石的水理性质、力学性质；观察巷道滴水、渗水、涌水现象，观测含水层、流砂层的性质与流量；研究断层、裂隙的位置、产状、发育程度、规模、组合关系、结构面力学性质和特征，特别注意有影响的软弱夹层或构造弱面、破碎带、老窿、溶洞；测定岩矿的稳固性、硬度与强度；预测可能的涌水、突水、冒顶、脱帮的地点和规模；总结各类影响施工安全的地质因素的类型和规律性，以指导坑道顺利掘进。

坑道掘进是一项具有探索性的工作，例如探矿体时，矿体是否存在，其大小、形态、产状、矿石质量如何，地段岩石、构造条件又如何等都具有未知因素。因此，应随坑道掘进要求加强地质构造研究，由已知去推测未知，正确指导坑道掘进。主要研究项目有：

（1）矿体形态、产状、空间分布规律，矿体的形态变化规律；

（2）小型构造的类型、产状、规模，与主要构造的关系，切割矿体的断层的类型、断裂位移方向和距离，判断坑道前进方向；

（3）矿岩的物质成分，与矿化有关的各类地质现象，力求查明矿化富集的规律，指导探寻富矿地段及新的小盲矿体。

6.1.5 露天开采剥离的地质工作

露天采场剥离是矿石回采的基础，及时而得当的地质指导有助于矿石的正确回采。露采剥离的地质指导集中在下述问题上：

（1）矿岩分界、夹石边界及矿石工业品级、自然类型分界的位置。

（2）边坡岩体的稳定性、边坡角的正确性，矿岩的稳固性、含水性和力学性质。

（3）剥离境界线的实际位置等。

露采剥离的目的在于指导矿岩分爆和铲运，为矿石回采的质量管理、边界及边坡管理创造条件。地质指导时要注意贯彻"剥离先行"及"定点采剥，按线推进"方针，及时取样、圈定矿岩边界，避免过多的剥离。缓倾斜且矿区地势平坦的层状矿体，要做好三角区的剥离（见图6-1），这种剥离工作比较困难，但如果做不好，会产生矿石贫化。

图 6-1　某矿露天采场剖面图

a—熔剂灰岩矿层；b—铝土矿层

6.1.6 矿山爆破工作的地质工作

提高矿山爆破效果是一个重要问题，它与地质工作有关，现简要叙述如下。

6.1.6.1 影响爆破效果的地质因素

（1）矿岩物理技术性质。影响爆破效果的矿岩物理技术性质有普氏硬度系数、弹性、塑性、韧性和脆性等，这些性质又取决于许多因素。爆破中要求查明矿岩矿物成分、结构和构造、夹层及其产出情况，测定矿岩的体重、密度、孔隙率、湿度、热学性质、松散性、耐风化侵蚀性及岩石的力学性质。

（2）岩层产状。岩层产状与爆破效果的关系表现为如下因素：岩层走向与自由面的关系（相互平行时效果较好）、与最小抵抗线的关系、岩层倾角大小、岩层倾向与工作面的关系等。如处理不好，将造成块度过大（工作面与岩层倾向一致时）、出现活动三角块（岩层与自由面倾向相反时）、块度不匀（岩层走向与自由面接近于垂直相交）、留根底（岩层与自由面倾向相反时）等后果。

（3）矿岩中裂隙发育状况。爆破效果与矿岩裂隙的发育、产状、构造模数及比稠有关。裂隙构造模数，指垂直裂隙方向单位距离内裂隙的平均数，模数过大或过小均易产生大块。裂隙构造比稠指裂隙的开口程度，即裂隙构造比稠等于裂隙构造模数与裂隙平均开口宽度之比。比稠值大，爆破效果不好；反之，则对爆破效果较有利。

（4）岩体中的断层。断层是一种构造弱面，它的产状和自由面关系对爆破效果的影响与上述岩层、裂隙相似，不同的是它的影响范围小而作用大，特别是在露天采场进行山头处理、开挖路基、山坡拉段等过程中，采用硐室爆破时，断层的存在使爆破效果受断层所限，可使爆破后的坡面角大于或小于设计要求。

6.1.6.2　爆破中的地质指导工作

地质人员提供地质剖面图（露采）或分层平面图（地下深孔），以表示爆破孔分布和深度、矿体及围岩的构造和产状、影响爆破效果的其他地质现象。凿岩爆破时，地质人员与采矿人员配合确定爆破孔位置、倾角、深度、装药量，力求提高爆破效果。

6.1.7　采场（回采）的地质工作

6.1.7.1　采场生产地质资料

A　生产管理地质资料的作用与内容

随采场矿石回采，编制采场生产管理地质资料有如下作用：

（1）及时反映采场内矿体产状、形态、矿石质量、矿体内部结构和地质构造特征，有助于加强生产地质指导与管理，保证尽可能多地回采工业矿石，少采围岩、废石，保证安全生产作业。

（2）便于计算生产矿量、采下围岩废石量、采下矿石量、损失矿石量，了解采场矿量变化；便于计算开采的贫化与损失，了解矿石质量变化；为生产计划的安排和采场生产管理提供依据。

（3）在采矿结束后，保留采场地质资料和生产数据，是进行采场验收、探采验证、资料对比、储量报销、矿柱及残矿回采、中段及平台废除和闭坑的重要依据。

（4）积累矿床综合地质研究的资料。

采场生产管理地质资料的编制以采矿块段（矿块）为单元，由图纸、文字、表格构成，是整个采场地质、测量、采矿生产资料的总和。

采场生产管理地质资料一般由下述内容构成：

（1）采场位置。采场位置包括所在中段、采场的编号、坐标、尺寸、四邻。

（2）采场地质情况。采场地质情况包括矿体产状、形态、构造、厚度、内部结构等。

（3）采场矿石质量。采场矿石质量包括地质品位、原矿品位、采下矿石品位、采下围岩和废石品位、存窿矿石品位、矿柱及残矿品位、出矿品位等。

（4）采场矿量资料。采场矿量资料包括地质储量、原矿量、采下矿石量、采下围岩和废石量、损失矿石量、矿柱及残矿量、存窿矿量、出矿量、副产矿量等。

（5）采矿贫化与损失计算、统计表。

（6）图件。主要是块段"三面图"和采场素描图，包括上下中段、分段地质平面图，露天开采的平台（分层）地质平面图，块段地质横剖面图，块段纵投影或纵剖面图，缓倾斜矿体的矿层顶、底板标高等高线图，块段（矿块）储量分布图。

（7）测量资料。主要是与采场推进、矿石产量验收、工程位置有关的测量资料。

B　地下采场生产管理地质资料

地下采场生产管理地质资料，随矿床地质条件和采矿方法的不同而有多种形式。

a　缓倾斜矿体壁式采矿法

缓倾斜矿体壁式采矿法的采场生产管理地质资料，由下述资料构成（见图6-2）：

图6-2　某矿3003矿块地质图

1—低于可采厚度的矿体；2—矿柱及残矿；3—断层无矿带

（1）矿块最终矿层底板标高等高线图。随矿石回采在采场内布置地质点，在地质点上测量矿层顶、底板标高及矿体厚度等，然后在矿块测量图上用测点法编制标高等高线图。

（2）矿块最终矿体厚度等值线图。利用上述地质点厚度测定资料来绘制。

（3）矿块最终储量计算图。表示采空区、矿柱及残矿量、非工业矿石量。

（4）矿块最终地质剖面图。

（5）表格。表格包括储量计算表、贫化与损失计算表、断层登记表等。

b　急倾斜矿体浅孔留矿法

急倾斜矿体浅孔留矿法的采场生产管理地质资料，由下列资料构成（见图6-3）：

（1）采场上采掌子面素描图。其比例尺为1∶100，一般每上采2~4m或每周、每旬编录一次，是贫化与损失计算的依据。

（2）矿块上、下中段复合地质平面图。其比例尺为1∶200。

（3）矿块地质横剖面图。其比例尺为1∶200。

（4）矿块垂直平面纵投影图。其比例尺为1∶200，表示采场结构、上采及验收界线和时间。

（5）采场贫化率、损失率及矿量计算表。

图6-3　某铅锌矿采场地质资料素描图

（a）采场掌子面素描图；（b）采场上、下中段复合地质平面图；（c）采场垂直平面纵投影图

c　不规则矿体水平分层充填法

不规则矿体水平分层充填法的采场管理地质资料，由下列资料构成：

（1）采场平面总图。采场平面总图居于图册首页，说明矿块位置及地质情况，附有矿房储量及贫化与损失计算表，如图6-4所示。

（2）矿块地质横剖面图。该图随采场上采逐步修改，一般一个采场有1~5张，如图6-5所示。

矿区		中段		矿体		采场	索引图 1:1000
项　目	年　月	日起	年　月	日止			
采　准							
切　割							
回　采							
回采柱、壁							
贮矿出矿							
地质编录							

采场平面图　　　　1:200

矿房储量及误差率计算表

	提交生产储量						采下矿石量		损失量		柱、壁矿石量		误差率	
矿块号及级别	面积 /m²	幅宽 /m	体积 /m³	体重 /t·m⁻³	矿石量 /t	金属量/t	矿石量 /t	金属量/t	矿石量 /t	金属量/t	矿石量 /t	金属量/t	矿石量 /%	金属量/%
1	2	3	4	5	6	7　8　9　10	11	12　13　14　15	16	17　18　19　20	21	22　23　24　25	26	27　28　29　30

矿块开采贫化损失计算总表

采矿量/t	围岩量/t					损失量/t						矿房开采结束后的/%				矿块开采结束后的/%			
矿房	柱壁	采下		混入	选出	合计	未采下			遗留采场矿石	自然冒落	合计	计划		实际		计划		实际	
		矿房	柱壁				矿房	矿柱	矿壁				贫化率	损失率	贫化率	损失率	贫化率	损失率	贫化率	损失率
1	2	3	4	5	6	7	8	9	10	11	12	13	14	15	16	17	18	19	20	21

说明	(7) = (3) + (4) + (5) - (6) (13) = (8) + (9) + (10) + (11) - (12)　(16) = $\dfrac{(3)}{(1)+(3)} \times 100\%$　(20) = $\dfrac{(7)}{(1)+(2)+(7)+(12)} \times 100\%$ (5) = 冒顶、片帮、倒入围岩量 (8) = 开采过程上、下盘及两端损失　(17) = $\dfrac{(8)}{(1)+(8)} \times 100\%$　(21) = $\dfrac{(13)}{(1)+(2)+(8)+(9)+(10)} \times 100\%$ (12) = 未采下矿石自然冒落量

图 6-4　某铅锌矿采场平面总图

图 6-5　某铅锌矿地质横剖面图

1—分层位置；2—第一次爆破；3—扩帮线；c—石灰岩；Pb + Zn—铅锌矿体；π—石英斑岩

（3）矿块垂直纵投影图。该图表示矿块结构，如图 6-6 所示。

图 6-6　某铅锌矿垂直纵投影图

（4）矿房分层掌子面图。一般每上采一个分层，素描一次，整个采场有几十张，比例尺为 1∶100 ～ 1∶50。还附上分层生产资料，即矿石及围岩品位、矿量及贫化与损失计算表、开采情况的说明等。如图 6-7 所示。

C　露天采场生产管理地质资料

大型露天采场在平台内划分爆破区段，作为穿孔爆破的一个单元。穿孔后及爆破前，应向采剥人员（电铲司机、推土机司机、爆破人员、铲运人员、采场值班调度人员）提供区段全面性的地质资料，如矿体空间位置、岩矿及夹石分界线、矿石工业品级及自然类型分界线位置，以及矿石质量、地质储量、爆破矿量、剥离量等资料，以指导爆破和采矿。爆破区段地质图的比例尺为 1∶500，在同比例的平台地质平面图的基础上编制，并依据爆破孔取样、掌子面素描资料进行补充和修改。爆破区段地质图的格式如图 6-8 所示，该图

	样品号				参数平均值
矿石	长度 /m				
	距离 /m				
	金属品位 /%				
	体重 /t·m⁻³				

写生图 1:100

描图 1:200

200

002 003

	样品号				参数平均值
矿化围岩	长度 /m				
	距离 /m				
	金属品位 /%				
	体重 /t·m⁻³				
描述					

开采量及贫化损失计算表

项目			体积计算式	体积/m³	体重 /t·m⁻³	重量/t	平均品位/%	金属量/t	开采情况说明
测期	采矿量	1							
	其中 矿石量	2							
	其中 围岩量	3							
	损失量	4							
累计	采矿量	5							
	其中 矿石量	6							
	其中 围岩量	7							
	损失量	8							

测期	贫化率 $=\dfrac{(3)}{(1)}\times100\%$	损失率 $=\dfrac{(4)}{(2)+(4)}\times100\%$	实测期间 自 年 月 日 至 年 月 日
累计	贫化率 $=\dfrac{(7)}{(5)}\times100\%$	损失率 $=\dfrac{(8)}{(6)+(8)}\times100\%$	索引： 测量图册 号 页

编录者 年 月 日　　计算者 年 月 日　　审核者 年 月 日

图 6-7 某铅锌矿地质编录资料

说明书

水平层	块段	矿石类型	品位/%			体积/m³	体重/t·m⁻³	矿量/t	运往地点
		Fe₅							
	N₀	Fe₅₋₅							
		…							
说明									

采样编号	采样间距/m	长度/m	品位/%		采样编号	采样间距/m	长度/m	品位/%		图　　例
										Fe₅　　1
										Fe₅₋₅　2
										T_M　　3
										▢　　4
										⌂　　5
										⌐　　6

单位名称　　　　制图人　　　　日期

图 6-8　某铁矿露天采场某平台爆破地质图

1—高铜氧化矿；2—高硫高铜氧化矿；3—大理岩；4—爆破孔；5—平台顶线测点；6—平台底线测点

包括区段地质平面图、区段地质剖面图（只切到本平台）和矿石品级、类型的品位矿量资料。由于穿孔到爆破时间间隔不长，要求爆破孔取样能快速得到化验结果。

中、小型或矿石品级、类型简单的露天采场，只编制爆破区平面图以指导生产。图纸格式如图6-9所示，比例尺为1：500，是在采场掌子面素描图及平台地质平面图的基础上编制而成，其作用同于爆破区段地质图。年度爆破区平面图可以装订成册，便于保存。

类别	孔数	均高/m	面积/m²	体积/m³	体重/t·m⁻³	数量	岩性描述

检查：　　　测量：　　　地质：　　　绘图：

图6-9　某铝土矿露天采场爆破区平面图

6.1.7.2 回采作业的地质指导

矿石回采作业的中心问题是尽可能多地采出工业矿石，少采围岩和废石，保证出矿质量均衡，提高生产效率，降低生产成本。

A 地下采场地质工作

（1）指导切割。切割或称为切割拉底，是整个采场上采的基础，对矿体边界不清、边界形态曲折的矿体，切割的地质指导更具有重要意义。指导切割的工作包括：1）根据矿体边界位置确定切割拉底的范围、宽度，使拉底边界与工业矿体边界尽可能吻合。若发现拉底不足，应提出扩帮；若发现过多切割围岩，应及时制止。2）指导并确定上采倾角。3）依据拉底揭露的地质现象，预计上采过程中可能出现的矿体形态和产状变化、夹石位置、断裂带、岩脉等影响矿石回采的有关地质技术问题，以便采取预防措施。

（2）检查矿房两帮。对允许进入采场的矿房，每一次爆破作业后，应检查两帮是否残留工业矿石，如有，则提出扩帮地点、范围、深度。

（3）检查回采掌子面。其目的在于圈定上采边界线，使上采边界与矿体边界尽可能符合要求（见图6-10）。

图6-10　上采边界的圈定

（a）剖面图；（b）平面图

1—矿体；2—大理岩；3—现有采场边界；4—上采边界

（4）指导炮孔布置。如图 6-11 所示，上采炮孔应当依据矿体倾向、倾角正确布置，否则在顶盘会引起矿石贫化，而在底盘会造成矿石损失。采用无底柱分段崩落法的采场，要注意切割井（见图6-12）及炮孔（见图6-13）的正确布置，避免炮孔的无效进尺或造成矿石贫化。深孔崩落法爆破后不可能进入采场，只能利用凿岩、天井及深孔探顶，以指导炮孔布置及装药深度。

图 6-11　回采掌子面上 　　　图 6-12　无底柱分段崩落法 　　　图 6-13　无底柱分段崩落法
炮孔的布置 　　　　　　　切割井的布置（沿进路断面） 　　扇形炮孔的布置（垂直进路断面）
实线—正确；虚线—不正确 　　　　　a—正确；b—不正确 　　　　　实线—正确；虚线—不正确

（5）指导爆破及充填。多品级、多类型分采或矿石、夹石分采的采场，应指导分区、分段爆破；充填法采场，应指导充填范围、深度，检查充填料，不允许混入工业矿石。

B　露天采场地质工作

露天采场回采作业要求按计划做到"定点采剥，按线推进"。回采过程中还要注意管理好边坡，会同采矿人员确定边坡角。

6.2　矿山地质管理工作

6.2.1　矿石质量管理工作

矿石质量管理属于矿山企业全面质量管理的重要组成部分，是为了充分合理地利用矿山宝贵的矿产资源，减少损失贫化并保证矿产品质量，满足矿石质量要求而开展的一项经常性工作。要搞好矿石质量管理，就必须按照矿石质量指标要求，编制完善的矿石质量计划，进行矿石质量预测，加强采矿贫化与损失的管理，搞好矿石质量均衡工作，并加强生产现场全过程的矿石质量检查与管理，以减少输出矿石质量的波动，保证矿山按计划、持续、稳定、均衡地生产，提高矿山企业生产的总体效益。

6.2.1.1　矿石质量计划

A　矿石质量管理的概念

（1）矿石质量。矿石质量一般是指矿石满足当前采矿、选矿、冶炼加工利用的优劣程度或能力。矿石质量的好坏，取决于矿石中有用组分或有用矿物的种类及其含量，有害杂质的种类及其含量，伴生有用组分和有害杂质的赋存状态，矿石类别及其物理机械性质和工艺加工技术性能等方面。

（2）矿石质量指标。矿石质量指标是评价矿石的工业利用价值、圈定矿体、计算矿石储量的技术标准和尺度，用以检查和评价矿石质量在现有技术经济条件下为工业所利用的价值大小和合格程度。矿石质量指标的制定，主要是根据国家一定时期内有关的政治、技术、经济等政策，采矿、选矿、冶炼、工业利用等科学技术的发展水平和趋势，国内外矿产品市场的供求情况以及矿产资源的地质特征等因素而制定的。

B 矿石质量计划的作用

众所周知，矿石质量与产量计划是矿山采掘（剥）生产技术计划的核心，按照规定要求矿石质量计划必须与采掘（剥）计划同时编制、上报、考核、验收和下达。矿山必须是在能够保证满足规定的矿石质量指标（如矿石类型要求、有用组分品位、有害杂质允许含量等）前提下，具体安排矿石回采范围、作业进度、回采顺序及出矿数量等。所以，矿石质量计划是矿山采掘（剥）生产技术计划的重要组成部分，是保证实现矿石质量指标、满足用户对矿石质量要求的具体活动安排，是进行矿石质量管理的首要措施。

矿山应对矿石质量全面负责，并组织综合管理。矿山地质部门是原矿质量技术管理的主管单位，应会同矿山生产、计划和技术等部门编制矿石质量计划。矿石质量计划分为长期、中期、短期，季、月及旬、日、班矿石质量计划等。

编制矿石质量计划的作用在于：可以衡量计划期内将生产的矿石能否达到规定的矿石质量指标要求，以便及时发现问题，预先采取措施，调整生产计划；可以有目标、按计划地指导矿石质量均衡工作；保证矿山企业均衡生产，有助于提高矿山生产效率和资源回收率。

矿石质量计划的基本内容应分为文字、图件和表格三部分：

（1）文字部分。文字部分包括计划开采块段矿石质量的基本情况；预计的矿石贫化率与损失率；各类型或各品级矿石计划达到的质量指标；矿石回采作业进度、顺序，各地段的出矿计划及矿石质量的均衡安排；为实现矿石质量计划所采取的技术措施和要求等。

（2）图件部分。图件部分包括综合地质图、矿石类型与品级分布图、采样位置图、矿石品位分布图、块段或爆区单体性地质图件、采掘（剥）进度计划图等。

（3）表格部分。表格部分分为年度计划表、季度计划表、月度计划表、日（班）计划表。内容应包括出矿地点、出矿时间、计划出矿量、原矿石质量指标、损失贫化指标、采出矿石质量指标、出矿安排等内容。

C 矿石质量计划的编制

矿石质量计划，尤其是与年、季、月及旬、日、班采掘生产相协调的矿石质量计划的编制，其理论依据应是"全面质量管理"的基本原理，必须实行"全面、全员、全过程"的系统管理；矿山必须建立、健全原矿质量管理机构和体系，制定生产工序质量的考核标准，增强"全员"的质量意识，并注意研究和推行提高矿石产品质量的新方法、新技术等。矿石质量计划编制的直接依据是合同规定的按照矿山实际能够达到的矿石质量指标。当然，矿石质量计划受矿山具体的矿床地质条件、采掘生产技术水平和作业计划、矿石损失与贫化指标以及相应的地质工作程度的制约。

矿石质量计划的编制时间，随矿山采掘计划的编制时间而定，一般可编年、季、月计划，必要时可编旬及当班计划。

通过质量计划的编制，应当解决如下几方面的问题：

（1）明确地得出各时期所生产的各品级、各类型矿石能够达到的质量指标；

（2）根据计划采矿地段内矿床的具体条件，提出保证矿石质量指标实现的具体措施；

（3）进行矿石质量均衡（配矿）工作的具体安排。

矿石质量计划也就是围绕上述问题编制的。以上第一个问题由矿山地质部门具体计算得出，后面两个问题应当在采矿技术部门参与下共同讨论拟定。

应当指出，矿石质量计划编制的最终结果必须达到矿石质量指标要求，否则各地段采矿量、开采顺序及进度等均必须重新安排，直到满足质量指标要求为止。

矿石质量计划编制的一般步骤是：

（1）安排采矿计划进度线及采矿量，必须在了解矿床地质与矿石质量分布特征、符合合理采掘顺序的前提下，按计划时间和采矿单元进行；

（2）计算计划开采地段内的矿石平均品位（地质品位），按矿石类型、品级、矿体（台阶）、块段（爆区）分别进行；

（3）计算计划采掘范围内的预计贫化率，根据所圈定的夹石与矿石分布、厚度、产状、品位和采掘技术水平等进行计算，并研究分采的可能性；

（4）计算采出矿石的预计平均品位；

（5）做出矿石质量均衡（配矿和分选）的具体安排；

（6）提出防止与降低矿石损失与贫化的措施；

（7）编制矿石质量计划所需的图表与文字说明。

D　影响矿石质量指标的因素

影响矿石质量指标的因素很多，主要有：

（1）矿山地质因素。矿山地质因素包括矿床地质特征，矿体空间形态、产状、厚度及结构特征，矿石类型等质量分布特征等。这是客观存在的决定采矿方式与方法、矿石的损失与贫化、可能的矿石质量高低的基础因素。

（2）地质工作程度。地质工作程度尤其是生产勘探程度和矿石取样（采样）研究程度，决定着对矿床（体）地质特征信息资料掌握的全面性、正确性和准确可靠程度。这是采矿方法合理选择与矿石质量管理的依据。

（3）开采技术因素。开采技术因素指所选择的矿床开采方式和采矿方法、采掘生产技术装备的机械化程度和生产效率、组织管理水平等。这是影响采矿的贫化、损失和矿石质量变动的重要原因。

（4）矿石加工因素。矿石加工因素主要指矿石进入选厂后的破碎和选矿工艺流程的技术水平。这是决定入选矿石、中间矿石及精矿质量与回收率等技术经济指标的重要因素。

矿石质量指标正是在全面综合研究上述因素的基础上确定的。

E　矿石质量的预计方法

矿石质量的预计是采掘（剥）技术计划、矿石质量计划与管理的基础工作。矿山地质人员在矿床开采前和采矿过程中，应随时预计未采下矿石的质量（如矿石类型、品级、品位、杂质含量等）和采下矿石的质量，以便采、选及有关部门掌握矿石质量的变化动态，并按照各段矿石质量指标的要求，适时调整采矿与选矿生产计划，采取适当措施加强各阶段矿石质量管理，以保证入选矿石和矿产品的质量。

矿石质量体系因矿种、矿床类型、工业利用方法和途径等方面的不同，而具有结构重点上的区别，例如，金属矿床侧重于矿石的品位和有害杂质的含量等。预计矿石质量的方法很多，但总体上可分为定性预测与定量预计两种方法。

（1）定性预测法。其实质是经验法或类比法，是指根据已有经验判断矿石质量未来可能的变化趋势，根据地质规律研究矿石质量特征的方法也属于此类。

（2）定量预计法。定量预计矿石质量的方法，是根据矿石质量的影响因素与矿石质量变化的因果关系，根据已有的矿石质量历史数据，采用各种数学方法计算与推断未来矿石质量和出矿品位的常用的预计方法。

因此，采出矿石质量的预计及预告工作，是矿石质量管理工作中的一个重要组成部分。采出矿石质量的预计，在不同情况下可采用不同的计算方法，但其最基本的公式是：

$$C_n = C (1 - P) \tag{6-1}$$

式中 C_n——预计的采出矿石的品位；

　　　C——原矿石的地质平均品位；

　　　P——预计贫化率。

在计算以上公式时必须先求得预计贫化率。如果将要开采地段的矿石质量稳定，而且开采条件和地质条件都和以往开采地段相近，那么预计贫化率可参考历年经验数据加以确定；但是一般情况下还是采用式（6-2）进行计算：

$$P = \frac{Q' (C - C') (1 - K)}{C [Q + Q' (1 - K)]} \tag{6-2}$$

式中 P——预计贫化率；

　　　Q'——预计开采时将混入的夹石（或围岩）的重量；

　　　Q——原矿石的重量；

　　　C——原矿石的地质平均品位；

　　　C'——夹石（或围岩）的地质平均品位；

　　　K——预计废石挑选率，即 $K = \dfrac{R'}{Q'}$；

　　　R'——预计可能挑选出来的废石的重量。

式（6-2）中的 Q 与 Q' 是根据地质图件上资料，用储量计算的方法求得；C 与 C' 是根据原矿石和夹石（或围岩）化学取样资料计算求得；K 一般是根据本矿生产中经验数据而确定的。

6.2.1.2 矿石质量均衡

A 矿石质量均衡的意义

矿石质量均衡也称矿石质量中和（又被称作配矿），是指在矿山生产的各个环节中，有计划、有目的地按比例搭配同类型不同品级（或品位）的矿石，使之混合均匀；或进行初步分拣，使矿石质量达到规定要求的标准，然后送入矿石加工利用部门（选矿厂或冶炼厂）的技术措施。

由于用户对所用矿石质量有相当严格、相对稳定的要求，如金属矿石的入选品位变化幅度不应大于 5%～10%；或因某些共生矿物（或元素）会恶化（或改善）矿石加工技术指标，对其含量也有一定的要求标准，而采下矿石并非都能满足规定指标的要求，所以往往需要按计划对矿石质量进行必要的调整，以保证达到规定的质量指标，这是矿石质量管理的重要环节。

矿石质量均衡的直接作用在于：保证矿石质量能够满足用户要求的矿石质量指标，有助于提高选冶工作效率和效果；有计划地搭配部分低品级、低品位矿石，有助于充分利用矿产资源；相应的提高部分低质量矿石的等级，即相对的提高其价值，有助于增加矿山经济收入、降低成本，并延长矿山服务年限。

B　矿石质量均衡的原则

矿石质量均衡必须考虑下列原则：

（1）贫矿石的加入量，必须保证高质量矿石品位降低后，仍能达到利用的规定标准。

（2）两种矿石品位及特性相差悬殊时不能搭配，否则会给选冶部门造成技术上的困难。

（3）不同自然类型和工业类型的矿石，因加工利用方式、方法不同，不能搭配。

（4）两种颗粒规格相差过大的矿石不能搭配，因其质量不同、用途不同，价值也不同。

（5）耐火材料及某些利用其特殊物理性质的矿产，一般不能搭配。

C　矿石质量均衡的计算

为了使不同质量矿石搭配后能满足一定的质量指标的要求，必须进行一定的计算，不同情况下采用不同计算方法：

（1）多种不同品位矿石均衡时的计算。在采矿场出矿或栈桥翻板等配矿场合中，有时要把几种不同品位的矿石加以搭配，此时需先计算每个采区（或采场、台阶、中段）的均衡能力系数。均衡能力系数可采用式（6-3）计算：

$$F_i = D_i(C_i - C) \tag{6-3}$$

式中　F_i——各采区（或采场、台阶、中段）的均衡能力系数；

　　　D_i——各采区（或采场、台阶、中段）的计划采出矿石量；

　　　C_i——各采区（或采场、台阶、中段）的预计采出矿石平均品位；

　　　C——要求达到的品位指标。

式（6-3）中，如果 F_i 为正值，则可搭配一部分低品位矿石；而如果为负值，则需搭配一部分高品位矿石。最后必须使各采区（或采场、台阶、中段）的均衡能力系数之和满足下列要求：

1）当进行有益组分均衡时，必须满足式（6-4）：

$$\sum F_i = F_1 + F_2 + \cdots + F_n \geq 0 \tag{6-4}$$

式中　F_1，F_2，…，F_n——各采区（或采场、台阶、中段）有益组分的均衡能力系数。

2）当进行有害组分均衡时，必须满足式（6-5）：

$$\sum F_i' = F_1' + F_2' + \cdots + F_n' < 0 \tag{6-5}$$

式中　F_1'，F_2'，…，F_n'——各采区（或采场、台阶、中段）有害组分的均衡能力系数。

如果不能满足上述要求，则必须重新调整其中某一采区（或采场、台阶、中段）的产量。

（2）两种矿石均衡时的计算。在储矿槽输出矿石进行质量均衡等场合中，往往是两种矿石进行搭配，此时可用简便式（6-6）直接计算可能被搭配的低品位矿石量（X）：

$$X = \frac{D\ (C_1 - C)}{C - C_2} \tag{6-6}$$

式中　D——较高品位的矿石量；

　　　C——要求达到的品位指标；

　　　C_1——较高品位矿石的预计采出矿石平均品位；

　　　C_2——低品位矿石的预计采出矿石平均品位。

必须指出，以上只是最简单条件下的计算，如果要考虑更复杂的配矿条件，则需要用矿业系统工程学的方法进行计算。

D　矿石质量均衡的方法与步骤

矿石质量均衡的主要方法是指配矿，但矿石采下后的初步分选（矿石与废石分拣）也属于矿石质量均衡的范畴。

（1）配矿的系统方法和步骤。配矿工作贯穿于从矿石开采设计到商品矿石输出全过程的各个环节，可通过一次或多次不同质量矿石的搭配达到规定的矿石质量标准。配矿的系统方法和步骤如下：

1）在编制开采设计和采掘作业计划时，编制配矿计划必须是在充分了解矿石质量分布特征的基础上，有针对性地合理安排各计划中段（台阶）、地段（爆区）矿石的采矿方向、出矿顺序及产量比例，以利于矿石质量均衡。

2）爆破时配矿，应合理安排各品级矿石的爆破范围、数量和顺序。露天采场更易于产生初步配矿效果。

3）出矿时配矿，应根据各采场（或掌子面）矿石的质量特点安排出矿顺序和出矿量，对矿车进行编组，以达到配矿目的。

4）入仓或栈桥翻板时配矿，应将不同品位的矿车对翻，或利用移动式卸矿车往复移动，也可使用皮带输入储矿仓，尽量使矿石逐层分布均匀。

5）商品矿石或精矿石装车、船时配矿，应设法使矿石质量相对均一。

（2）矿石初步分选。矿石初步分选是指对采下矿石或在其运输过程中进行工业矿石与废石的分拣，以达到提高正式入选矿石质量的方法，也称为矿石预选。实践证明，当矿石质量波动很大时，预先用人工或仪器设备把不同品级的矿石、废石分拣开来，按不同路线运输，按不同方式加工是有利的。最简单的矿石初步分选法是块度法分选、肉眼法分选，较为复杂的是地球物理法分选。根据进行分选的地点，矿石初步分选法又可分为工作面（回采矿块内）分选、地下分选设备（或分选站）分选和地面分选设备（或破碎分选工厂）分选。地面分选可看作是选矿总过程的一部分。

1）块度法分选。即利用筛子（固定式或振动式）把矿石按不同块度分开，因为有时矿石块度对加工具有独立意义，如某些脆性矿物，经筛选的细粒级组分往往是高质量、高品级矿石，甚至可以直接进行冶炼。块度法分选可在地下进行，也常在地表进行。

2）肉眼法分选。若不同品级、类型的矿石，或矿石与废石的物理性质（如颜色、光泽等）易用肉眼加以区别，则用手工加以分拣：挑出废石作充填料（地下）或另行处理，或挑出特富矿石作特殊加工等。该法常用于某些金属矿产及云母、石棉、水晶等非金属矿产。可在地下开采工作面的矿石堆上或在运输机皮带上进行肉眼法手工分选。

3）地球物理法分选。对于放射性矿石，可用仪器测量天然放射性射线强度，据此确定每个矿块的金属品位，并将矿车按矿石质量品级编组。也可先在运输机皮带下逐块测量皮带上经筛选的矿石，再将测量结果传给专门的设备，此设备可把矿石逐块分送到不同的储运设备中，分别进行如下加工处理：进行浸出处理、合格矿石送选矿厂或冶炼厂、表外贫矿储存起来、把废石送入废石场等。

无论采用哪种分选方法，均需通过与全部矿石质量均衡比较，并进行技术经济论证。

6.2.1.3　采场矿石质量管理

A　地下采场矿石质量管理

虽然在采矿过程中，防止过高的损失与贫化（尤其是薄矿体）是保证矿石质量的首要环节，但地下开采矿石质量管理的关键是出矿管理和矿石装运过程中的配矿和分选。出矿管理总的要求是，实行岩矿按计划、按品级、按类型分装分运。充填法采场，尤其应注意工业矿石的扫清出净，不得将高品位粉末状矿石混入充填料，也不准将充填料混入采出矿石中，以减少矿石的损失与贫化。房柱法采场，要注意将房柱布置于低品位（或表外）矿石或无矿石地段，并防止出矿时顶盘与四壁围岩的塌落。深孔崩落法采场，由于在覆岩下放矿，应编制放矿图表，保证岩矿界面的不等量均衡下降；正确确定和掌握出矿极限（截止）品位；矿石出完后应及时封闭漏斗。

当然，在矿石开采与运输过程中，应避免由于"采富弃贫"而造成的原设计应采下矿石的未采下损失，按开采设计做好采掘工程的质量管理；同样，还应按计划进行必要的配矿和矿石初步分选，达到矿石质量均衡，这是矿石质量管理相辅相成的两项工作内容。

B　露天采场矿石质量管理

露天采场往往因其范围大，多台阶、多掌子面同时作业，回采与剥离交错进行，因此矿石质量管理工作比较复杂，尤其是多品级、多类型矿石的采场。在矿石质量计划的指导下，管理的主要措施是实行分穿、分爆、分铲、分装、分运、分级破碎储存，并加强配矿和矿石的分选。其中的主要环节有：

（1）爆破块段管理。爆破块段地质图或爆区图是确定划分矿岩、矿石品级和类型边界的依据，可在现场采用一定标志（小旗、木牌等）表示其分界线位置，指导分穿、分爆工作。

（2）爆破矿堆管理。最好绘制爆破矿堆矿石分布草图，同样，可在现场设置标志以表示矿岩、矿石品级或类型界线位置。爆堆草图应一式三份，分别交至调度室、地测部门和电铲司机，指导分铲、分装、分运工作。

（3）出矿指挥。按计划指导分装、分运、分别存放或加工，并进行必要的配矿和矿石初步分选。为此，矿山地质人员必须参与。

（4）矿石质量检查。每次爆破后，地测人员应配合进行产量与矿石质量验收，既检查爆破效果，又要及时进行生产取样与质量检查取样，用以指挥出矿和完成块段管理台账；同时，还应配合质量检查部门，做好出矿质量的反馈和存在问题的调查工作，指导生产计划的必要调整与修订，保证矿石质量达到规定的标准。

6.2.2　矿山矿量管理工作

在矿山生产中，矿石产量是完成生产任务的主要指标之一。矿石产量指标的完成与原矿石储藏量有关，同时也和生产勘探程度以及开拓、采准和回采工作的衔接情况有关，而这些工作都要通过矿量管理工作来保证其进展协调。

任何一个生产矿山，随着矿石的不断采出、开采过程中矿石的损失，以及生产勘探过程中对矿体边界和品位等的修改、新矿体的发现等，矿石的储量数字经常处在变动状态之中。为了对矿石储量的变动做到心中有数，矿山地质部门必须开展储量变动统计工作，以采场为单位建立矿量台账。其目的在于掌握该采场从采准到开采结束过程中，各时期矿量的采出、损失及结存的变化情况。应按年度（必要时按季度）统计全矿山开采的矿量变动，并编制矿量变动报告表。

6.2.2.1 生产矿量的划分

生产矿山的保有储量是由地质储量和生产矿量所组成的。地质储量是按照矿床勘查研究程度的不同而进行分级计算的，表明探明储量的可靠程度；而生产矿量是按照采矿工作准备程度的不同而进行分级计算的。它们之间既有内在不可分割的联系，又有构成内容和划分标志上的区别。生产矿量的计算是在地质储量的基础上进行的，它是地质储量的一部分。

A 地下开采生产矿量的划分

（1）开拓矿量的划分。按照矿山设计的规定，地下开拓系统的井巷工程已开凿完毕，形成完整的运输、通风、排水、供水、压风、电力、照明系统（充填法尚有充填系统），并可以在此基础上布置采准工程，分布在此开拓水平以上的可利用（表内）矿量，称为开拓矿量。

凡是为了保护地表河流、建筑物、运输线路以及地下重要工程（如竖井、斜井、溜矿井等）所划定的永久性矿柱矿量，应单独计算。只有在废除上述被保护物或允许进行回采保安矿柱时，方可划入开拓矿量。在勘探程度上，开拓矿量视具体条件应达到可控制的储量标准。

（2）采准矿量的划分。在已经开拓的矿体范围内，按照设计的采矿方法完成了规定的采准工程，形成了采区外形，分布在这些采区范围内的矿量，称为采准矿量。

采准工程随采矿方法的不同而有不同的规定，一般指沿脉辅助运输平巷、穿脉，采区天井、切割巷道及上山、耙矿巷道、格筛硐室、溜矿井、充填井等。

顶柱、底柱、中间矿柱内的矿量，只有在完成矿柱回采方法规定的采准工作、不违反开采顺序及采矿安全要求，且预计矿房回采结束后相邻矿柱能够回采时，才能列入采准矿量。

在勘探程度上，采准矿量一般应达到探明的储量标准。

（3）备采矿量的划分。在做好采准工程的采区（块段）内，按采矿方法的规定完成了各种切割工程，可以立即进行回采的矿量，称为备采矿量，又称为回采矿量。备采矿量一般均达到探明的储量标准。

顶、底柱及中间矿柱的矿量，只有按设计矿柱回采方法的规定完成了切割工程，且采矿安全条件允许进行回采时，才能列入备采矿量。如果有的采场由于违反采矿顺序而不允许回采，或因事故、地压活动等原因停产而短期内不能恢复生产时，则此采场的矿量不能列入备采矿量。

切割工程依采矿方法的不同而具有不同的规定，一般是指切割层、槽、井、拉底层、扩大漏斗及形成正规采矿工作面等。

B　露天开采生产矿量的划分

（1）开拓矿量。在计划露天开采的范围内，覆盖在矿体上的岩石（或表土）已剥掉，露出矿体表面，并完成了通往开采阶段（台阶）规定的工程和完整的运输系统，则分布在此阶段水平以上的矿量，称为露天开采的开拓矿量。此处规定的工程是指总出入沟、边坡及放矿、排土、防水工程等。开拓矿量一般应达到可控制的储量标准。

（2）采准矿量。在露天采场正常采矿的阶段范围内，在完成开拓工程的基础上，进一步完成新水平准备（掘沟）工作，具体是指出入沟、开段沟、扩帮达到一定宽度，位于此水平以上的矿量，称为采准矿量。采准矿量一般应达到探明的储量标准。

（3）备采矿量。矿体的上部和侧面被完全揭露出来，除了完成运输线路架设、废石、残渣清理，自上台阶边坡底线算起的安全工作平台达到最小宽度以外，还可供立即回采的矿量，称为备采矿量。备采矿量要达到探明的储量标准。

6.2.2.2　影响生产矿量保有期的因素

生产矿山的生产矿量常处于变动状态，为了贯彻"采掘（剥）并举、掘进先行"的方针，坚持合理的采掘顺序，进行正规的采掘作业，要求矿山保有的各类矿产储量及生产矿量大致平衡。如果保有储量过多，会造成资金积压而影响周转，还增加了采掘工程的维护费用；如保有储量不足，在生产中就会缺乏必要的矿量储备，造成三级矿量不足的被动局面，使矿山不能稳定持续生产，因此，矿山保有的"三级生产矿量"必须有一定的保有期限指标。确定生产矿量保有期限时，必须考虑下列因素：

（1）矿床开采方式。露天开采因其采矿技术条件较好、增加储备矿量容易、周期较短，故生产矿量保有期限较地下开采短些。但若为多类型、多品级矿石时，则应以保证主要类型、品级的生产衔接为主，备采矿量保有期限应长些。

（2）生产能力与生产效率的高低。矿山总的生产能力一定时，若采用低效率的采矿方法，由于采场生产效率低、需要较多同时回采的采场和备用采场，则保有备采矿量数较多，保有期限较长；反之，则保有期限较短。

（3）矿床地质条件。若矿床地质条件较复杂，则勘探程度的准备较困难，采掘工程施工也困难，要求的备用采场较多，保有期限指标应高些。

（4）坑道掘进速度。若坑道掘进速度较高，采掘生产准备较易，则生产矿量保有期限指标可以低些；反之，则应高些。

（5）坑道工程维护的难易程度。若坑道穿过的围岩或采场顶、底板围岩不稳固，或者由于构造破坏、地压较强，容易产生片帮冒顶及坑道变形，维护困难，则保有期限指标在保证生产衔接需要的前提下，应尽可能低些。

6.2.2.3　生产矿量保有期的计算

（1）工业储量保有期。可按式（6-7）计算：

$$T = \frac{Q(1-\phi)}{A(1-P)} \tag{6-7}$$

式中 T——工业储量保有期，a；

Q——矿山保有工业储量，t；

ϕ——采矿损失率，%；

P——采矿贫化率，%；

A——矿山生产能力，t/a。

（2）生产矿量保有期。可分为如下三种类型：

1）开拓矿量保有期：

$$T_K = \frac{Q_K(1 - \phi)}{A(1 - P)} \tag{6-8}$$

式中 T_K——开拓矿量保有期，a；

Q_K——计算期末开拓矿量，t。

2）采准矿量保有期：

$$T_c = \frac{Q_c(1 - \phi)}{A(1 - P)} \tag{6-9}$$

式中 T_c——采准矿量保有期，a；

Q_c——计算期末采准矿量，t。

3）备采矿量保有期：

$$T_b = \frac{Q_b(1 - \phi)}{A(1 - P)} \tag{6-10}$$

式中 T_b——备采矿量保有期，a；

Q_b——计算期末备采矿量，t。

6.2.2.4 矿量管理工作

（1）矿山储量管理工作。矿山储量管理工作由矿山地质、测量与采矿部门共同负责，对矿产储量的数量和质量实行全面管理，也属矿山保护范畴，其中心问题是"开源"与"节流"。一般每季、每年召开生产矿量与地质储量分析会，研究矿山储量保有情况及存在问题，制定储量管理的有效措施，建立储量变动统计台账，作好储量计算图表，坚持储量报表与报销制度，按规定指标平衡与管理矿山储量。除此以外，还应做到加强矿山找矿与地质勘探工作，扩大矿产储量，延长矿山服务年限；加强矿产综合利用研究，增加新矿种，兼采和兼用伴生矿产，使矿山资源得到最大限度的综合开发利用；改进采矿方法，优化选冶工艺流程；降低采矿贫化与损失，设法回收残矿、矿柱及表外贫矿；加强掘进、采矿、放矿及配矿的各工序质量管理，努力提高回采率与选冶回收率；坚决贯彻有关的方针政策，坚持合理的采掘（剥）顺序；加强生产勘探和生产地质指导，使生产矿量及时达到规定标准，并使矿山保持高效益地持续均衡生产。

（2）矿山储量的检查。高级储量保有程度的检查，可使矿山保有一定数量的高级别的控制的矿产储量。因此，每个矿山企业除了要求保有足够数量的工业储量外，还特别要求保有一定数量的高级储量。高级储量的保有程度，以能保证生产衔接为原则。在此基础上，可根据具体的地质及采掘条件，制定合理的保有期限。矿山地质部门应对高级储量的保有程度进行定期的检查。

（3）三级矿量保有期限的检查。三级矿量是指矿山在采掘过程中，依据不同的开采方式和采矿方法的要求，用不同的采掘工程所圈定的矿量，它包括开拓矿量、采准矿量和备采矿量。"采掘（剥）并举，掘进（剥离）先行"是我国矿山重要采掘技术方针之一。划分三级矿量并确定一定的保有期限，就是保证实现这个方针的重要手段。执行这个方针，就能保证矿山生产能力的持续，保证开拓、采准与回采的衔接，这样才能顺利完成生产任务。矿山地质部门有责任对三级矿量的保有情况进行经常性的检查与分析，并督促有关部门及时采取措施，保证达到保有期限指标要求。

6.2.3　矿石贫化与损失管理工作

采矿过程中矿石贫化与损失的管理工作，包括作好贫化与损失的统计报表工作，根据影响贫化与损失的因素，确定合理的采矿贫化率与损失率指标，并进一步寻求降低采矿贫化与损失的措施。其中，损失与贫化的统计台账和报表是实际情况的编录，损失与贫化的影响因素与合理的贫化、损失指标是管理的根据，降低贫化与损失的措施是贫化与损失管理的宗旨。

6.2.3.1　矿石贫化与损失的统计

为衡量和检查矿山采掘（剥）生产的优劣、采矿方法与技术管理的好坏、确切掌握矿产资源的利用情况，要求定期按采场（块段）、矿体、中段或台阶、井区（或露天采场）计算和统计矿石贫化与损失的有关参数，并分别建立相应的统计台账（见表6-1）；据此，按月、季、年度填表（见表6-2）并呈报主管部门。这是矿山地测与生产部门进行矿石贫化与损失管理的基础工作。

表6-1　开采过程中贫化与损失统计台账

采区　　　　中段（平台）　　　　　　　　　　　　　　　　　　　　采场　　矿体

日期	采矿方法	矿种	采下矿石			采下围岩			采下矿岩总量			氧化率/%	未采下矿石			未运出矿石			损失总矿量			损失率/%	备注
			矿石量/t	品位/%	金属量/t	围岩量/t	品位/%	金属量/t	矿岩量/t	品位/%	金属量/t		矿石量/t	品位/%	金属量/t	矿石量/t	品位/%	金属量/t	矿量/t	品位/%	金属量/t		
1	2	3	4	5	6	7	8	9	10	11	12	13	14	15	16	17	18	19	20	21	22	23	24

表6-2　贫化与损失年或季度报告表

项目	设计开采矿岩总量/t	实际采下矿石量		二次贫化围岩量/t	贫化率/%		未采下损失 [损失量/t / 储量/t]		采下损失 [损失量/t / 储量/t]	未采下损失量/t	总损失率/%	备注
		总量/t	其中围岩量/t		总的	可避免的	矿房	矿柱				
1	2	3	4	5	6	7	8	9	10	11	12	13
甲												
乙												
⋮												

填写贫化与损失统计表的具体要求如下：

（1）对地质原始资料的要求。在设计图件与掌子面素描图上，要准确圈定矿体；矿石与围岩的体重尽可能采用实测资料；工业矿石储量的计算以备采矿量为基础，在设计指定的范围内确定；矿石及围岩的品位必须以生产取样为依据，不能采用经验数据；采出矿石平均品位可以依据矿石量与金属量，用反求法确定。

（2）对生产记录资料的要求。实际出矿量应根据实测资料填写，出矿品位应在矿车或漏斗口矿堆取样确定，累计总数（也称可用出矿矿石及金属总量）用反求法确定。

（3）对开采损失率的统计要求。矿山应分别按未采下损失及采下损失进行统计，一般以前者为主。金属矿产应分别统计矿石损失率与金属损失率，当采场回采结束后，必须将历次（分层）计算的原始资料加以整理，计算采场总损失率。回采矿柱、残矿应单独计算。当整个中段或台阶回采结束后，再计算全中段或台阶工业矿石储量的总损失率。

（4）对开采贫化率的统计要求。贫化率统计程序与损失率相同。对于实际贫化率，非金属矿山一般只统计废石混入率；金属矿山还应统计贫化率。当有害组分影响显著时，则需统计有害组分的增高率。

6.2.3.2 贫化与损失的影响因素

虽然影响采矿贫化与损失的因素很多，但从总体上讲，可分为可以避免的偶然性因素和不可避免的必然性因素。前者主要反映生产施工过程中的组织管理水平与采场工艺参数确定的正确性，后者主要决定于矿床（体）地质条件的复杂程度和选择的开采方式、方法与设计的正确性。例如，影响矿石贫化率的主要因素及其影响有：矿体厚度越薄（尤其是小于最低采幅时），其贫化率越高；含矿系数越小，其贫化率越高；矿体形态越复杂，其贫化率越高；矿体产状、矿石和围岩的稳固程度、断裂构造的发育程度、水文地质条件等开采地质因素越不利，其贫化率越高；露天开采与地下开采相比，一般来说，其贫化率低；机械化程度越高，其贫化率越高；地下开采效率较低的充填法的贫化率最低，留矿法与空场法次之，效率较高的崩落法的贫化率往往最高。而影响贫化的施工组织管理及工艺技术因素更是多种多样，它们贯穿于采掘生产过程的各个环节，且往往属于可以避免的随机性（偶然性）因素。影响采矿矿石损失和金属损失的因素同样很多，有时采矿贫化与采矿损失具有某种相互对立的关系。

各个矿山应根据实际情况全面系统地进行综合分析，具体查明影响贫化与损失的因素，分清主次，制定合乎矿山实际的贫化与损失管理指标。许多矿山实行指标管理的方法已取得了很好的经验。

6.2.3.3 降低采矿贫化与损失的措施

由于各矿山影响采矿贫化与损失的因素千差万别，所以应全面分析其影响因素，尤其要抓住主要因素，研究贫化与损失的逐年变动情况，推断未来生产期间可能的贫化与损失数值，确定合理的贫化与损失管理指标，作为采取具体措施的依据。综合众多矿山的实践经验，总体上讲，降低采矿贫化与损失的主要措施有：

（1）把好地质资料关。准确的地质资料是采矿方法选择、开采设计与采矿工艺合理确定的唯一依据。把好地质资料关的手段是加强生产勘探，提高勘探程度，彻底准确控制矿体形态、产状及矿石质量等实际分布，提高储量可靠程度，取得生产必须的规范、准确的地质资料，这是降低采矿贫化与损失的首要措施。

（2）认真贯彻采掘生产技术政策。必须遵循合理的采掘顺序，若违反采掘顺序，往往会造成较大规模的贫化或损失；必须贯彻正确的采掘（剥）技术方针，探采并重，探矿超前，适时提高生产准确程度；露天开采必须定点采剥，按线推进，保证生产的正常衔接；坚持大小、贫富、厚薄、难易、远近矿体尽可能兼采的原则；生产计划需当前与长远相结合，防止因片面追求产值、产量、利润指标而滥采乱挖、采富弃贫，造成资源浪费、矿山寿命缩短等短期行为。

（3）选择合理的采矿方法。先进合理的采矿方法是指工艺先进、工效高、安全性好；同时，矿石贫化率与损失率低、经济效益好的最佳采矿方法。应该做到把好设计关，做好采掘生产的总体设计和单体性工程设计；未经严格审批的设计，不能交付施工。合理的采矿方法是研究合理采矿贫化与损失管理指标的先决条件。

（4）加强施工作业过程的质量管理。质量管理包括工程和矿石质量管理，除了把好设计关外，在施工作业过程中，要求把好施工质量关、打眼关、装药爆破关和放矿管理关。应加强采掘生产地质指导与地质技术管理工作，并做好合理贫化与损失指标的技术经济论证；强化地测部门的监督管理职能，严格执行设计—施工—验收制度，针对产生贫化损失的具体原因，及时研究并提出降低贫化与损失的措施，贯彻"以防为主，防检结合"的方针。

（5）提高认识，人人参与管理。应借助于经济手段考核管理生产和贫化与损失指标，该指标应是根据矿山实际情况，经过努力可以达到的。做好群众工作，提高对采矿贫化与损失的思想认识，增强整体与全局观念；全矿上下同心协力，以主人翁的姿态认真持久地开展"全员"、"全过程"、"全面"质量管理活动，这是降低采矿贫化与损失、保证矿石质量的根本措施。

6.2.4　现场施工的地质管理工作

6.2.4.1　生产期间的地质管理工作

矿山现场施工和生产的重要特点之一是工作面和工作对象处于不断变动之中，无论是井巷掘进的工作面还是采场的工作面，每天都在推进。随着工作面的推进，总是不断地出现新的地质条件，而且有许多新情况可能是生产勘探中未发现和采掘设计中未考虑到的，对于这种情况，地质人员和采矿人员必须密切配合，搞好施工生产的管理工作，必要时甚至应该修改原设计。此时，地质工作应该起到施工生产中"眼睛"的作用。

　A　井巷掘进中的地质管理工作

在井巷掘进过程中，矿山地质部门除了要及时进行地质编录及取样等工作之外，还要进行经常性的地质管理工作，具体如下：

（1）掌握井巷的掘进方向。例如，一般情况下，沿脉巷道要沿矿体或紧贴矿体底板掘进，而运输大巷不能离开含矿层底盘，如果因矿体界限与原来预计的有变化而使巷道有所偏离，则地质人员应及时指出，并和采矿人员一起研究解决。

（2）掌握井巷掘进的终止位置。例如，多数穿脉要求穿透矿体顶、底板后即终止掘进，地质人员应经常到现场观察，及时指出掘进终止地点；又如，有的沿脉在掘进中发现矿体尖灭了，地质人员应到现场调查并判断矿体是否可能再现或侧现，以决定是停止掘进还是继续掘进。

（3）掌握地质构造的变动情况。例如，有的矿山在掘进中经常碰到对掘进影响很大的断层，地质人员应经常到现场调查了解，一旦发现断层标志或接近断层的标志，则应及时判断断层的类型、产状、破碎带的可能宽度、破碎带的胶结程度以及两盘相对位移方向等情况，以便掘进施工部门及时采取有效的过断层措施；如果是矿体被错断了，而且断距较大，还要确定错失矿体的位置，以便采矿人员及时修改设计；如果发现有生产勘探中尚未发现的褶曲构造，也应及时判明情况，提请有关部门采取适当措施。

（4）参加安全施工的管理。矿山生产安全工作虽然有专门人员管理，但是有许多安全问题直接与地质条件有关，地质部门应参与管理。例如，井巷中的冒顶、片帮或突水等事故都与地质条件有关，地质人员应及时发现其征兆，及时向生产部门发出预告，并会同有关部门商讨预防事故的措施。

（5）参加井巷工程的验收工作。井巷掘进施工告一段落后，地质部门还要会同掘进队及采矿、测量人员，对井巷工程进行验收。验收的主要项目是，工程布置的位置、工程的方向、工程的规格质量及进尺等是否达到原设计的要求。有的矿山在验收中还同时测算掘进中副产矿石的矿量。

B　采场生产中的地质管理工作

在采场生产过程中，矿山地质部门除了要进行地质编录和取样等工作外，还要进行经常性的地质管理工作。

（1）进行开采边界管理。对于形态变化复杂或构造变动大的矿体，在回采工作中往往发现矿体的实际边界与生产勘探所圈定的边界有出入，此时，如果开采边界不正确，就会造成矿石的贫化或损失。在这种情况下，对于用深孔采矿的地下采场，常利用打深孔时取矿（岩）泥的方法对矿体进行二次圈定，以保证开采边界的准确（前已述及，此工作属于生产勘探工作之一）。但是对于用浅孔采矿的地下采场，地质人员则应与采矿人员密切配合，管理好开采边界，可采取及时用油漆或粉浆等标出开采边界的方法，以指导生产；对于采场两帮残留矿石，也应及时标出、及时扩帮。

露天矿的开采边界管理也很重要，在此项工作中，除了要掌握剥离境界外，更要指导矿、岩分别爆破及分别装运。为了指导分爆、分装及分运，矿山地质部门应提供"爆破区地质图"之类的图件，并用一定标志（如小旗、木牌等）在现场直接标出矿、岩分界。

（2）进行现场矿石质量管理。矿石的质量管理工作在6.2.1节已做介绍，这里主要是指现场管理。实际上，上述开采边界管理也包括部分矿石质量管理，即通过掌握开采边界而减少矿石的贫化。除此之外，在现场管理中，主要是保证矿石质量计划和质量均衡方案的实现。例如，指导不同类型、不同品级矿石的分爆、分装及分运，指导现场矿石质量均衡工作等。

（3）参加安全生产的管理。在地下采场中，也可能碰到在井巷中碰到的那些与地质条件有关的安全问题，尤其是采场往往有比井巷更大的暴露面，当然更要加强这方面的管理工作。

在露天采场，矿山地质人员还要经常注意边坡稳定情况，及时发现因断层、软夹层或水文地质条件等引起的不稳定地段，与采矿人员共同研究预防边坡滑动或垮落的措施。

以上只是矿山现场施工生产中常遇见的一些地质管理问题。各矿山的地质条件不同，所遇到的问题可能是多种多样的，但凡是与地质条件有关的施工生产问题，矿山地质部门都要参与管理。

6.2.4.2　采掘结束时的地质管理工作

采场、中段（或露天矿平台）、采区（或坑口）或整个矿山均可泛称为采掘单元。在采掘单元停采或结束时，矿山地质部门都要与测量及采矿部门共同进行管理，其中，矿山地质部门所进行的管理工作也属于地质管理工作之一。

A　采掘单元停采中的地质管理工作

一个大型采掘单元（如矿山或坑口）的停采是一个不常有的情况，一般是由于发现了开采或利用条件更优越的矿床，或由于原来生产的矿石品种不再需要，或由于技术经济政策上的原因等。而小型采掘单元（如地下采场或中段）的停采，则是由矿山采掘顺序的调整或矿石产量的调整等原因所造成。

采掘单元停采中的地质管理工作的目的，总的来说，是为了给以后重新恢复生产打下基础；具体来说，一方面是为了给复产提供必要的地质资料，另一方面则是为了便于以后复产时地质工作的衔接。其主要工作内容有：

（1）完成停采时已有采掘工程的地质调查与原始地质编录工作；

（2）系统整理出停采地段的综合地质图件及其他地质资料；

（3）统计出已采矿量和尚存储量。

B　采掘单元结束时的地质管理工作

采掘单元的结束大部分是由于已无继续可开采的矿石，但也可能是由于发生了重大事故（如大面积岩体移动）而破坏了继续开采的条件，或由于地质条件与设计时所掌握的地质资料有了极大差异，以致在现有技术经济条件下已不具备继续开采的价值。

在采掘单元结束时，都要报销矿量和拆除设备，因此，此时的地质管理工作必须极为慎重。采掘单元结束时的地质管理工作的主要目的在于，确保充分回收国家矿产资源，其次也是为了系统积累已采地段的矿床地质资料以存档备查和总结工作经验教训以指导未采地段以后的工作。

小型采掘单元（如地下采场）结束时的管理工作较为简单，在正常开采结束情况下，地质管理的主要内容为：

（1）检查设计中的应采矿石是否已全部采完；

（2）检查采下矿石是否已全部出完；

（3）确定残矿是否需补采或补出；

（4）重新核实原始储量，统计采出矿量与开采中的贫化与损失；

（5）系统整理出有关该单元的地质资料并归档。

在小型采掘单元因重大事故等原因而被迫结束等情况下，地质管理工作的主要内容为：

（1）会同采矿及安全技术等部门检查、鉴定是否确实属于已无法复产的情况；

（2）统计已采矿量与残存矿量，计算其贫化与损失；

（3）系统整理出有关该单元的地质资料并归档。

大型采掘单元结束时的地质管理工作与上述工作相似，不过若属于正常开采结束，还应着重检查应采的矿柱或矿体分支等是否已全部回采，以及在结束地段范围内或其附近鉴定是否已无再发现盲矿体的可能。除此之外，对于大型采掘单元的结束，地、测、采部门应共同提出正式的采掘单元结束的总结资料，并报送有关部门审查和批准。

复习思考题

6-1　试叙述矿石质量的基本概念与矿石质量的评价体系。

6-2　矿石质量管理的手段有哪些？

6-3　矿山储量级别的划分方法是什么？

6-4　地下开采矿量如何划分？

6-5　影响矿山开采损失贫化的原因是什么？

6-6　试叙述矿石质量的概念及其指标体系。

6-7　矿石质量的测定方法是什么？

6-8　试叙述矿床储量的概念及其分级方法。

6-9　圈定矿体常用的工业指标及其确定方法各是什么？

6-10　矿床储量的常用计算方法是什么？

6-11　金属矿地下开采有哪些步骤？

6-12　金属矿露天开采有哪些步骤？

6-13　试叙述三级矿量及保有时间的概念。

6-14　损失贫化的概念及其计算方法是什么？

矿山保护与综合地质研究工作

7.1 矿产资源保护和综合利用

矿产资源是人类社会赖以生存和发展的重要物质基础,它又是一种基本上不可再生的、有限的自然资源。我国许多矿产的储量居于世界前列,但一些重要矿产的人均占有量则相对贫乏,不足世界人均水平的一半。

资源问题,是世界各国共同面临的人口、资源、环境这三大问题之一,已引起世界各国政府的高度重视,成为国际性重大议题之一。我国是世界人口第一大国,既是矿产资源总量大国,又是人均占有量小国。目前,我国在矿产资源方面所面临的形势相当严峻,这在相当程度上制约着矿业的发展,进而制约着能源、原材料工业和整个经济的发展,成为国民经济中的"瓶颈"。

加强矿产资源保护,不仅对保护和合理开发利用矿产资源以及保护和改善生态环境,是一项积极有效的措施,而且对经济社会长期持续、稳定、协调地发展,也是一项非常重要的保障因素。

7.1.1 矿产资源保护工作

7.1.1.1 矿产勘探阶段资源保护

在矿产勘查阶段,要改变单一的矿产勘查方法,实行综合勘查与综合评价。在勘查主矿产的同时,要对勘查区内一切具有工业价值的共生和伴生矿产进行勘查和研究。根据设计需要,应开展对有关矿产开发利用条件和矿石物质成分的研究与试验工作;并结合国家当前与长远利益的需要,对共生的各种矿产拟订正确合理的勘查程度和综合工业指标,对矿区做出全面评价,为矿产资源的综合开发和综合利用奠定基础、创造条件、提供依据。

7.1.1.2 矿山设计阶段资源保护

确定矿山总体部署或全面规划时,要充分考虑矿山发展及扩建要求。确定矿山企业开采方式、开拓方案、开采方法时,尽可能采用贫化与损失指标最低的先进方案,尽可能实行选别开采,对贫矿实行配矿,以提高矿产资源利用率。

设计矿山选厂及冶炼企业时,要考虑采用先进而合理的矿石加工技术、工艺方法与流程,使矿石中一切有工业价值的有益组分都能够得到最大限度的回收利用。

对于有多种有用矿产存在的综合矿区,矿产品种及其回收将涉及几个工业行业。这时,矿山企业设计部门应会同各有关工业行业联合进行矿产资源的开发,要打破行业界线;开发某一种资源时,要考虑共生、伴生或有密切关系的其他资源的开发利用;应鼓励主业和副业兼营、综合开发、综合利用,支持跨行业的联合开发。对于某些工业系统内目前并不急需或暂时尚难以开发利用的矿产，在矿山设计时要采取有效措施予以妥善保留，避免开采时遭到破坏；如果矿床地质或矿山采矿技术条件不允许保留，而必须随他种矿产一并采出时，应当设计必要的储矿场暂做保存，以备将来利用。

确定矿山总体部署，设计各类主要厂房、井筒、选矿厂、运输线路、水塔、管道系统、高压线路、永久性公共建筑、供水水库、储矿厂、废石堆、排土场、尾矿坝等大型建筑前，必须充分考虑工程区内矿产资源的分布情况，避免压矿而造成资源损失。

在设计过程中，对矿山企业的"三废"应采取先进的方法充分利用，严格执行允许的排放标准，减少对环境的污染。

7.1.1.3 矿山企业资源保护的职责

（1）矿山地质测量部门。矿山地质测量部门在矿山开采过程中，要加强探矿工作，提高矿山勘探程度，为开采设计提供可靠依据；要加强综合地质研究及矿山深部或边部的矿产预测及勘查工作，寻找新矿体，增加矿山储量；同时，深入进行矿石物质成分研究，为伴生组分综合利用提供基础资料；要根据地质条件的新变化和采、选、冶技术的新发展，及时修改和采用合理的工业指标。

矿山地测机构，应充分发挥监督矿山企业充分合理开发利用与保护矿产资源的职责，做好生产勘探工作，提高矿产储量级别，为开采提供可靠依据；对矿产资源开发的损失、贫化以及矿产资源综合开采利用进行监督；对矿山企业的矿产储量进行管理；对违反矿产资源管理法规的行为及其责任者，应提出处理意见并可越级上报。

（2）采矿技术生产部门。采矿技术生产部门在矿产资源保护工作中的主要任务是，提高回采率、降低贫化及损失率；必须根据设计要求，本着贫富、大小、厚薄、难易兼采和综合利用的原则，制订合理的、切实可行的技术措施和作业程序；在开采过程中，应当经常研究、改进采矿方法，努力降低贫化率和损失率，最大限度地回采矿产资源；对设计中确定不予开采的矿体或已采出但暂不利用的矿石，应从实际出发，采取保护措施，以备将来利用；对难采地段，如采矿场的矿柱、残矿等，应当采取措施，在保证安全生产及经济合理的前提下，最大限度地加以回采。

（3）选矿、冶炼部门。选矿、冶炼部门，应采取先进而合理的矿石加工技术方法，提高选冶回收率，降低尾矿品位、炉渣品位；重视选、冶理论及实践问题的研究，改进与改革矿石加工工艺流程，综合回收一切可以利用的矿产资源；特别要研究尾砂、炉渣、烟尘、尾水、阳极泥等的综合利用问题，消除"三废"危害，化害为利，变无用为有用。

7.1.2 矿产伴生资源的综合利用

7.1.2.1 伴生矿产的基本概念

伴生矿产是指，矿床（矿体）中与主矿、共生矿一起产出，未"达标"或未"成型"，技术、经济上不具有单独开采价值；但在开采、加工主要矿产时，能同时被合理地开采、提取和利用的矿石、矿物或元素。

伴生矿产种类繁多、形式多样。必须是在当前技术经济条件下，可以被回收利用并有经济效益的组分，才可列为伴生矿产；对于那些在回收利用中，虽然技术上可行但经济上明显不合理的组分，应列为潜在性的伴生矿产；对于含量甚微而加工中又不能富集回收的组分，不能列为伴生矿产。

7.1.2.2　伴生矿产简介

伴生矿产按照其存在形式、与主矿产的关系和开采（回收）条件，可分为伴生矿物矿产、伴生元素矿产和伴生矿石矿产三大类。

伴生矿物矿产，是一些可利用程度较高的矿物，它们在矿床中的分布较为普遍，局部矿床内，其含量也可以富集到接近矿产工业指标。在加工主矿产的选矿流程中，可同时选出它们的合格精矿产品或中间产品；有些在矿石中含量虽低，但因特殊需要或经济价值很高而有必要进行选别的某些重要矿物，可以分选出精矿产品，既扩大了矿石组分回收利用的范围，又对进一步提高矿床的经济价值具有重要意义。

伴生元素矿产，通常是指含量低、呈分散状态存在的可以附带回收的伴生有用组分。它们包括赋存于其他有用矿物中的类质同象成分、机械混入物、微细包裹体，以及离子吸附型的有用组分。

伴生矿石矿产，是指分别产出的异体伴生矿产，即在主要矿产的围岩或剥离层内形成独立的矿层、矿体，但由于有用组分品位低或者矿体厚度薄、未达标或未成型、经济上不具有单独开采价值，只能随同主矿产一起开发利用的各种矿石。

7.1.2.3　伴生矿产的工业标准

伴生矿产的工业价值不仅与其本身的价值有关，更重要的是取决于其赋存状态、回收难易程度和回收效果。决定伴生矿产价值的主要因素，一般也是确定伴生矿产工业要求的基本因素。

矿床中的伴生矿产应有主次、贵贱之分，对储量较多、含量较高、分布稳定、回收工艺成熟、回收效果良好，既有销路又可盈利，可以有计划安排生产并可形成固定产品的伴生矿产，应特别加以重视。随着新技术新工艺的开发，回收利用伴生矿产的范围也日益扩大，工业要求也在不断变化；加之具体矿床的技术经济条件千差万别，所以，在综合评价中应根据当时当地的具体条件，确定合理的工业标准。

对于某些矿床中的伴生有害组分，为了保护环境、改善生产条件、提高产品质量的需要，即使无利可图也必须处理并可回收的组分，可不受工业指标限制。

7.1.2.4　提高矿产综合利用的途径

（1）国家政策的支持。国家应在政策上对积极进行矿产资源综合回收的矿山实行鼓励，保护和充分利用矿产资源应该成为国家的一项长远战略方针。我国大部分有色矿山在经过了三四十年开采后，由于品位的降低、采矿深度的加大、产品价格低等原因，普遍存在着经济效益差、资金紧张的现象。所以，国家应免征或少征矿产资源综合回收产品的所得税，并对为提高资源回收利用而增加流程和开发新工艺的投资，实行优惠或上级专项拨款。

（2）提高矿产资源供应能力。

1）我国政府应按照建立和完善社会主义市场经济体制的要求，深化矿产资源勘查体制改革；实行公益性、基础性地质调查评价和战略性矿产资源勘查，同商业性矿产资源勘查分开运行。我国政府应鼓励并积极引导符合规划要求、以市场需求为导向、以经济效益为中心的商业性矿产资源勘查活动；鼓励在中西部地区、边远及少数民族地区等经济欠发达且具有资源潜力的地区，开展商业性矿产资源勘查；鼓励矿山企业在有市场需求和具有资源潜力的老矿山外围或深部，开展商业性地质勘查工作，探寻新的接替资源；对以往由国家出资勘查而形成的矿产地，应鼓励投资者通过公平竞争获取探矿权和采矿权；鼓励开展石油，天然气，煤层气，低灰低硫煤，优质锰、铬、铜、铝、金、银、镍、钴、铂族金属、钾盐等矿产资源的商业性勘查；应科学、合理地开发地热、矿泉水和地下水资源，厉行节约，优水优用，防治污染。

2）国家政府应加大能源矿产资源的勘查开发力度。我国煤炭资源丰富且居能源主体地位，但煤炭对大气环境污染严重，能源结构需进行某些调整。我国应充分利用煤炭资源和水能资源，发展以煤炭洗选加工、液化、气化等为主要内容的煤的洁净技术；我国煤炭开发在稳定东部地区生产规模的同时，应重点开发山西、陕西、内蒙古，合理开发西南地区，适当开发新疆、甘肃、宁夏、青海的煤炭资源，以加大煤层气开发力度。我国石油资源比较丰富，但和需求相比仍相对不足，解决油气供应不足的问题，应首先立足于开发利用国内的油气资源。我国西部地区已经发现丰富的油气资源，新疆塔里木、准噶尔、陕西、甘肃、宁夏、山西、内蒙古鄂尔多斯和青海柴达木等盆地都具有良好的开发前景，渤海海域也有重大发现。我国石油资源勘查开发，应在深化东部、发展西部、加快海上的基础上，重点加强老油区的勘查工作，力争在新层系和地区取得新的发现，增加石油探明储量，保持合理的石油自给率。我国天然气的勘探开发，应以西气东输沿线的塔里木、鄂尔多斯、柴达木盆地和四川、重庆地区以及海上的东海盆地为重点，增加储量，提高产量，逐步改善我国能源结构。

（3）扩大矿产资源勘查开发的对外开放与合作。

1）我国应坚定不移地实行对外开放政策。在互惠互利的基础上，应积极参与矿产资源领域的国际合作，推进国内外资源、资本、信息、技术与市场的交流。

2）我国应实行鼓励外商来华投资矿产资源勘查开发的政策，应鼓励国内矿山企业与国际矿业公司合作，借鉴国际先进经验，引进先进技术，按照国际惯例经营运作。我国石油工业自1982年开始对外开放，利用国外资金和技术合作勘探开发油气资源；近年来，开发范围逐步扩大，原油产量大幅度提高；目前，我国已参与境外油气资源开发。我国政府在进一步改善外商投资环境、扩大对外开放和加强国际合作方面，已经或即将采取一系列措施。

3）我国政府应鼓励国内企业参与矿产资源领域的国际合作，勘查、开发和利用国外矿产资源；按照国际惯例促进和保护境外矿产资源勘查开发投资，规范投资和经营行为；积极开展地质调查、矿产资源勘查和开发领域的对外合作，扩大双边和多边科技交流与合作。

（4）加强矿产资源管理。

1）深化矿产资源管理体制改革。为不断适应经济体制改革的要求，我国对矿产资源管理体制进行了改革，转变并加强了政府职能，实行政企分开、政事分开。

2）加强矿产资源规划管理。矿产资源规划是矿产资源勘查开发利用的指导性文件，是实施宏观调控的依据。我国政府正在进一步加强矿产资源规划管理，完善规划体系，严格规划责任、规划审查、规划公告、规划修编、规划监督等制度，加强规划宣传，建立规划实施保障和信息反馈体系，以确保规划目标的实现。

　　3）改革探矿权、采矿权管理制度。我国宪法规定，矿产资源属于国家所有；同时，矿产资源法又明确规定，"由国务院行使国家对矿产资源的所有权"。近年来，我国改革了探矿权、采矿权管理制度，明确了探矿权、采矿权的财产权属性，确立了探矿权、采矿权的有偿取得和依法转让制度，确立了探矿权人优先取得勘查区内采矿权的法律制度，强化了探矿权、采矿权的排他性，改革了审批勘查、开采矿产资源和颁发勘查许可证、采矿许可证的权限，规定了探矿权、采矿权可以通过招标、拍卖、挂牌等竞争的方式有偿取得；若转让探矿权、采矿权，应当遵循市场规则并得到政府部门的许可，依法办理转让手续。我国政府将继续按照产权明晰、规则完善、调控有力、运行规范的要求，培育和规范探矿权、采矿权市场，加强对市场运行的监管。

　　（5）应用新技术，提高资源综合利用。随着信息技术的迅猛发展，信息化已成为当前的发展趋势，并且发挥着越来越重要的作用，信息技术已对人类社会和经济的发展产生深远的影响。如今，信息化更是世界各国普遍关注的焦点，而以信息技术为核心的新技术革命，为我国国土资源信息化的建设带来了难得的历史机遇。国土资源信息化建设，就是要以国家信息化建设的基本方针和任务为指导，在统一规划和组织下，结合我国国情采取强有力的措施，应用现代信息技术深入开发和广泛利用信息资源，加速实现国土资源调查评价、规划、管理、保护和合理利用科学化、现代化的进程。

　　在地学领域，无论是生产还是科研，无论是应用研究还是基础研究，本质上都是信息的获取、存储、检索、分析、显示以及应用的过程。因此，在地质矿产勘查过程中，从野外数据的采集到室内数据的整理、管理、应用，再到对地矿工作成果的保存、管理、使用和出版印刷，以及地质矿产工作的科学管理与决策等诸多方面，无一不与计算机应用技术紧密相连；同时，地学领域所涉及的地理、地质、地球物理、地球化学以及遥感等方面的信息都具有空间性。因此，在地学领域中大力发展对空间信息的管理和应用技术，已成为21世纪地球科学发展的重要技术取向。

　　信息资源已经成为国民经济和社会发展的战略资源，信息资源的开发和利用已是衡量一个国家经济发展水平与综合国力的标志之一。在当今激烈的国际竞争中，信息资源已成为各国争夺的重点，21世纪将是各国争夺信息资源开发、利用自主权和优势的最激烈的时期。数据库建设是国家基础设施建设的重要组成部分，数字数据的积累将为国家信息化提供资源保障。

7.2　矿山环境地质工作

　　随着世界人口的增长、生产力的提高、生产规模的扩大和人类活动范围的扩张，环境问题，即由于人类活动作用于人们周围的环境所引起的环境质量变化，以及这种变化反过来对人类的生产、生活和健康的影响问题，已成为全球性的突出问题，受到世界各国的重视。因此，环境科学也得到了较快的发展。

　　人类与环境的关系主要是通过人类的生产和消费活动而表现出来的，人类的生产和消费活动也就是人类与环境之间的物质、能量和信息的交换活动。人类通过生产活动，从环境中以资源的形式获得物质、能量和信息；然后通过消费活动，再以"三废"的形式排向环境。因此，无论是人类的生产活动还是消费活动（生产消费与生活消费），均受环境的影响，也均影响着环境，其影响的性质、深度和规模随着环境条件的不同而不同，随着人类社会的发展而发展。

7.2.1 概述

7.2.1.1 矿山环境地质的概念

矿山环境地质是介于矿山地质学与环境学之间的边缘学科。它主要研究在矿山开采过程中，自然地质作用、人为地质作用与地质环境之间的相互影响与作用，以及由此产生的环境污染与破坏问题，从而达到合理开发和利用矿产资源、保护地质环境的目的。

人类出现后，特别是在人口剧增、社会生产力和科学技术大力发展的情况下，地球表面受到了人类活动的强大冲击，人类活动成为除上述天然的内、外地质动力之外，使地球表面发生变化和发展的不可忽视的又一动力，产生了其规模与速率都可以同天然地质作用相比拟的人为地质作用。

人为地质作用包括：

（1）人为剥蚀地质作用。如露采矿山剥离盖层、工程挖掘土石等。

（2）人为搬运作用。如填筑工程基础、采掘矿产、工程场地开挖等。

（3）人为堆积作用。如由建筑施工和工业生产产生的废弃物堆积、固体生活垃圾堆积层等。

（4）人为塑造地形作用。如采矿堆积的尾矿、废石堆，挖掘的采矿场陡壁和斜坡、矿坑、陷落漏斗，修建的人工湖、假山，工程与道路建设削平高地、填平低地，建筑路堤、路堑等。

（5）人类活动的其他地质作用，人类活动可以使地壳表层内的地球化学场、应力场、水动力场、热力场等发生改变，产生其他新的地质作用和地质现象。例如，在长期大规模强力开采地下水的地区，由于开采区含水层中水压力的降低，导致含水层和隔水层发生新的压密作用，引起地面沉降，在岩溶发育区发生地面坍陷。又如，在露天开采矿山，由于开采而引起边坡岩体的滑动；在地下开采矿山，由于开采而引起井下岩体的崩塌与移动等。

上述人为地质作用，必然破坏地质环境在天然地质作用下的平衡条件，从而形成新的平衡关系。随着人口的增长、社会生产力的发展和科技的进步，人为地质作用力将更加强大，它们对地质环境的冲击也将更加强烈。深入研究人为地质作用和地质现象的发生和发展，有助于评价地质环境的变化趋势。

7.2.1.2 矿山环境地质研究的意义

矿业开发的过程，实际上是利用、改造和破坏自然环境的过程。所以，环境问题是矿山生产进程中必然出现而又必须解决的问题，环境问题已经成为地质工作的重点之一。在某些情况下，合理利用、保护和改善地质环境，包括合理开发利用矿产资源的调查研究，可能比勘查矿产的意义更大。而在环境地质研究中，矿山环境地质工作占有重要地位。因为矿山存在着特殊的地质环境，特别是矿床开发后，这种特殊的地质环境对人类的影响就更为严重。在生产过程中，人们与地质体直接接触，而且在矿产资源开发的同时，又排出了大量废弃物（废石、矿坑水、尾矿），更增加了对生产与生活环境的污染与恶化，造成的危害就更大，甚至呈现为一种恶性循环。要使恶性循环向良性循环转化，就需要加强对矿山环境的保护与治理。

环境保护的内容根据我国环境保护法的规定，包括"保护自然环境"与"防治污染和其他公害"两个方面。这就是说，应该运用现代地质学和环境科学的理论与方法，在更好地利用自然资源的同时，深入认识和掌握污染和破坏环境的根源和危害，有计划的保护环境，预防环境质量的恶化，控制环境污染，促进人类与环境协调发展。

开展矿山环境地质调查研究，做好地质环境的保护，不仅为地质灾害的防治、经济建设和社会发展创造了有利条件，而且对人类生产和生存发展提供了良好的环境空间，具有重要的现实意义和战略意义。

7.2.1.3　矿山环境地质研究的主要内容

矿山环境地质工作涉及的问题比较广泛，总的来说，它既涉及自然地质灾害方面的问题，又涉及因人类对自然的影响而产生的环境破坏方面的问题。

（1）矿山工程地质调查与研究。主要任务是紧密结合矿山生产，解决与矿床开采有关的岩（矿）体稳定性和预报地质自然灾害的问题。其主要工作内容有：开展露天矿边坡工程地质调查，进行边坡稳定性评价；进行岩（矿）石物理力学参数测定、地应力测量、岩体变形和位移的监测；对采区岩（矿）体的稳定性、回采工艺等技术问题进行研究或论证；开展地质自然灾害（矿区岩体的崩塌、滑坡和泥石流灾害，露天矿边坡的滑移，井下矿山的地压活动）的预报，以及灾害调查和处理中的工程地质工作。

（2）矿山水文地质调查与研究。主要任务是根据设计确定的开采范围及深度、采矿方法和技术要求，进一步查明影响矿床充水的各种因素，研究地下水处理前后的补给、径流和排泄条件的变化情况，校核矿坑涌水量与各项计算参数，制定防治和综合利用地下水的方案，保障矿山安全生产的进行。其主要工作内容是：在充分利用已有矿床水文地质资料的基础上，开展一些补充性或专门性的水文地质勘探与试验工作，必要时还要进行防排水工作的研究，以便进一步查清矿区含水层的水文地质特征，地下水的补给、径流、排泄条件，主要构造破碎带、风化破碎带、岩溶发育带的分布和富水性以及与其他各含水层和地表水体的水力联系的密切程度，主要充分含水层的富水性，地下水径流场特征、水头高度、水文地质边界线，地表水体的水文特征及其对矿床开采的影响程度，老窿分布、积水情况等；确定矿床主要充水因素、充水方式及途径；对矿床疏干排水方案进行综合研究与综合评价；研究地下水对岩土体稳定性的影响。

（3）矿山水土污染的地质调查与研究。其主要任务在于，查明影响矿山环境的地质因素和矿床开发后有害物质的含量、迁移、转化和分布规律；配合矿山环保部门，开展对矿山开发产生的废弃物污染的环境监测和质量评价。其研究的主要内容是查明造成矿山水土污染的元素；矿山水土污染对人体健康的影响，以及对矿山开发污染源进行地质调查等。

（4）矿山空气污染的地质调查。其中包括有害粉尘的地质调查及其有害气体的地质调查两个方面。

（5）矿石（围岩）自燃的地质调查。其研究内容包括矿石（围岩）自燃的原因调查、预防自燃的地质调查及识别初期自燃火灾的地质调查等内容。

（6）矿床热害的地质调查。对有热害或赋存地热水的矿区，应研究地热场的情况、地热增温率及热异常的范围，地热水的赋存条件、补给来源；评价地热及地热水对矿床开发的影响及其利用的可能性。

7.2.2 矿山工程地质研究

7.2.2.1 矿山工程地质概述

矿山工程地质工作，是为了查明影响矿山工程建设和生产的地质条件，从而进行的地质调查、评价及研究工作。尽管矿山在基建前已进行过一定的工程地质测绘和勘察工作，但其详尽程度不能完全满足工程建设和生产需要。因此，在矿山开始基建乃至投产后，对于工程地质条件复杂的矿山仍有继续深入进行工程地质工作的必要。

矿山工程地质工作的任务是，更详细地查明工程建设和生产地段的工程地质基础条件，更深入地查明可能危害建设和生产的工程动力地质现象，以保证工程建设和生产的顺利进行。具体工作的内容包括：对基建施工中的厂房地基、尾矿坝的坝基、铁路和公路的路基及边坡等进行工程地质调查；对掘进中井巷、硐室、采场中工程地质条件复杂的地段，进行工程地质调查和编录，并与采矿人员密切配合，及时解决掘进中的工程地质问题；系统地开展有关露天矿边坡稳定和地下矿岩体稳定的综合性调查研究（包括岩土工程地质特征、岩体结构特征、有关水文地质条件、构造应力场的调查研究，以及失稳地段定期的移动观测等）；对可能危害工程施工或工程设施的工程动力地质现象（包括流砂、泥石流、崩塌、岩堆移动和岩溶等），进行专门的工程地质调查；当矿山进行扩建时，还可能要开展扩建工业场地、路基及尾矿坝的工程地质调查。

7.2.2.2 岩土工程地质特征的调查

岩土是矿山工程的地基或围岩，又是地下水埋藏的物质基础。岩土的工程地质性质将直接影响到工程的设计、施工和使用。因此，在矿山工程地质工作中，要首先对岩土的工程地质特征进行调查。

为了对岩质和半岩质岩石进行工程地质性质的评价，应进行下面的调查或测试：一般岩石学特征（岩石的矿物成分、结构、构造、产状和岩相变化等），岩石的化学性质（溶解性、水或其他溶液对岩石的作用等），岩石的物理性质（密度、体重、孔隙率、裂隙率、含水性等），岩石的力学性质（抗压强度，抗剪强度，抗拉强度，弹性模量等），岩石的水理性质（透水性、吸水性、抗冻性、软化性等），岩石的风化程度和抵抗风化的能力。

为了进行土的工程地质性质的评价，应进行下面的调查或测试：土的一般特征（包括土的粒度成分、矿物成分、胶体物质类型及电性、含水和气体的状况以及土的结构、构造等），土的物理性质（密度、容重、含水性、孔隙率），土的水理性质（透水性、毛管性以及黏性土的膨胀性、收缩性、崩解性、塑性等），土的力学性质（压缩性、抗剪性和动力压实性等）。

7.2.2.3　岩体结构特征的调查研究

岩体结构特征是岩体在长期成岩及变形过程中形成的产物，包括结构面和结构体两个要素。结构面是地质发展历史中，尤其是变形过程中，在岩体内形成具有一定方向、延展较大、厚度较小的二维面状地质界面。包括物质分界面和不连续面，如层面、片理面、节理面、断层面等。结构体是由不同产状的结构面组合将岩体切割而形成的单元块体。影响岩体结构特性的因素很多，在进行岩体结构特征调查时，应着重研究结构面的特性、结构体（岩块）的坚固性、岩体的完整性和岩体质量系数四个主要因素。

（1）结构面的特性研究。岩体结构决定了岩体特性，并控制着岩体的变形破坏机制和过程。岩体结构特性是由结构面发育特征所决定的，因此，岩体结构的力学效应主要是结构面力学效应的反映。结构面的力学效应主要反映在结构面结合状况，结构面充填状况，结构面形态，结构面延展性和贯通性，结构面产状以及结构面组数等方面。

由于结构面的力学效应对工程岩体的稳定性起控制作用，所以在进行露天边坡、地下工程岩体稳定性分析时，应先找出优势、软弱、控制性结构面及其组合关系，应用赤平极射投影等方法分析边坡和地下岩体的稳定性。

（2）结构体（岩块）的坚固性研究。所谓岩块的坚固性，是指岩块对变形的抵抗力的强弱。

（3）岩体的完整性研究。主要考虑两项指标，即结构面间距和完整系数。前者可在现场不同地段分组测定，后者为岩体纵波速度和岩石纵波速度的平方比。

7.2.2.4　矿区构造应力场的调查分析

地壳中的天然应力状态，取决于某一地区的地质条件和所经历的地质演化史。天然应力状态对工程岩体的稳定性影响很大，尤其在高应力岩体中，地表或地下工程施工会引起岩体与卸荷回弹、应力释放相关的变形破坏，恶化工程地质条件。有时，作用的本身对工程也造成危害，例如，坑道底部隆起、边帮爆裂、边帮围岩向临空面水平位移或沿已有近水平的结构面产生剪切错动等。

矿区应力场的调查分析主要有两方面，一是地壳运动保留在岩体中的残余构造应力；二是正在积累的构造应力。调查的内容有下列几方面：

（1）查明矿区所处区域的地质特征和地质演化历史，并分析区域构造行踪特点，以进行构造体系配套。

（2）研究矿区及其外围构造应力场的演化及现代地应力的基本特征，并根据构造体系特点进行地质力学分析，得出构造应力场的主应力方向。

（3）查清矿区内应力集中的可能部位。

（4）研究矿区内岩体自然应力积累的条件和程度。应先查明矿区内各地质时期及现代地壳隆起的速度和幅度，通常是通过矿区内的主要河流各阶地的绝对年龄，并测出它们之间的相对高程而取得；然后以这些资料为依据，结合区内岩体应变速率的变化趋势及各地史时期的断裂活动情况，总体判断当前区内岩体应力积累的条件和程度。

7.2.2.5 露天矿边坡岩体稳定性的调查研究

大多数露天矿山在开采过程中，都要形成大规模边坡。这些边坡的稳定性直接关系到矿山安全生产和矿山开采的正常进行。因此，对露天边坡稳定性的研究具有重要意义。

A 影响边坡工程岩体稳定性的因素

(1) 地质构造因素。主要有断层与破碎带、层理与片理、软弱夹层、节理与裂隙等。这些岩体的结构面及其空间组合，将岩体切割成不同类型的结构体。这些结构面与结构体就决定了岩体的稳定性。

1) 断层与破碎带。它们普遍存在于各种岩体中，断层的延续性、发育程度、产状及其与边坡的组合关系，控制着边坡岩体的稳定性。当断层有破碎物存在，且破碎物已成为断层泥或者被水解泥化时，则更会促使岩体沉陷下滑。

2) 岩层的层理与片理。这种结构面是抗剪强度很低的弱面，它们的产状和边坡的空间组合关系，是边坡岩体稳定性的主要因素。在无其他因素参与的情况下，具有顺向层理面及片理面的岩体稳定性差，易产生活动；反之，则较稳定。当边坡角小于结构面倾角时具有层理面及片理面的岩体较稳定；反之，则不稳定。

3) 软弱夹层。一般与岩层产状一致，为层间结构面，它具有厚度小、延续性较强、所含的黏土矿物较多、易水解泥化和发生膨胀、受力产生塑性变形等特点。所以，往往成为边坡岩体的滑动面。

4) 节理与裂隙。节理与裂隙对边坡岩体稳定性的危害，取决于它们的密度、延续性及其空间组合。密集的节理，会造成岩体的极不连续，易于产生掉块与崩塌。

(2) 岩性因素。主要是指岩石的矿物组成、水理性质、结构等，以及岩石的物理特性。如含片状、鳞片状矿物的岩石，抗剪强度低；含有黏土矿物的岩石，易吸水膨胀，受压后发生塑性变形；未经胶结或胶结不好的岩石，抗风化能力弱；水理性质特殊的黏土岩、某些泥岩、板岩、黏土页岩、灰质页岩、凝灰岩等，经不起地表及地下水浸泡，一旦出露地表，很快就吸水崩解成为碎块，并逐渐变为有塑性的岩石，易造成边坡岩体的错动和倾倒。

(3) 水文地质因素。此因素对边坡岩体稳定性的影响是多方面的，而且是复杂的。水因素的主要破坏作用表现在：大气降水渗入上部岩体，岩石湿度增加，因而上部岩体的重量增加，使下滑力增强，滑动的可能性加大；当边坡岩体处于水淹状态时，水对边坡底部岩体可产生静水浮托力；岩体结构面中存在的水，对岩体滑动可起到滑润作用，降低结构面的摩擦力；结构面中的积水因结冻膨胀，会加宽结构面的宽度，并相应产生一定的位移；软岩层，特别是含黏土矿物较多的岩石，受地下水作用或经长期降水浸泡时，可发生软化甚至水解泥化，有的则发生膨胀，导致岩体移动；若岩石颗粒间的孔隙处于饱水状态，则力学强度降低；若开采境界四周岩层中有承压水存在，则必然产生沿着开采境界内采空区方向的侧向压力；从露天采场周围流向境界内的大气降水，可产生类似的动压力。

(4) 矿山生产和岩石工程作用因素。露天采场的形状及深度、边坡形状存在的时间长短、爆破震动作用、边坡上面的荷载等，也会增大其下滑力。

B 边坡工程地质调查

边坡工程地质调查的任务是，查明矿区或边坡岩体的工程地质特征以及与边坡岩体稳定性相关的矿山开采技术条件，为露天矿边坡设计的修改、边坡稳定性评价、边坡工程的变形破坏预报、灾害的预防和处理提供依据。

（1）岩体稳定性评价的工程地质调查。它包括区域稳定性调查（通过区调、地震资料的研究，分析区域地质构造特征、地震规律和新构造运动特征，查明区域构造线和构造应力的方向与特征）；矿区工程地质特征调查（查明影响边坡稳定性的地质构造、岩性、岩体结构和水文地质因素等）；矿区岩体的工程地质分布（在工程地质测绘的基础上，进一步对各类岩体工程的地质特征综合对比、研究，以岩石性质、地质构造、水文地质特征为主要依据，将矿区划分为若干带和亚类），作为矿区边坡工程地质评价的依据；边坡岩体的工程地质分区，作为采场结构要素调整、边坡工程维护和整治的依据。

（2）边坡整治工作中的工程地质调查。由于自然、地质、设计和生产等因素的综合作用，往往引起露天边坡工程的变形或破坏，影响矿山的安全和持续生产。所以，维护边坡工程的完整和稳定，整治遭受破坏或严重变形的边坡，改善矿山安全条件，恢复正常生产，几乎是每个露天矿山面临的难题。边坡工程的整治，必须以查明引起边坡变形、破坏的主要因素和边坡变形破坏机制为依据，从而拟订整治方案，治理边坡。

C　边坡稳定性的岩体结构分析

大量的工程实践证明，边坡岩体的变形或破坏都是沿着岩体中的软弱结构面发生的。也就是说，边坡岩体受工程作用力的破坏过程，主要是结构体沿着结构面的剪切滑移、拉开及整体的累积变形和破裂。所以，从岩体结构考虑，边坡岩体的稳定性主要取决于结构面的物理力学性质及其空间组合，结构体的物理力学性质及其立体形式，结构面、结构体与边坡结构要素的空间组合形式。边坡岩体结构分析，就是根据结构面和结构体对边坡稳定性的控制作用原理，通过野外调查和室内分析，定性的评价边坡岩体的稳定性。其工作过程包括结构面的野外调查、边坡岩体稳定结构类型的判别和稳定边坡角的推断。

7.2.2.6　井下岩体移动的地质调查

地下开采矿山，由于采掘工程的进行，破坏了岩体的原始应力状态；由于应力重新分布，引起岩体变形、移动、破坏、冒落等一些岩体活动现象，这些岩体活动统称为地压活动。岩体活动的发展过程，在空间上是由近至远、由下而上逐渐扩展，甚至达到地表；在时间上经历初期变形、微弱移动、中期激烈移动后，逐渐减弱达到相对稳定阶段，即达到新的力学平衡状态。处于岩体移动的井下、井上建筑物、工业设施等将会受到不同程度的破坏和影响，甚而使矿山的竖井、斜井和其他坑道也可能遭到破坏，严重的可威胁安全生产和开采的正常进行。因此，研究开采区的岩体移动地质条件以及岩体移动规律，对解决采掘工程施工的安全问题，合理有效地确定井巷维护方法，改善顶板管理方法、采矿方法和开采顺序，减少矿产损失，提高矿石回采率等都具有重要意义。

（1）井下岩体移动的类型。依其活动范围的大小和空间位置，可将其分为大面积岩体移动、局部岩体移动、巷道地压活动及冲击地压四类。大面积岩体移动是指，一个采区的大部分采空区或一个采区的数个中段在同一时间发生岩体移动。局部岩体移动是指，一个采区的 1~2 个中段或几个采场所发生的岩体移动，这类移动的后果虽不像大面积岩体移动那样严重，但在一个矿山内，局部移动往往比较频繁，且易引起连锁反应。个别或少量采矿矿柱被压裂、顶板脱落、频繁掉块等，就是此类岩体移动的具体表现。巷道地压活动是指，巷道中出现片帮、冒顶、顶板下沉、两帮内鼓、底部岩石膨胀等现象。冲击地压又称岩爆，往往发生在开采深度很深的矿山，也有采深较浅的矿山出现岩爆。发生时，不仅破坏井巷工程，而且可引起人身伤亡。它的发生时间短促，可引起气浪，产生振动，并有响亮的声音。

（2）岩体移动的调查。井下岩体移动虽然规模大小、表现形式不同，但发生岩体移动时，除了和采矿方法、采空区处理、开采深度等因素有关外，还更直接和矿床的地质条件有关。为此，岩体移动调查的主要内容是调查断裂构造和查明最新构造应力场的分布，岩体的岩石性质与结构，岩石的水理性质和岩体的结构特性，以及溶洞、水文地质条件等。

（3）岩体移动的征兆与监测。初期变形阶段的征兆有：岩层发响、顶板掉块次数增加、巷道出现新裂隙并不断加宽，巷道底板流水变化、巷道变形和地表缓慢下沉、动物活动反常等。岩体大规模移动的征兆是井下局部岩体冒落。岩体移动的监测包括岩体位移监测、压力测量和岩声监听等内容。

7.2.3 矿山水文地质研究

7.2.3.1 矿山水文地质研究工作的意义

在矿山资源开发中，矿山水文地质工作具有很重要的地位，这不仅是由于地下水直接或间接威胁矿山采掘作业的安全，影响经济效益；而且，在矿山排水疏干期间，还会改变矿山环境地质条件，对附近城乡的工农业生产与建设造成一定的影响。合理治理地下水，开展地下水的综合利用，正是矿山水文地质工作者的光荣职责。

地下水活动，会大大恶化矿坑的工程地质条件，降低露天矿采场边坡或坑道顶、底板的稳定性，引起滑坡、崩塌与冒顶、塌方、泥沙溃入等现象。在岩溶矿山，大规模的疏干排水会引起区域地下水位下降，井泉干枯或流量锐减，使农田灌溉和城镇供水发生困难；尤其严重的是，疏干排水常常引起大规模的地面塌陷，对附近城乡人民的生活、生命财产安全和工农业生产带来巨大的威胁。

此外，有些以硫化矿为主的有色金属矿山，地下水常呈酸性，其pH值可达 $2 \sim 4$。坑道中的酸性水既对各种金属设备具有强烈的腐蚀性，排放后又会污染环境。

由上可见，开展矿山水文地质研究和矿坑水的防治与综合利用，对保证矿山生产和人民生命财产安全，对保护环境都有着非常重要的意义。

7.2.3.2 矿山水文地质工作的内容

矿山开发阶段的水文地质工作，因开采方式和矿山水文地质条件的不同，其工作内容往往有很大的差异。但总的来说，在水文地质条件一般的矿山，其工作内容是：在原水文地质工作的基础上，设置必要的防治水设施，组织排水疏干和日常监测；对水文地质条件复杂的矿山，往往由于原勘探工程量和工作深度的限制，其所取得的水文地质资料难以满足矿山开发的需要，故应结合矿山的实际，在建设前期到生产初期内进行补充（或专门性）水文地质勘探与试验，必要时，还应建立专业的防治水队伍，进行防排水工作的研究、设计、施工工作。

A　露天开采矿山的水文地质工作

露采矿山的主要特点是采掘范围大、揭露岩层多、工作面宽阔、进出运输方便，但开采深度一般均较地下矿山小。由于露天矿坑直接暴露面积大，大量降水可直接降入或汇入矿坑内。此外，若地下水涌入矿坑，对矿山采掘的主要影响则表现为突然溃水淹没矿坑，影响了爆破和矿岩装运的效率和露天边坡的稳定性。因此，应分别根据其特征和开采要求，有针对性的开展工作。

对地下涌水（或暴雨）可能淹没矿坑的露天矿，必须建立完善的防排水系统。如在深凹的露天采矿场，一定频率的暴雨径流量往往大大超过地下涌水量，成为淹没矿坑的主要因素之一。故对这类矿山，首先应计算矿坑涌水量和暴雨径流量，以便确定防排水系统的排水能力。暴雨径流量取决于暴雨频率和矿坑允许淹没深度与天数。对进入矿坑的降水和地下水，要尽可能分段拦截、分段排出，以减少排水扬程和能耗。这类矿山水文地质工作的主要任务是，进一步查明主要充水岩层与矿体的疏干排水条件，建立可靠的排水疏干系统和观测检验系统，进行疏干塌陷及其他环境工程地质问题的预测与防治的研究；当条件允许时，可采取措施封堵主要充水岩层、矿体与地表水体的水力联系。

在凹陷露天采矿场，地下涌水（大气降水）会使松散或软弱岩层构成的工作面与道路变得泥泞，严重影响装运的效率。工作面和爆破深孔中的地下水，会影响爆破效率。还有些矿山，由于地下水渗流，可能导致冬季道路和工作面结冰，给采掘作业和运输的安全带来很大影响。故对这些矿山，应采用预先疏干方式，把地下水位降低至最低采掘工作面以下。地下水对露天矿山边坡稳定性的影响，主要表现为大大降低边坡的稳定性，严重时会造成大面积的片帮、滑坡、崩落等一系列工程地质问题，威胁人员、设备的安全；对于由疏散、松软地层或遇水软化的岩层构成的边坡，影响尤其严重。为此，必须查明边坡各含水层，特别是弱含水层的分布范围、产状、厚度、分层的岩性及其透水性、地下水的补给排泄条件，进而研究其疏干条件，建立疏干系统和边坡加固措施。

B　地下开采矿山的水文地质工作

地下矿山的采掘范围较小，揭露岩层主要为矿体及其围岩，工作面狭窄，出入通道既小又少，且受提升能力的影响。因此，地下水对采掘生产的危害往往比露天矿山严重。由于地下水突然喷入造成的淹没事故，在一些矿山中时有发生；伴随着溃水或坑下涌水，常有大量泥砂涌入和冒顶、片帮、底鼓、断面收缩等不良工程地质现象。由于采矿造成采矿场顶板岩层的沉陷波及地面，还会产生陷落和疏干塌陷，会沟通上部含水层、地表水体，引起地表水、地下水和大气降水的下渗与溃入。此外，酸性水还会对井巷中的金属部件和设备产生强烈的腐蚀性。

坑道突然溃水，常发生在开采深度大、地下水压高的主要含水层的强透水性裂隙，或者岩溶、裂隙发育的矿山。突水时，地下水以极大的压力和速度冲入巷道，易造成灾害事故。产生突水淹井的原因，主要是由于对矿山水文地质条件未查清、涌水量预测不准、防范措施不利等原因造成的。为了防患于未然，首先尽可能准确地预测矿坑涌水量，并据此确定合理的水仓容量和水泵的数量与规格；超前探水（放水）必要时，还要进行坑道超前疏干和地表群孔预先疏干等措施与工作。此外，为了检验矿山涌水量和设计疏干手段的可靠性、有效性，可在基建时，利用已建成的部分疏干工程进行坑道放水（疏干）试验。

对于因坑道涌水造成泥砂溃入、坑道变形的地段，可采用超前疏干、预先降低地下水位、预先疏干的方式。对渗透性较差、涌水量不大的松散含水层，可用打入式过滤器、真空过滤器放水，配合巷道疏干，以提高坑道的稳定性。

采矿和疏干引起的地面变形（沉降、开裂、塌陷）对地下水的影响，主要是形成了沟通地面与地下巷道的各种形式的通道，它们将导致大气降水的汇集与下渗、地表水的下灌及上部含水层地下水的下泄，从而使巷道涌水量增加，甚至造成灾害。这部分水量在勘探阶段是无法预测的，只有在矿山设计与施工中，根据所确定的采矿方法，设计影响开采范围和降水量，计算降水渗入量；同时，要在生产实践中，不断掌握矿山开采影响范围、降雨量和巷道涌水量增加值之间的动态关系，修正降雨渗入量。通常的治理办法是回填塌陷、河流改道和在采矿崩落区外设排水沟，以减少渗入量。

地下水对管道及排水设备的腐蚀。是和有色金属硫化物矿床含酸性地下水密切相关的。对此类涌水量不大、酸性水危害严重的矿山，应定期采取水样进行分析，掌握水质变化规律与发展趋势，与环保部门配合搞好污水处理工作，废水中的有益元素应进行回收。

7.2.3.3　水文地质条件复杂矿山的专门水文地质勘探与试验

专门水文地质勘探是在初步确定防治水方案之后，根据方案要求所进行的专题勘探与试验工作。它包括：

（1）为了鉴定防治水方案的技术可靠性、为了给施工图设计提供资料而进行的半工业试验工程。如地表群孔疏干（抽水）试验、坑道放水试验、帷幕注浆堵水试验、疏干塌陷的试验研究。

（2）为进行防治水工程设计而进行的勘探。如寻找疏干孔位及查明帷幕注浆边界的勘探。

（3）为检查矿坑涌水量、核定矿床充水条件、查清计算边界条件，以建立矿山水文地质模型而进行的大流量、大降深抽水试验、疏干试验、坑道放水试验。

（4）为延长矿山服务年限、延深矿坑或扩大开采范围而进行的深部或矿区外圈的水文地质勘探等。

专门水文地质勘探工程的布置，要尽可能与矿山防治水工程相结合，尽可能利用已有的开拓工程，力争一孔多用。

7.2.3.4　水文地质条件复杂的矿山地下水防治

在水文地质条件复杂的矿山，为了减轻地下水的危害、改善劳动条件、保障矿山生产建设的安全、提高劳动生产效率，必须对矿坑涌水采取经济、有效的防范和治理措施。

（1）地下水的预先（超前）疏干。地下水的预先疏干是利用专门的排水系统，将地下水位提前降至工作中段（平台）以下，使采矿场处于干燥状态。常用的方法有地表群孔疏干与地下巷道疏干法、明沟疏干法和联合疏干法。

（2）注浆堵水。注浆堵水是将具有充填、胶结性能和较高强度的材料配制成浆液，压入岩层的裂隙或空洞中，用以局部或全部堵塞矿坑充水的通道，加固岩层，减少矿坑涌水量，预防塌陷。此法是矿山防治水害的重要方法之一，可分为预注浆堵水和后注浆堵水两种。前者是指开凿井巷前，预先注浆封堵构造破碎带、岩溶裂隙和松散透水岩层；后者则是在掘砌井巷后注浆，处理井壁渗水，加固井壁岩层和恢复被淹矿井。

（3）矿山排水工程。有许多矿山在矿坑中直接排水和设置必要的防护工程。矿山排水工程包括地面防水工程和矿坑防排水工程两类。地面防水工程有防水堤坝、截水沟、防渗工程；矿坑防排水工程有超前探水放水孔、防水门和挡水墙，水仓、水泵房、排水管线及其监测系统；露天矿防排水工程，如各台阶临时或永久性集水沟渠、水泵房、水仓及排水管线。

（4）矿床疏干引起的塌陷及其防治。隐伏的浅部岩溶发育区，由于疏干排水或井下突水，地下水位大幅度下降，使地下水对其上粗土层的浮托力减少甚至完全消失。地下水运动过程中的潜蚀作用，使溶洞充填物被携带而流失形成新的空洞，以致在真空吸蚀力和重力的作用下，从沉降、开裂进而发展成塌陷。塌陷的产生恶化了矿区的工程地质条件，致使地面建筑物开裂甚至倒塌，耕地毁坏，河流中断，井泉干涸，铁路、公路、桥梁、管道发生变形和破坏；由于塌陷，大量地表水携带泥沙涌入矿坑，淹没铁轨、淤积水仓。为此，应该加强对塌陷分布规律的研究，以便开展塌陷的预测工作和采取疏干塌陷的防治措施。

7.2.4　矿山地热地质研究

对于位于地热异常区的矿山或预计开采深度较大的矿山，一方面，应掌握地热的变化规律，以便在矿山开采中采取适当措施，避免其危害；另一方面，又应尽可能设法利用它来为生产和生活服务。

矿山地热地质研究的内容是，查明影响矿区地热变化的地质因素，并定期在专门的钻孔或井下测温钻孔中进行地温观测，了解地热增温率等地热变化规律，以便预测深部尚未施工井巷或采场中的最初温度。

对存在地热异常的矿山，应查明产生异常的地质条件和地下地热梯度的空间变化，圈定地热异常范围，计算热流密度，推算热储温度；并对地热异常的成因、热储结构特征、控热构造及可能存在的热源做出合理的分析和推断。

7.2.4.1　地热现象及其研究的意义

在地球内部，由于放射性元素不断进行蜕变或其他原因，放出大量热能，加之岩石是热的不良导体，因此在地下深处积累了热能，温度较高，此种现象称为地热现象。随着矿山开采深度的加大，地热将逐渐升高，此时，矿山地质工作部门必须对地热进行观测和研究。在年常温带以下，地壳温度随着深度的增加而有规律性的增加，因此，矿井内岩石的温度也随着矿井的延深而逐渐增高，矿井中空气的温度也随着岩石温度的增高而增高。掌握此种地热变化规律，可以预测某个深度下巷道内空气的温度，所以，研究矿区内地温变化规律对于深部采描工程的设计是有很大实际意义的。矿山安全规程规定，井下作业地点的温度最高不应超过 26℃。

7.2.4.2　地热增温率及其影响因素

A　地热增温率

地热增温率是地热增温度和地热增温级的统称。在年常温带以下，地壳温度有规律性的上升，每增加一个单位深度（一般为 100m）时，温度的增加值（以℃为单位）称为地热增温度；反之，平均温度每上升1℃所需要增加的深度值（一般以m为单位），则称为地热增温级（又称地热梯度）。世界各地平均的地热增温度约为3℃，平均地热增温级约为33m，但在各地区可以有很大的不同。

B　影响地热增温率变化的因素

（1）岩石导热性的不同。导热性好的岩石，其内部热量易于传导，所以温度易于趋向均匀，单位距离的温度差可较小，因而地热增温度的数值较小，但地热增温级的数值则较大。

（2）各地区岩层产状的不同。具有层状构造的岩石，沿其不同方向的导热性是有所不同的，一般平行层面方向的物质结合较紧密，导热性较好；而垂直层面方向，则相反。因此，如果两个地区岩性相同，但产状不同，则在岩层产状为水平状态时，地热增温度的数值较大，地热增温级的数值则较小；而当岩层产状为垂直时，地热增温度的数值较小，地热增温级的数值较大；当岩层为倾斜时，则其地热增温率的数值介于上述两者之间。

（3）地下岩石或矿石所发生的化学反应。地下某些岩石或矿石在其发生化学反应时，有时是放热的。例如，含某些硫化物的岩石或矿石在其发生氧化时能放出热量，此时其内部温度必然升高，使此岩石或矿床与近地表岩石的温度差增大，因而地热增温度数值增大，地热增温级数值减小；相反，此放热岩石或矿床与其下伏岩石间的温度差则相对减小（因为深部岩石本来温度就高），使该放热岩石或矿床以下的地热增温度数值减小，地热增温级数值增加。在放热反应的岩石或矿床中进行采矿作业时，常由于温度太高而给工作带来很大困难，甚至发生危险。

（4）地下水的影响。灼热的地下水能使岩石温度升高，冷的地下水甚至能在相当深的深度下降低岩石的温度。因此，地下水的温度也能改变局部地区的地热温度，使地热增温率发生变化，这种情况在采矿中也必须注意。

7.2.4.3　地热变化规律

要掌握矿区内地热的变化规律，首先应对影响地热增温率的地质因素进行调查研究，以便查明影响矿区地热变化的控制因素。此外，还必须定量地确定矿区地热年常温带的深度、温度及地热增温率。

为确定矿区地热常温带的深度及温度，可选择一个或数个钻孔进行不同深度、不同时期的地温观测，一般深约100m的钻孔即可。如无钻孔，也可在不同深度的坑道中进行，但应尽可能避开矿山通风和排水的影响，并在坑道壁上打出水平炮孔，在炮孔中采用测温方法进行测定。

年常温带的温度一般相当于当地年平均气温（地面），后者通常比年平均气温高出1~2℃。上述日常温带深度、年平均地面温度以及年平均气温的数据，一般均可在当地气象台站直接查到。

为了定量地确定矿区地热增温率，还必须在矿区内不同深度的已开凿的井巷中测量地温，然后求出矿区内地热增温率，并用此调查所得到的地热增温率预测深部设计井巷中的最初温度；也可以利用求得地热增温度的平均值，以预测深部岩石的可能温度或预测深部坑道或采场的最初可能温度。

7.2.4.4　地下热水的运动规律

（1）地下热水的运动。前述的地热调查属于一般正常情况下地热规律的调查，这种调查只对开采深度大的地下开采矿山才是必要的。但是有的矿区，当存在地热异常时，不论开采深度如何，都需对地热异常规律进行调查。

地热异常现象往往与大地构造、岩浆活动等因素有关，但就矿区范围来说，其分布与变化又与地下热水的运动有关。因此，处于地热异常区的矿山还必须调查地下热水的运动。地下热水与其他地下水一样，其运动受地质构造、透水层和不透水层的分布、地形变化等条件的控制。所以，需调查这些因素与地下热水运动的关系。

（2）地下热水异常的探查方法。地下热水异常的探查方法，有热晕法、电阻法、氡晕法、水化学法和同位素等方法。

7.2.4.5　地热的利用

地热资源是一种很有希望的能源，利用也较广泛。地热在生产矿山多用于防寒方面，特别是在我国东北和西北地区，由于冬季冰冻时间较长、大气温度低，坑口冬季冰冻现象严重，甚至严重影响了生产，为此可利用地热进行井筒、坑口防寒，从而节约大量防寒经费。

利用地热防寒的办法是在把空气送入提升井口之前，先将空气压入一定深度的坑道内，利用地热来提高其温度，这样就可使提升井口变暖而不致发生冰冻现象。

7.2.5　其他矿山地质灾害研究

7.2.5.1　矿岩自燃的地质研究

A　矿石自燃地质研究的意义

有些矿床的矿石（或围岩）氧化性能极强，特别是由一些硫化物组成的矿床，当其呈松散状态时，氧化更为强烈。在一定条件下，这些松散的矿石（或围岩）可因氧化而引起自燃。

矿石（或围岩）的自燃现象多发生于硫化物矿石的有色金属矿山，严重者可引起矿山火灾。矿石的自燃，不仅可以引起坑内火灾而破坏设备和危害工作人员的安全，而且还能造成矿产资源的损失。因此，对这种自燃现象必须进行调查研究，以便掌握其规律，为采取预防性措施提供地质方面的依据。

矿石自燃的产生不仅与采矿方法、通风方式、矿石损失状况、采下矿石的堆放时间和方式等采矿技术有关，更重要的是取决于矿床的地质因素，如矿石的化学及物理性质以及矿床的赋存特点等。因此，对矿石自燃的调查研究是矿山地质人员责无旁贷的职责。在矿石自燃的地质调查时，必须进行预防自燃、处理自燃火区、有自燃倾向地段爆破安全的地质调查研究工作。

B　矿石（或围岩）自燃基本过程

矿石（或围岩）自燃产生的原因是由于矿石中各种硫化物的氧化，因为硫化物氧化的过程是一个放热的过程，当氧化作用不断聚集起来的热能不能逸散时，即可引起自燃。含硫化物的矿床一旦被坑道工程揭露后，尤其在爆破成松散体后，氧化作用就不可避免地要开始；随着氧化的进行，矿石的温度可逐渐增高，而温度的升高使其氧化产物又进一步加速了氧化速度；当温度升高到一定程度后，温度超过升温加速点后，氧化自热速度急剧加速，到达始燃点而产生自燃现象。这种自燃现象既可发生于坑内受到破碎的存窿矿石，也可发生在裂隙较多的原矿石中，甚至发生于地表堆积的矿石中。在此需要指出的是，除了硫化矿物是引起自燃的主要物质外，矿石中的一些其他物质，如酚类等有机物或挥发物等也可能引起或促进自燃的发生。

C 预防矿石自燃的地质研究

为了掌握矿石自燃的可能性，对有矿石自燃危险的矿山，需对地质因素进行调查研究，具体内容有：（1）矿区范围内的矿石和岩石的物质成分及其含量，特别是能引起自燃的那些成分（如硫化物）及其含量；（2）矿石的结构和构造特点；（3）通过试验测定矿（岩）石氧化速度、升温加速点和始燃点；（4）矿石的物理性质和力学性质；（5）矿体厚度、产状、矿床分带性及其变化特点；（6）矿床水文地质条件及地下水的成分等。

根据上述调查资料的综合分析，还应在有关地质图上圈定出自燃危险性程度不同的地段，以作为采取预防措施的依据。

D 预测自燃火灾的方法

（1）矿坑内地下水分析法。根据许多实际观测资料证明，从硫化物矿床"火区"里流出来的地下水，其成分与非"火区"流出来的地下水是截然不同的。系统地分析矿坑各地段涌水的成分，在一定程度上可以预测矿石自燃是否发生或即将发生的地段。

（2）矿物学-地球化学法。在氧化作用剧烈的条件下，矿体中的化学反应作用能形成一些特殊的伴生矿物，如胆矾、铁矾等，这些伴生矿物大约有20几种；在"火区"的每个发展阶段都有特殊的地球化学过程。因此，"火区"的每个发展阶段都因其独特的伴生矿物而区别于其他阶段。伴生矿物的变化主要是决定于"火区"形成时期的长短和矿石的化学成分，故对已知"火区"附近的特征矿物进行系统调查，可以掌握这些矿物的种类及分布规律，以便对未知"火区"进行预测。

（3）利用地层等温线圈划火源。为了确定"火区"界线，可在强烈氧化区（自燃区）的范围内，沿走向方向和宽度方向，每隔若干距离测量岩石的温度；然后将各点测得的温度值标定在垂直剖面图或水平断面图上，绘成等温线图，用以表明火区的温度变化，借以掌握该区范围内有无危险的升温现象，确定升温地带的边界，研究初期火灾在时间上的演化过程等。

7.2.5.2 矿山水土污染的地质研究

成矿过程可使矿区某些元素的含量异常，而在矿山基建和以后的生产过程中，大量废石、废水及尾矿排放到地表，可进一步加剧矿区水土中某些元素的异常，以致出现严重的污染。因此，为了协助环保部门搞好环境工作，在矿山开发过程中，就应进行下列几方面的调查研究工作。

（1）矿山原始环境地质调查与评价。此项工作的目的是，为了查明尚未采掘的地质体能否成为污染源和出现污染的可能程度。其主要工作内容包括：查明地质体中可能造成污染的有害物质的赋存状态、含量及分布，进行原始环境质量评价，以确定潜在污染源及其可能造成的污染程度；对可能产生污染的矿山，还要编绘出污染源分布图。

（2）环境污染定点定期监测。对于已经过原始环境地质质量评价，断定有可能产生环境污染的矿山，在基建阶段就应开展环境污染监测工作。对此，可先在废石堆以及矿坑水排入的水体（河、湖、塘或水库）布置一定的监测点，定期测定水体和土壤中有害组分浓度的变化；如发现污染情况，还应及时扩大布点范围，以开展全面监测。

（3）废石中污染元素风化扩散情况调查。要调查开拓中排出废石的风化速度，并测定废石堆中元素的流失情况和从废石堆流出水流中有害组分的含量，以便查明它们对附近水体、下游水体以及周围土壤的污染影响。

（4）水土污染危害的调查。配合环保部门在矿区附近一定范围内，随开采的不同阶段，调查水土污染对人体健康和其他动、植物的危害，确定与环境条件和污染的关系。

7.2.5.3　矿山空气污染的地质研究

在矿山开拓及其生产过程中，都会有一些矿（岩）石粉尘悬浮于空气中，一些有害气体也可从地质体中逸出，这些都可能对矿山空气造成污染，危害人体健康。因此，在矿山开发阶段，就有必要对可能造成污染的地质因素进行调查研究，为矿山采取预防措施提供资料。

（1）有害粉尘的地质调查。有害粉尘地质调查的主要工作包括，对空气中粉尘样品的矿物成分、粒度、尘粒形状等在显微镜下进行鉴定；对井巷中岩石及矿石样品进行鉴定，并与相应地段空气中粉尘的鉴定结果进行对比分析，以查明易于产生有害粉尘的岩石、矿石或其中某些矿物；编制有害粉尘预报地质图，即在有关地质图上圈出可能产生有害粉尘的地段。

（2）有害气体的地质调查。有害气体主要指自地质体逸出的有害气体，如氡气和二氧化硫气体等。调查时，应查明有害气体的成分、含量（浓度）、来源和逸出部位等，并绘成相应图件和对影响程度做出评价。

7.3　综合地质研究与隐伏矿体预测

现代矿山地质科学已开始由单纯地描述生产地质转向以综合研究为主的多层次、多学科方向发展。综合地质研究的作用是，提高地质勘探、生产勘探、生产地质工作的效率与质量；提高基础地质资料的质量，有利于保证、指导和管理生产；深化对矿床地质规律的认识，指导矿山找矿，以扩大矿产资源远景，延长矿山服务年限；有助于最新科学技术成果的引用与推广，实现矿山地质工作的现代化；积累地质研究资料，探讨地质规律，丰富地质科学理论知识；也有助于锻炼和提高地质人员的业务水平和工作能力。

综合地质研究的任务是：金属矿床共生组分及工艺矿物的研究，矿区地质构造的研究，矿体产状和形态的研究，矿床成矿规律的研究。

7.3.1　综合地质研究

地质综合工作是矿山地质工作的一项经常性工作，贯穿矿山基建、生产勘探、生产的全过程。地质综合工作需根据生产的进程及时进行整理、综合各类地质资料，并及时提交矿山计划、生产、科研所需的地质成果。

地质综合工作的基本内容如下：

（1）标本和样品分析、鉴定、测试结果资料的整理。

（2）开展矿山综合编录，提交各类满足矿山生产、安全管理所需的综合性地质图件和文字报告。

（3）开展矿产储量计算工作，进行矿产资源储量监督管理。主要工作内容有各分层、中段的储量核算，生产储备矿量的核算和核销，矿石贫化与损失管理，矿产储量的报销等。

（4）开展矿床经济地质分析及地质经济管理。矿床经济地质分析，是用矿床经济评价作为手段，解决矿山经营参数的优化问题，衡量矿山经营管理水平，为矿山的技术改造、经营管理改善提供依据。地质经济管理是指，在地质经济管理的过程中，如何以最少的代价取得最好的地质经济效果。主要内容包括：

1）矿床合理工业指标的分析及其方案比较；

2）合理的回采截止品位的选择及贫化与损失指标的分析；

3）矿产资源的综合利用和开发；

4）合理的基建、生产勘探网度的评价；

5）最优采样布局及采样步距的选择和确定；

6）在地质勘探、管理过程中开展的各种降低成本、提高效率的技术革新。

矿山地质研究的目的是，解决生产中在技术方法、地质理论方面提出的研究课题，围绕生产技术成果的引用和推广，可不断改进地质工作方法、提高技术水平和工作质量、总结成矿规律、丰富成矿地质理论、使地质科学更好地为矿山生产服务。

7.3.1.1 共生组分的研究

当（金属）矿床中含有共生组分时，要进行综合利用和评价。金属矿床共生（伴生）组分的种类和赋存状态不同，综合利用时其评价方式也不相同。当共生组分构成独立矿物并具备合格的工业品位时，可作为多金属矿床来评价。如果共生金属虽可构成独立矿物，但它的一部分或大部分呈微粒状矿物分散于其他矿物中，则需根据这些伴生组分的赋存状态、分布特征和富集程度来制定合理的储量计算方法，最后依据储量计算成果及回收的可能性、回收的经济价值等进行评价。当共生组分在其他金属矿物中呈类质同象的分散组分时，则应根据它们在这些矿物中的分布规律，采用相应的储量计算和评价方法。

A 研究共生组分所需的资料

（1）矿石化学分析资料。

（2）矿物和某些组分赋存状态资料。未发现分散元素的独立矿物或伴生组分呈分散状态时，要相应对查定的矿物做这些元素的化学分析，查明其分布规律和主要富集矿物与某一组分的相关关系，做出分散组分在各种矿物中的配分比；要尽量得到有关组分赋存状态的结论，研究并从地球化学理论上做出解释。

（3）各粒级矿物比例和共生结构（嵌布关系）的资料。

（4）矿石可选性试验资料。矿石中元素配分资料在理论上应与可选性试验结果一致，如不符合则要找出原因，探讨选矿损失率的合理性。

（5）矿化规律研究资料。了解不同类型矿石的分布规律及其稳定程度。

（6）储量计算成果。

B　共生组分研究的内容与方法

（1）矿床地质研究。着重研究成矿与母岩的关系，主要构造特征，矿床成因类型与伴生组分富集的关系，元素或矿物共生组合的特点、地球化学特征，元素迁移、分散、富集的规律。

（2）测定伴生组分含量。一般采用组合样测定伴生组分含量，其采样研究方法有：

1）单矿物分离样。按矿石类型采集，最好能与组合样同时进行或取组合样的 1/4 合成。

2）人工重砂大样。主要用于研究元素的赋存状态、工艺性质；鉴定和定量分析稀少矿物；分离单矿物，分析综合利用元素的含量，进行元素配分计算。

3）矿石鉴定样。包括手标本和光薄片，主要用于研究矿石的结构和构造特点、有用矿物与伴生矿物的组合、矿物的生成顺序、次生与原生蚀变、矿物间的交代及矿物颗粒等。样品可在组合样采样部位按一定间距采取，也可在人工重砂大样位置采集。样品的数量取决于矿床大小、矿石类型及其变化程度。

（3）矿石化学成分研究。进行矿石化学成分研究时，首先要做光谱分析，测定有益、有害组分的种类及大致含量，防止漏掉某些少量元素或稀散元素。

（4）矿物鉴定。对于具备综合利用价值的工业矿物，一定要取得必要的矿物鉴定数据，如密度、磁性、折光率、反射率、显微硬度；有时，要做矿物 X 射线晶体结构分析、差热分析及化学成分分析。对新工业矿物，要做 X 射线晶体结构分析；此外，还要鉴定其他非工业矿物和脉石矿物，了解它们之间的共生关系和生成顺序，以了解矿床成因、地球化学特征，预测和发现其他新工业矿物。

（5）矿物分离。对于人工或天然重砂，可用淘洗分离、摇床分选、跳汰分离、重液分离、电磁选、介电分离、浮选、选择性溶解等。分离方法的选择，主要取决于矿物的物理、化学性质和粒度，通常是多种方法配合使用。

（6）矿物定量。矿物定量常用的方法有面积法、计点法、直线法、重量法、数粒法。

（7）元素配分计算。元素配分是指，某一有益元素在矿石的各个矿物中所占的比例。

（8）元素赋存状态研究。元素赋存状态是确定元素综合回收途径的重要依据，元素赋存状态有独立矿物、类质同象、表面吸附三种形式。

（9）矿石结构与构造研究。矿石结构与构造对采矿方法、选矿工艺流程都有影响。

（10）矿物粒度分析。矿物粒度是确定磨矿细度的依据。

7.3.1.2　矿区构造的研究

矿区地质构造，是矿山地质日常工作以及综合研究的重要内容。构造对成矿控制作用的研究，有助于矿山找矿；构造对矿体错失的研究，有助于指导采掘、采剥的正确方向；矿区大、小构造（特别是小型构造）的研究，有助于解决与矿区成矿规律、水文地质和工程地质等有关的各种问题。

A　对成矿控制作用研究的内容

（1）分析、整理矿山生产中长期积累的构造资料，编制专门性构造图件，必要时组织专门性构造填图。

（2）确定矿区构造与成矿在时间上的关系。

（3）确定矿区构造与成矿在空间上的关系，划分出成矿前、成矿时、成矿后的构造。成矿前的构造又可进一步划分为导矿、散矿、容矿构造。注意控矿构造的等距性、对称性。

（4）确定构造等级的控矿作用。据此可鉴定出矿田、矿床、矿体构造的控矿类型。

（5）也可按地质力学观点划分构造体系，并确定其对成矿的控制作用。

B 对矿体断层的研究

生产中遇见构造断层时，应确定断层的性质、类型，断层的产状要素，断层断裂位移的方向与距离。

（1）追索构造断层矿体的标志。主要有如下几点：

1）在岩性均一的岩石中，重视对断层泥的研究。

2）据断裂带两旁岩层或矿体牵引现象，判断断层方向。

3）据平行主要矿脉的小矿脉的断层方向，判断主矿脉的断层方向。

4）据矿体顶、底板围岩的标志层，判断断层方向。

5）据断裂两旁的羽毛状裂隙、劈理，判断断裂位移方向。

6）掌握全矿区断层产出和分布规律，以指导工程的前进方向。

（2）断层类型的判断。成矿后的断层可分两类。第一类断层是由宽大的破碎带所组成，无明显断裂面，有断层角砾，断层两壁为厚层状岩石，岩性均一，缺少标志层，很难判断断层性质和断裂位移的方向与距离；第二类断层有明显的断裂面，两壁常为薄层状岩石，标志明显，断面与错动易于辨认，破碎带狭窄，断层面上有擦痕及滑动镜面，两侧有牵引现象。第二类断层较易于判断断层性质和断裂位移的方向与距离。

工程中遇到第一类断层时，首先应了解破碎角砾组成物的松紧程度和胶结物的性质。较松和黏结程度较差者，大多数可能是正断层；相反，可能是逆断层。角砾间如有方解石或成层泥沙充填，甚至有空洞者，多属于正断层；角砾紧接，很少次生充填物，可能属于逆断层。研究破碎带中角砾成分及其分布，可判断矿体错失方向。坑道掘进遇到这一类断层时，应切穿破碎带，观察坑道两壁角砾成分，有矿石角砾一壁即为断层对盘位移方向，沿此方向即可追索错失的矿体。

工程中遇到第二类断层时，应首先观察断层擦痕，判断断裂位移的方向。断层性质可根据断层倾角、断层滑向、走向在断层面上的夹角、滑向倾角以及滑向水平投影与断层走向的水平夹角来决定。

7.3.1.3 矿体产状和形态的研究

矿体产状测定是地质工作的基本内容之一。脉状、透镜状、柱状矿体具有侧伏产状，透镜状矿体在空间上常呈雁行状分布，如图7-1所示。群脉在空间上具有交替分布规律，如右行、左行，前侧、后侧；平行排列、衔接侧幕排列、断续侧幕排列、重叠侧幕排列等，如图7-2所示。这些规律对指导坑道掘进或工程布置均很重要。

图 7-1 透镜状矿体工程布置

图 7-2　群脉排列类型

　　一般呈脉状、透镜状、似层状形态的矿体，其勘探工程、采矿工程布置困难，要详细研究其变化规律以指导工程的布置。常见的特殊矿体形态有膨胀与狭缩，分支与复合，尖灭与再现、侧现。

7.3.1.4　成矿规律的研究

　　A　岩石成矿条件

　　（1）容矿围岩。研究矿区矿体全部围岩的岩性和物理化学性质，如岩石的化学成分、矿物成分、结构与构造、机械强度及其各向异性、脆性、拉度、裂隙度、有效孔隙率等，可对其与成矿物质交代和充填的条件做出结论，确定最有利于成矿的容矿围岩的规模（如厚度）和空间分布规律。

　　（2）覆矿围岩。覆矿围岩也称"遮挡层"，一般由化学性质较稳定、渗透性差的岩石所构成，如页岩、火成岩、断层泥等。在某种产状条件下，遮挡层为矿液聚集和沉淀形成封闭条件。封闭类型有层状岩层封闭型、构造岩封闭型、岩浆岩体或岩脉封闭型和综合封闭型四种。研究时，要总结遮挡层的封闭类型、分布规律，以求确定矿区内最有利的封闭条件。

　　（3）蚀变围岩。总结围岩蚀变的种类及其与矿化的空间关系，特别是与矿化关系最密切的围岩蚀变。分别总结矿体顶盘、底盘、尖灭端、贫矿与富矿段、构造发育地段等的围岩蚀变的种类及强度。确定围岩蚀变的分带性，包括水平及垂直分带。围绕矿化中心呈环状分布的蚀变分带，具有重要的找矿意义。

　　B　成矿时代规律

　　成矿时代，是指地质发展史中成矿相对集中的时间阶段。外生矿床的成矿时代与地层时代相联系；内生矿床的成矿时代则常与强烈的构造运动有关。成矿时代概念的建立对找矿是有指导意义的，当然，成矿在时间上的规律是比较相对的，矿区必须重视对成矿时代的研究。

　　C　成矿过程研究

　　（1）成矿物质来源。内生矿床成矿物质的来源，是成矿规律研究应解决而又难于确切解决的一个问题。成矿物质源于上地幔、地壳硅铝层（有原生型岩浆和重熔型岩浆等的区别）或者是沉积或火山沉积围岩（所谓"层控矿床"的"矿源层"），在成矿规律研究时，应予以明确。采用的研究手段有稳定同位素地质和包体研究、绝对年龄对比研究以及地质信息统计等。

（2）成矿温度研究。成矿温度的测定一般有两大类方法：1）矿物测温计观测法。主要是根据矿物的熔化、离解、多形转变、固溶体分解、重结晶、低共熔、天然组合、物理性质的变化、晶体习性等变化标志以及热液合成数据，来确定矿物的生成温度。矿物及其形成过程与温度的关系，已经系统地研究和总结过。2）研究法。目前，主要是利用矿物气液包裹体来测定成矿温度，一般使用均化法或爆裂法。要求样品要新鲜，采自矿床有代表性的地段，最好采自坑内。

（3）成矿压力确定。地壳平均增压率为 25.3MPa/km，在成矿深度已知的条件下，可用以推算、判定成矿压力。同时，只要知道成矿时上覆岩层的厚度，也不难推出封闭系统的压力。但由于上覆岩石已受不同程度的剥蚀，这样的推定不一定准确，比较理想的方法是依据矿物气液包裹体的测定资料来确定，所测定的包裹体必须含有二氧化硅成分。目前，测得的金属矿床的形成压力多在 101.3MPa 之内，一般只有 10.1～15.2MPa。

（4）成矿深度确定。在成矿压力已知的条件下，可依据成矿压力判断成矿深度。依据成矿时代和成矿时已形成的上覆岩层厚度，也可大致估计出成矿深度。如果成矿母岩已查明，那么母岩所表现的岩相特征，也可提供估计成矿深度的依据。根据矿床形成时地质和物理化学条件的不同，矿床成矿深度可分为超深深成带、深成带、浅成带及近地表带，各带均有特征岩石矿物可供鉴别。

（5）成矿溶液的成分、盐度、pH 值。目前，这几个因素均主要依靠矿物气液包裹体中的气液成分、盐度和 pH 值来近似地确定。

（6）成矿阶段。内生矿床或与热液成矿作用有关的矿床，其成矿过程均较复杂，常是多期、多阶段的活动。一般可依据成矿温度、成矿压力的逐步降低，物质成分及矿物共生组合的变化，矿脉的互相穿插关系，将矿床成矿过程划分为不同阶段。在不同阶段，由于成矿时物理-化学环境的演变，形成矿物组合按一定顺序晶出的规律。研究成矿阶段及矿物沉淀顺序时，均需做大量岩矿鉴定、矿相鉴定等对比工作。根据这些成果编制的成矿阶段及矿物沉淀顺序图，是说明矿床形成过程的依据之一。

D 成矿控制因素研究

（1）岩浆活动控矿因素。其内容包括：总结岩浆岩的岩石化学和矿物成分特征、成矿元素及微量元素的变化规律，岩浆岩的成矿专属性，岩体产出的地质构造环境，岩体的形态、接触面的性质和产状、岩体产状和构造、岩相划分、隐伏岩体顶面形态，岩体大小，成岩时代，岩体的形成深度，剥蚀深度和埋藏深度，岩体的接触交代和同化混染作用，火山岩与次火山岩的产状关系；总结各种对成矿最有利的岩浆活动条件。

（2）构造控矿因素。其内容包括：总结构造与成矿的时空关系；构造的应力分析，构造总的类型、特征，构造体系划分，矿田及矿床构造的类型；构造的等级控矿作用，成矿构造的等距性和对称性，矿化构造岩的形成与成矿的关系；对矿化最有利的构造条件。

（3）岩性控矿因素。其内容包括：总结矿床围岩的岩性特征，岩石的物理、化学性质，岩性成分与成矿的关系，岩石结构、构造与成矿的关系，围岩对成矿溶液的交代、封闭、渗滤等作用，对成矿最有利的岩性条件。

（4）地层、岩相、古地理条件。其内容包括：总结沉积、沉积变质或"层控型"矿床的层位、层次，岩性及岩相划分及其侧变，成矿阶段的古地理条件；查明剥蚀区、沉积区的范围，成矿物质的来源和最佳沉积场所，如最有利于成矿的层位、岩相、古地理位置。

（5）变质作用控矿因素。其内容包括：总结矿区变质作用类型，变质岩的化学、矿物成分特征，典型的结构和构造，变质的物理、化学条件；划分变质相带、相系；总结上述各种因素与成矿的关系，成矿元素在变质作用中的迁移、富集过程；总结最有利于成矿的变质作用条件。

（6）外力地质作用及地貌因素。其内容包括：总结砂矿床、风化矿床的产出特征，成矿物质在次生条件下的迁移富集过程，最有利于成矿的气候、地形条件和地貌单元；硫化矿床氧化带形成的物理化学和气候、地貌条件；次生分带的厚度、产状、形态、物质成分及结构、构造特征；氧化带及次生富集带的发育程度；沉积变质铁矿床的次生富集作用；产于古剥蚀面上的古风化－沉积矿床的古气候、古地貌条件。

（7）控矿因素的综合分析。目的在于将各类控矿因素联系起来，深入探讨成矿的本质性规律，总结出矿区控制成矿的最佳因素与条件，指出具备这些条件的可能地点，为成矿预测提供依据。

E　确定矿床成因

确定矿床成因，对指导矿山找矿具有实际意义；但如何正确确定矿床成因，又是一个经常引起争论而难以做出肯定结论的问题。确定矿床成因时，第一，要综合考虑成矿规律研究的各种成果，如成矿的地层、岩性、岩浆活动、构造和变质作用条件，成矿的温度、深度、压力、溶液成分，稳定同位素测定、同位素地质年代测定、包裹体温度测定等资料，矿体本身的产状、形态、构造特征、空间分布规律，矿石物质成分、结构和构造等特征；第二，要注意某些能说明矿床成因的特殊资料和数据；第三，要应用最新的成矿理论对研究成果进行科学的说明，以求得到较为正确的结论。

F　总结成矿类型、成矿系列及成矿模式

根据矿田和矿床成矿特征、控矿和产出条件的不同，首先应将区内矿床划分为不同的成矿类型，分别总结其成矿规律；再根据区内各类矿床的相互关系，划分成矿系列，这是成矿规律研究的基本方法之一。

人们非常重视对成矿模式的研究。所谓成矿模式，是在深入解剖个别矿床，特别是典型矿床的基础上，力图从本质上掌握矿床形成的过程、成矿的地质条件和因素，从而对矿床成矿作用做出的高度概括性的统一理论解释。

7.3.2　隐伏矿体的预测

7.3.2.1　概述

A　隐伏矿床（矿体）的概念

凡是在地表没有矿体直接出露的矿床，均称为隐伏矿床。与隐伏矿床相对应，所有或部分矿体出露现代地表的矿床，称为出露矿床。

凡是在地表没有直接出露的矿体，称为盲矿体（或隐伏矿体）。与隐伏矿体（盲矿体）相对应，出露地表的矿体称为表露矿体。

（1）全表露矿体。矿体大面积出露地表，包括风化矿床（见图7-3中a）、砂矿床（见图7-3中b）及剥蚀殆尽的原生矿床（见图7-3中c）中的矿体。此类矿体有发育良好的露头，易于在地表直接发现。

图7-3　隐伏矿体分类

1—矿体；2—矿化标志带；3—围岩蚀变矿体；4—原生晕；5—次生晕；6—气晕

（2）半表露矿体。矿体局部出露现代地表，包括风化或砂矿床（见图7-3中d），具有一定倾角产出的内生矿床（见图7-3中e）和沉积、沉积变质矿床（见图7-3中f）中的矿体。此类矿体在找矿时也易于经观察或用物、化探方法发现。

（3）未覆盖型盲矿体。此类矿体在现代地表无露头，但有明显的矿化标志带（见图7-3中g）、围岩蚀变带（见图7-3中h）或原生晕（见图7-3中i）出露。此类矿体在找矿时，要进行大量的细致的矿化标志研究，次生晕及原生晕法是发现该类矿体的有效方法。

（4）覆盖型盲矿体。矿体（见图7-3中j、k）或矿体的原生晕、上向晕（见图7-3中l）曾出露地表，后被几米、十几米或几十米的残、坡积物掩盖，地表无矿体的直接露头，有次生晕或原生晕分解形成的次生浸染晕发育。各类次生晕法是找这一类盲矿体的有效方法。

（5）埋藏型盲矿体。矿体（见图7-3中m）或矿体的原生晕、上向晕（见图7-3中n）被几十米或上百米的移运积物（洪积物或冲积物）埋藏。移运积物中不可能形成原生晕或一般的次生晕，但某些迁移元素或气体能顺着移运积物的孔隙、裂隙运移至地表，形成气晕。由矿体内物质形成的气晕较强，而由原生晕内物质形成的气晕较弱。找矿时，可借助气体测量法寻找盲矿体，特别是采用汞气测量法，能探测 10～300m 移运积物之下的盲矿体。

（6）古埋藏型全盲矿体。矿体（见图7-3中o）或矿体的原生晕上向晕（见图7-3中p）曾出露于古侵蚀面之上，但被后期各时代地层埋藏，埋藏深度为几十到几百米不等，在现代地表沉积物中无任何矿化或地球化学显示。找矿时，要进行成矿控制因素的深入研究，借助于分辨率极高、穿透力较强的物探方法，才能找到该类全盲矿体。

（7）原生型全盲矿体。矿体形成后，矿体及其有关矿化标志、蚀变带、原生晕等从未出露过地表。有的无后期沉积（见图7-3中q），有的被后期各时代地层埋藏（见图7-3中r），矿体一般埋藏很深，达数百米以上。此类矿体在地表也无任何矿化和地球化学显示，找矿时，同样要进行成矿控制因素的深入分析，借助于分辨率极高、穿透力极强或对该类矿产特殊有效的物探方法，才能发现这一类全盲矿体。

B　勘探隐伏矿床（矿体）的意义

生产矿山开展隐伏矿床（矿体）的寻找，是当前生产矿山开发矿产资源的需要，也是矿产勘查形势发展的必然。

从生产矿山开发矿产资源的需要来说，许多生产矿山已探明的资源储量迅速减少，逐渐耗竭，面临资源不足的问题和矿量危机。开展生产矿山外围和深部隐伏矿床（矿体）的找寻，是一种省时、省力、经济、有效的途径，对挖掘矿产资源潜力、扩大矿山资源远景、增加接替资源储备、维持矿山继续生产、延长矿山寿命都起了重要的作用。

从矿产勘查形势发展方面来看，目前，地表矿、浅部矿、易识别矿日趋减少，找矿难度日益增大，找矿效果日益变差，从而重点转入深部、边部和外围找寻隐伏矿、新类型矿及新领域矿，以扩大找矿视野，开辟新的资源前景。

C　勘探隐伏矿床（矿体）的特点

生产矿山找矿的目的是，为满足矿山生产建设发展对资源的要求，不断扩大矿产资源远景，增加接替资源储备，延长矿山生产服务年限；为矿山持续生产和扩大再生产，做好矿产资源的地质储备，以便最大限度地发挥矿山的地质经济效益和矿山建设社会效益。

（1）生产矿山的找矿，主要是对矿床边部、深部及生产矿山外围的找矿工作，为此，找矿的对象主要是隐伏的矿床和矿体。

（2）生产矿山的找矿就其性质来说，属于就矿找矿性质的工作，它具有花费时间短、投资少、见效快的特点，是一种行之有效的找矿途径。

（3）生产矿山找矿的过程，实质上是对已知矿床成矿规律不断深化研究的过程。为此，加强研究一些对找矿有直接影响的关键性基础地质问题，是能否取得找矿成效的关键环节之一。

一个断层性质的正确确定，一个普通地质现象的合理解释，都可能带来重大突破。在研究过程中，观念不能僵化，要以地质事实为依据，不断更新观念，采用新理论与新方法，这样往往富有成效。

7.3.2.2　隐伏矿体预测的特点

（1）生产矿山（矿区）成矿预测，属于大比例尺或小范围的矿产预测。通常是在远景区内的局部地段进行，所以又称为局部性成矿预测。一般是在几平方千米至几十平方千米范围内进行，比例尺为1：50000～1：2000，随着预测范围的缩小，比例尺则应逐步加大。预测结果不仅要指出可能找到新矿床（新矿体）的埋藏深度、赋存标高、矿体形态及产状、地段，而且要预测新矿床（新矿体）的矿化类型，并估计其质量与规模。因此，生产矿山（矿区）成矿预测要求可靠程度大、精度高，往往是立体的定量预测。

（2）预测对象比较隐蔽或比较难以识别。大中型生产矿山（矿区），特别是保有储量严重不足的矿区，一般都经过多次的矿产勘查工作。地表出露的矿床（矿体）和用常规方法易于识别的矿床，大多已做出评价；其中，主要工业矿床（矿体）正在开采，或地表、上部中段已采完。因此，预测地段主要是矿床的边部、深部，矿床与矿床之间、矿体与矿体之间的空白区，矿区外围的邻近地段或原来评价被否定的矿体组（带）和矿化地段。预测的主要对象是，地表缺乏直接找矿标志、宏观矿化信息较少、比较隐蔽的隐伏矿床（矿体），预测难度较大。

（3）生产矿山（矿区）研究程度、开采投产年限极不均衡，各生产矿区现有资料的系统性、完整性差异比较大。如果已知矿床的揭露比较充分，累积的资料比较丰富，研究程度较高，成矿规律已基本掌握，那么这是开展矿区成矿预测的有利条件；如果地质资料极不系统、极不完整，生产地段与深部、边部、外围预测地段的研究程度低，则会给隐伏勘探预测带来极大困难。这些特点使得矿区成矿预测工作不能拘泥于一种模式，必须从实际情况出发，因地制宜，因矿制宜，这样才能达到预测的效果。

（4）预测、勘查、评价和开采密切结合，预测结果能及时验证，反复进行，不断修正。在生产矿山日常地质工作中，对开采时碰到的矿体断层、尖灭、矿石变贫现象，都要及时做出预测和判断，并立即布置坑道或坑内钻探验证。这样把预测、勘查、评价和开采紧密结合起来，反复多次进行，根据验证结果，可不断修正预测资料。

生产过程中，矿山地质工作要系统地、完整地收集各种资料，尽力提高地质编录的质量；应注意加强基础地质研究工作，并将矿区地质与区域地质背景的调查研究紧密联系起来；对生产矿区的成矿认识不能墨守成规，要随着开采的生产实践过程，根据客观实际的变化，不断总结成矿规律，从感性认识上升到理性认识，反复实践，不断深化认识，打开思路，吸取最新成矿理论成果，善于运用理论进行科学预测和找矿。

此外，必须抓住矿床（矿体）空间定位机制，矿床（矿体）空间排列、组合、展布规律，分带规律、共生规律和成矿系列规律，并综合各种矿化信息等关键因素，成矿预测才能取得实效。在预测方法、手段上，既要综合运用各种预测方法和手段，又要从实际出发，因地制宜，因矿制宜。生产矿区成矿预测不能试图一次完成，要反复实践、反复认识、反复验证、不断修正，发挥生产矿山预测、勘查、评价和开采密切结合的优势，这样才能使成矿预测接近和反映客观实际，从而在找矿上取得重大突破。

7.3.2.3 隐伏矿体预测的依据

科学的预测应当以科学理论为指导。成矿地质作用有它的共性，这种共性就是我们进行预测的依据；含矿地段成矿规律的研究，则是进行矿产预测的理论基础。由于矿化作用还受一些局部特殊因素和大量随机因素的影响，在从事矿产预测时，只有将成矿作用的共性与研究地段的具体地质情况结合起来分析，才能得到符合或近似符合客观实际的正确认识。因此，生产矿区成矿预测研究的主要内容，应当侧重于成矿作用的特殊性。

为了使矿区成矿预测能够有效地进行，必须综合分析各个控矿因素对矿化局部富集的控制，即聚矿因素，它们决定了矿化位置的具体条件，能够提供成矿的可能性；还必须把握能够说明矿产存在的地球物理、地球化学、矿物类型及其他矿化信息，以便预测矿产赋存的具体情况。

矿床分布的方向性、等距性、对称性、分带性、共生性，岩体成矿专属性，地层岩石容矿的相对选择性，成矿物理化学条件的特殊性，成矿的叠加、继承性，岩体特征标志及物、化探异常等，都是矿区成矿预测的重要依据。

A　控矿的构造因素

构造是控制矿产空间分布、排列组合形式、矿体形态及产状的重要因素，并对矿床（矿体）的改造、叠加、破坏起着重大影响。对局部构造，如不同性质的断裂构造、褶皱层间构造、侵入体与围岩的接触构造、火山构造等的深入分析，都有明显的控矿和预测意义。

B　控矿的岩浆岩体因素

对隐伏岩体的研究是矿区成矿预测的关键。对基性、超基性和碱性侵入岩来说，岩体越大，形成的矿床也越大，以分异完善的岩盆或缓倾斜岩体对成矿最有利；对中酸性岩体来说，以中小型岩体与成矿关系最密切。岩体产状形态复杂者，一般更有利于矿床（矿体）的赋存。岩体的小突起部位，经常控制了矿化地段的分布，往往一个突起构成一个矿化中心。在突起顶部的断裂挠曲带以及突起的倾没端部，常是脉状、细脉状、透镜状矿体赋存的良好空间。

对岩体形态、产状及规模的判断，往往是根据接触面的产状、原生流动构造及产状、接触带的宽度、岩相的分布情况和物、化探资料来推测的。

岩体的剥蚀深度对预测矿产也有重要作用。岩体的剥蚀深度，在一定程度上反映了有关矿床的出露程度。如剥蚀尚浅，未达到岩体顶部，即使地表上仅有矿化及细脉出现，其下部找寻铅、锌、汞、锑等中低温矿床仍是有望的。当剥蚀区达到中等深度，岩体在地面呈岛状分布，各种蚀变较强时，尚有寻找各种热液及矽卡岩矿床的希望。如中酸性岩体大面积出露，剥蚀程度已深，则在成因上与该岩体有关的矿床将大为减少或仅剩矿床的末端。岩体剥蚀深度的判断，主要依据岩体形态、岩相变化、捕房体分布、岩石化学和地球化学特征、副矿物分布及蚀变强弱等进行研究。

岩体成矿专属性，迄今为止仍是内生矿床成矿预测的重要依据。在矿区成矿预测中，不仅要研究岩石类型、岩相划分、岩石结构和构造、矿物成分与矿产的空间关系，而且要强调岩体酸度、碱度以及岩体中成矿元素、挥发分含量与成矿关系的研究。

岩体构造的研究主要包括：受断裂褶皱制约的岩体形态变化、接触带构造、接触带与断裂复合构造、捕房体构造、岩体原生流动构造和岩体边缘破碎带等。研究这些内容，对查明许多与岩浆岩体有关的金属、非金属矿床的空间分布、矿化富集规律，进而对预测找矿都有重要的指导意义。

接触带构造岩体与围岩接触面的接触形式、接触带的形状以及上部围岩的破碎程度，对成矿也有重要的控制作用。依据接触面产状和围岩产状的关系，接触构造有整合接触构造、交错接触构造、超覆式接触构造、接触带与断裂复合控矿几种类型。应对其深入研究，找寻规律，以寻找隐伏矿体。

C　矿床的分带性

分带性是矿区成矿预测的重要依据。矿床的原生分带是指，矿物成分、化学成分、矿石结构和构造，在区域、矿床范围内和在矿体范围内空间上的变化规律。查明矿床的分带特征，对预测、勘查、评价以及指导开采，都具有重要意义。

矿床的空间分带规律，可以反映为不同矿物组合沿矿体走向、倾向的规律变化，也可以是围绕某一岩体或一系列矿床做有规律的分布。从空间位置来说，可分为水平分带与垂直分带；从分带标志来说，可分为金属矿物分带、蚀变分带、矿石结构与构造分带和元素地球化学分带等。

（1）金属矿物分带。对于许多矿床的原生分带成因，有不同的解释。对热液成因矿床，一般认为是地热分带、脉动分带或沉淀分带；对沉积矿床，则认为含矿与成岩物质是同时沉积的，其分带性与相变有关，与沉积区距海岸线的远近有关。

金属矿物的水平分带与垂直分带，是含铜砂岩矿床的显著特点之一。原生矿物分带所显示的这种规律在勘查层状铜矿床的过程中，被广泛地用作预测评价的依据，有许多成功找矿的实例。

（2）蚀变分带。应用围岩蚀变和蚀变分带特征，可预测和探寻有用矿产。对于破碎带蚀变岩型金矿，岩石蚀变强度自矿体中心向两侧依次减弱，也呈现明显的分带性。利用蚀变分带性质找寻矿体的实例不胜枚举。

（3）矿石结构与构造分带。在斑岩铜矿床中，有时有明显的矿石结构与构造的分带现象。在岩体中或接触带附近，特别是在面状蚀变发育时，矿石构造主要为细脉浸染状和散点浸染状；向外过渡为细脉状或小脉状、条纹状等；再向外为脉状铜矿，脉石矿物为石英、方解石等。通常是，脉状或小脉状矿石组成的铜矿体发育时，浸染型铜矿化便弱，矿体也小；反之，细脉浸染和散点浸染的铜矿体发育时，脉型铜矿化便差，矿体规模较大。

（4）元素地球化学分带。元素地球化学分带，是与矿床同时形成并与矿体有着成因联系，常常出现组分分带与组分集合的现象。研究查明，这种元素地球化学分带特征，有助于确定矿体赋存地段和判断矿床剥蚀程度，可以提高异常评价水平和预测效果。元素地球化学分带有：与矿床相对应的水平分带金属溶液在沉淀过程中，一部分形成矿体，另一部分则渗入围岩中去，造成了矿床四周的原生分散晕，因此，原生晕中的组分特征应保持与矿床中矿石组分的一致性；同心环状分带往往出现在单一矿体式矿带四周，不同元素组分做同心式分带；矿体上、下盘的分带，在某些矿床中也出现过。

研究元素地球化学分带特征表明，矿床原生晕不但在空间位置上与矿床有着密切关联，而且，晕中元素的组分分布特征与矿体或矿床有着内在的有机联系。因此可以认为，研究原生晕中元素组分分带、分布特征，并据此规律预测找矿，可获得良好的效果。

D　成矿叠加、继承性

矿区往往是多种成矿作用叠加和成矿继承性活动的集中区。许多矿床的形成是多成因的，表现为矿质多来源，以及多种成矿作用和多期、多阶段成矿的叠加。成矿期的间隔时间很长，彼此有时没有明显的成因联系。成矿的继承性，是反映同种物质或金属元素在不同时代重新活动、辗转成矿、形成新的矿床类型的特点。当我们发现与某一时代有关的某类型矿床时，就必须注意在该地区是否有属于其他时代的同一种金属的其他类型的矿床存在。在岩浆演化过程中，有时也表现出明显的地球化学继承性。

E　成矿物理化学条件

地壳中成矿元素的迁移富集与元素本身的特点有关，也与元素所处的物理化学环境有关。后者包括温度、压力、矿液浓度、氧化还原电位、酸碱度和生物化学因素等。例如，由于在内生、外生、变质作用中广泛存在的扩散作用，成矿物质总是从高浓度向低浓度方向运移；在地壳发生断裂造成压力差的条件下，含矿岩浆或含矿气水溶液总是沿着断裂逐渐向压力减少的方向运移等。这些影响元素迁移富集的外在因素，可在矿物、岩石中留下大量信息，经过搜集、研究，可以为成矿预测工作提供依据。

成矿温度直接影响成矿元素和化合物的物性状态和活动性。随着温度的升降，能加速和减缓化学反应的速度，并引起吸热或放热反应，影响成矿物质的聚集，对矿床的形成起着很大的作用。成矿温度的研究，不仅有助于阐明矿床的成因，划分成矿阶段，也有利于确定成矿时成矿溶液的流动方向，探寻隐伏矿体。

介质的酸碱度是元素及化合物溶解和沉淀的主要因素之一，对于了解矿床的成因和形成环境是有实际意义的。

7.3.2.4　隐伏矿体预测的方法

大比例尺生产矿区成矿预测，到目前为止主要是采用类比法，即从已知推测未知，从分析生产矿区、矿床、矿体成矿地质背景，控矿因素，矿化信息标志入手；总结成矿规律，建立成矿模式和预测模型，确定预测评价准则；然后对矿区深部、边部、外围进行类比，做出预测。

类比理论是成矿预测的基本理论之一，类比方法是成矿预测首要的或主要的方法，其他成矿预测方法都是建立在这一方法的基础之上。相似地质环境下应有相似的矿床产出，相同的地质范围应有相近或等同的资源量。据此理论，应用成矿模式指导成矿预测已成为首要的方法，也是地质类比的基本依据。在大比例尺矿区成矿预测中，对深部地质环境有了基本认识，特别是应用成矿模式进行类比，对未知区的潜在矿床（矿体）远景做出了推断，这是大比例尺矿区成矿预测中，其他方法尚不能代替的关键方法。

类比法可分为地质预测法和统计预测法两大类。地质预测法主要是以定性预测为主并辅以定量预测，统计预测方法主要是定量预测。地质预测法实际上包含了地、物、化预测方法，有的生产矿区已开始采用地质、统计综合预测方法，或者地、物、化综合预测方法。

A　生产矿区地质预测方法

生产矿区成矿预测，主要是对矿区边部、深部和外围进行预测。所以，预测的目标主要是在这些范围内，对矿体的空间定位、矿化类型、矿石质量及数量和采选加工技术条件进行预测和估算。

为了达到预测的目标，地质预测的主要途径是，从已知推未知，从单因素预测到多因素预测，从一般地质预测到以地质法为基础的地、物、化综合方法预测，从定性预测到定量预测，从点到面再于面中求点进行预测。

a　单因素预测

单因素预测即从一个或几个控矿因素、控矿规律分别进行预测，通常用的是构造预测、岩体预测、地层-岩性-岩相-古地理环境预测、分带性和剥蚀保存程度预测、共生规律预测等，单因素预测是综合因素预测的基础。有的矿区利用单因素预测就可以找到矿，而另外一些矿区的单因素预测效果不佳，必须采用多因素综合预测。

（1）矿田矿床构造预测。通过构造分析进行成矿预测，弄清控矿构造的方向性和构造类型；划分控矿构造级别，总结构造分级控矿规律，区分与判别导矿构造、配矿构造和聚矿（容矿）构造，抓住不同方向、不同级别构造复合交叉地段；研究构造演化发展阶段与成矿演化发展阶段的关系；总结聚矿（容矿）构造的空间排列组合、展布形式和间隔规律，包括平面、剖面的侧幕规律、分支与合并规律、侧伏与倾伏规律、等距与非等距规律等；查明导矿、聚矿构造面形状、产状变化规律，研究成矿溶液流经和矿化局部富集的构造条件；查明各种聚矿构造的力学性质，作为推断矿体形态、产状和规模的依据；研究矿床矿体构造形态空间分带，查明成矿后褶皱断裂的类型和性质、褶皱的长度与幅度、断层的断距，从构造判断矿床矿体的剥蚀、保存程度。在上述调查、分析、总结的基础上，应建立构造控矿模型，编制矿区构造图，进行成矿预测，按构造有利程度划分预测远景地段级别。

（2）岩浆岩体预测。无论是与岩浆岩有成因联系的矿床，还是受岩浆岩活动改造的矿床，利用岩浆岩体预测评价都具有重要意义。隐伏岩体的位置与矿区构造有关，常受构造控制，一般分布于背斜的核部、倾没端、褶皱轴转折段、横跨褶皱交汇地段以及不同构造体系和不同级别、不同序次断裂复合交叉地段，所以首先应通过构造分析预测。在构造预测的基础上，利用遥感地质信息、电测深数据、热力接触变质岩石分带及各带垂直厚度、钻孔和坑道中揭露脉岩条数的频率和岩石原生晕成晕元素的组成与含量等多方面信息进行预测；查明和预测隐伏岩体顶面、侧面的几何形态、产状变化特征及其与矿化空间分布的关系；已出露地表的岩体，要根据岩相、原生流动构造、围岩包体和顶盖围岩残留体恢复岩体顶面原始形态，利用钻孔资料和控岩构造的力学性质预测岩体侧面和底面（岩床、岩盖和无根小型侵入体）的形状及产状；进行岩体含矿性评价，一般从岩浆活动时代，岩石、岩相种类，岩石化学成分及其含量、特征值，岩石微量元素种类和含量，造岩矿物和副矿物等单矿物微量元素含量，岩体的热液蚀变类型及其强弱等综合信息来判别；最后建立岩浆岩体控矿预测模型，编制岩浆岩分布图，进行成矿预测。

（3）根据地层、岩性、岩相、古地理条件进行成矿预测。对沉积成因和层控有色金属矿山，含矿地层层位、岩性、岩相、古地理条件是重要的预测因素。研究的内容有：研究生产矿区矿床在地层岩相剖面中的层位、岩性、岩相和古地理条件；在矿区外围无矿化的地层中，进行地层地球化学工作，找出矿源层；有条件时，开展矿床 S、O、H、C 等稳定同位素测定工作，了解成矿物质来源；选择正常的典型剖面进行岩性和岩相系统观测工作，确定地层、岩性、岩相、古地理环境与矿床（矿体）形成与分布的关系；研究含矿岩系剖面中，含矿岩层及其顶、底岩层的物理性质与化学性质及其与成矿的关系；研究地层、岩性、岩相地质界面的形态、产状及其与成矿的关系；研究和查明成矿物质活化转移和再度聚集的条件。在这些研究基础上，建立地层、岩性、岩相、古地理条件的综合预测模型，编制地层、岩性、岩相、古地理图，进行成矿预测。

（4）根据变质作用条件进行成矿预测。对于变质成因矿床，应着重研究以下几方面：恢复原岩岩性、岩石种类；研究变质程度、划分变质相带，研究变质构造及其与成矿的关系；查明变质岩中叠加褶皱、断裂构造及其与成矿的关系；建立变质条件控矿模型，进行预测。

（5）研究矿床分带规律，建立分带模式，进行成矿预测。矿床分带规律是生产矿区成矿预测的重要依据，分带规律包括矿床的构造形态分带规律、矿床系列成矿规律、矿物分带规律、热蚀变分带规律及地球化学分带规律等。掌握已知矿床的分带规律后，在成矿条件有利的远景区，开展标志带调查、矿物填图、蚀变查定、稳定同位素地质测定、岩石地球化学勘查等专门预测，不仅可以有效地预测有无盲矿体存在，而且可以及时地从定性预测转入定量预测评价。

b　多因素综合预测

多因素综合预测，是用多种地质因素和地质、物探、化探等方面的矿化信息，进行综合预测。这种预测需要抓住以下几个关键问题：要全面收集各种控矿因素和地质、物探、化探的矿化信息；要去粗取精，去伪存真，对控矿因素和地质、物探、化探的矿化信息进行筛选，找出对预测有用的主要因素和主要信息；在成矿理论观点上，既要重视该矿区多年来形成的观点，又要开阔思路，吸取最新成矿理论观点，因为不同的观点中控矿因素的主次是不同的；在控矿因素中，要通过综合分析研究划分出成矿因素、配矿因素和容矿因素三类，并将控矿因素划分为若干级，例如，根据因素对预测的重要程度，可划分为最优值级、有利值级、中性值级和不利值级；要在已知矿床成矿模式的基础上，结合预测区可能获得的信息，建立预测模型。

B　矿区统计预测方法

矿区统计预测是用数学地质理论和方法，对成矿地质环境和地质因素控制作用等方面的矿化信息，进行定量化和模型化，建立起矿床成矿数学模型。模型中有控矿因素必要组合和各因素控矿最有利的数值区间。通过定量对比未知区和模型区成矿特征差异，可圈定远景区，在远景区内进行定量预测。工作内容包括：提出矿区统计预测任务的要求；收集资料和进行野外工作；划分统计单元，在单元内进行地质变量选择和定量；运用正确的数学方法建立各种地质环境地质数学模型，对有利地段内矿体的位置、数量、质量、规模及可能出现概率做出定量预测。

a　预测单元的划分

统计单元是按一定大小和形状，在地质图上划分等面积、等形状的小块，是矿区统计预测中进行观测和取值的最基本单位。因此，要求单元划分具有统一的地质意义和划分原则，保证抽样具有随机性、代表性、独立性、分布性和在相同条件下可以进行对比。单元面积大小，应根据矿区统计预测内容、研究精度、比例尺大小以及控制矿体变化性的地质条件的复杂程度决定。一般来说，当控制矿体变化性地质条件复杂、控矿因素变化较大时，划分单元应相对小些。单元形状根据地质变异程度，可选择正方形或长方形。

模型单元是由具有代表性、工作研究程度较高的已知单元组成。通过对模型单元的研究，可建立起预测数学模型，开展对未知区的研究预测。在矿区统计预测中，需要选择已知有矿单元和无矿单元两个大类进行观测与研究。作为这两类模型单元代表的要求条件是：成矿地质特征与研究区（评价区）有可比性；选择模型单元在时间上和空间分布上具有代表性；对成矿特征有工程揭露，对成矿与控制关系已有一定程度的研究，具有较完整的标志组合。这些单元可从研究区内选择，也可选自研究区外，单元之间可以相互毗邻，也可以均匀分布。

b　变量选取与定量

地质变量是指，控制矿产形成与分布的地质条件和某一成矿特征标志所取不同数值的量，如地层、构造、岩性、岩浆岩、变质作用、地球化学场、地球物理场、遥感等方面的矿化信息标志，或用来反映地质体含矿性的一些特征参数值。由于地质现象错综复杂，因此，反映不同地质特征的地质现象也各不相同，地质变量所取数值也不同。采用定性与定量两种地质变量来说明上述这些性质的差异。定性地质变量说明地质体某种属性、状态，而没有数量的概念。定量地质变量不仅说明地质体的某种属性、状态，而且还有数量的概念，彼此之间可以比较大小，定量的表示出它们的差异性。

在矿区预测中，当确定了预测目标和预测范围后，就应进行变量的选取。变量的选取一般遵照定性→半定量→定量的综合分析过程，以找到与矿化密切相关的控矿因素和标志。为了获取某个地质变量的具体数值，可采用直接测定和间接测定的方法。

c　地质变量筛选方法

不同的数学模型对地质变量的要求不同，例如，判别分析要求变量呈正态分布；回归分析要求因变量呈正态分布，各自变量和因变量之间有足够的线性相关；聚类分析要求各变量量纲一致，变量间相互独立。因此，要求在保证不损失找矿信息的前提下，保持原来变量间的关系不变，进行原始数据变换。变换的方法有正态变换、统一量纲变换、线性变换。地质变量经过预处理后，从中挑选对成矿起重要作用的变量。地质变量筛选时，应注意使变量数目尽可能少，同时又不损失与研究对象有直接或间接联系的主要成矿（或找矿）信息。筛选时以地质认识为基础，结合数学方法进行。筛选地质变量的常用方法有相关系数法、信息量计算法及地质特征矢量长度分析法等方法。

d　常用统计预测方法

常用统计预测方法有回归分析法预测、判别分析法预测和聚类分析法预测等。

（1）回归分析法预测。这种方法主要用来研究矿床值与控矿因素之间的关系，通过控矿因素预测矿床值；研究矿床中各元素之间的关系，根据其他一些元素含量（储量）预测主要成矿元素含量（储量），或根据一些元素含量来预测矿体延伸；研究矿体品位与某些标志（厚度、体重等）间的关系，从而可以通过体重、厚度预测品位。

（2）判别分析法预测。此法解决的基本问题是样品的归属问题。用这种方法可以区别矿体异常和非矿体异常，进行地质体的含矿性评价，区别矿化岩体与非矿化岩体，区别矿源层或隔水层，区别有价值铁帽和无价值铁帽等。矿区预测中的判别分析按其方法不同，分为判别、逐步判别、序判别、迭代判别等分析方法。

（3）聚类分析法预测。它是以描述研究对象标志作为变量，根据这些变量中研究对象的相似程度，从而对它们进行分类。这种分类特点是，在不存在事先分类的情况下进行，能比较客观地反映研究对象本身的差别和内在联系，避免了分类的主观性和分类方案因人而异的问题。

除以上介绍之外，矿区统计预测方法还有趋势面分析法预测、因子分析法预测和逻辑信息法预测等方法。

复习思考题

7-1　试叙述矿产资源保护的概念。

7-2　矿产资源的特点是什么？

7-3　矿产资源保护有哪些意义？

7-4　矿山企业资源保护在各生产环节的工作有哪些？

7-5　什么是伴生矿产，伴生矿产如何分类？

7-6　如何提高伴生矿产的利用价值？

7-7　什么是综合地质研究，综合地质研究包括哪些内容？

7-8　共生组分的研究方法是什么？

7-9　矿床成矿规律研究有何意义？

7-10　什么是隐伏矿体？

7-11　研究隐伏矿体的现实意义有哪些？

7-12　隐伏矿体的预测方法有哪些？

7-13　什么是矿山环境地质？

7-14　矿石环境地质研究的主要内容有哪些，有什么意义？

7-15　矿山水文地质工作研究有哪些内容？

7-16　水文地质条件复杂的矿山如何进行地下水防治？

7-17　如何进行矿山水土、空气污染的研究？

参 考 文 献

［1］侯德义，李志德．矿山地质学［M］．北京：地质出版社，2006.

［2］许九华．地质学［M］.4 版．北京：冶金工业出版社，2008.

［3］张轸．矿山地质学［M］．北京：冶金工业出版社，1995.

［4］陈国山．采矿概论［M］．北京：冶金工业出版社，2008.

［5］郭玉社．矿井测量与矿图［M］．北京：化学工业出版社，2007.

［6］陈国山．金属矿地下开采［M］．北京：冶金工业出版社，2008.

［7］侯德义．找矿勘探地质学［M］．北京：地质出版社，1984.

［8］鲍玉学，王玉英．矿山地质学［M］．北京：地质出版社，2009.

［9］陈洪治，李立志．矿床学［M］．北京：地质出版社，2007.